EL UNIVERSO EN UNA TAZA DE CAFÉ

Jordi Pereyra

EL UNIVERSO EN UNA TAZA DE CAFÉ

Respuestas sencillas a enigmas de la ciencia y el cosmos

PAIDÓS

1.ª edición, septiembre de 2015
1.ª edición en esta presentación, marzo de 2025

Editorial Planeta, S. A., 2025
Paidós es un sello editorial de Editorial Planeta, S. A.
Avda. Diagonal, 662-664
08034 Barcelona, España
www.paidos.com
www.planetadelibros.com

Diseño de la cubierta: Planeta Arte & Diseño

ISBN: 978-84-493-4352-0
Fotocomposición: Maria Garcia
Depósito legal: B. 3.485-2025
Impresión y encuadernación en Limpergraf

Impreso en España — *Printed in Spain*

PEFC Certificado
Este libro procede de bosques gestionados de forma sostenible
PEFC
PEFC/14-38-00305
www.pefc.es

A Juan Pereyra y Gemma Marí.
Muchas gracias por todo

SUMARIO

PRÓLOGO A LA 10.ª EDICIÓN

¡No me puedo creer que publicase este libro en 2015! Estos últimos diez años se me han pasado tan deprisa que me da la impresión de que acabo de volver de un breve viaje a las cercanías de un agujero negro.*

Bromas científicas mediocres aparte, mi editora me ha propuesto un ejercicio muy interesante para celebrar el primer «cumpledécada» de *El universo en una taza de café*: repasar qué ha cambiado en el mundillo de la astronomía desde que este libro se publicó en 2015. ¡Y los resultados os sorprenderán!

Frena un poco el clickbait. *Aquí desentona un poco.*

Perdona, *voz cursiva*. Había olvidado que escribí este libro años antes de ser *youtuber*. ¡A lo nuestro!

En primer lugar, el sistema solar se mueve a unos 200 kilómetros por segundo alrededor del centro de la galaxia: hemos recorrido unos 63.000 millones de kilómetros a través del espacio durante los últimos diez años. Aun así, como las estrellas más cercanas (las únicas que vemos en el cielo) se desplazan en la misma dirección que nosotros a una velocidad similar, y las distancias que nos separan de ellas son inmensas, el aspecto del firmamento nocturno no ha cam-

* Entenderéis este comentario cuando lleguéis al capítulo sobre la teoría de la relatividad general.

biado en esta década. Como veréis en unos capítulos, este tipo de cambios solo son apreciables a lo largo de siglos o milenios.

Sin embargo, ¡ahora podemos presenciar un nuevo fenómeno celeste que no existía hace diez años! Bueno... antes tampoco: de vez en cuando, una fila de decenas de lucecillas cruza el firmamento a toda velocidad. Y no, ¡no se trata de alienígenas! Sino de los famosos satélites Starlink, que se comenzaron a poner en órbita en 2019.

Hablando de satélites, cuando escribí este libro, el único objeto artificial que había abandonado el sistema solar era la Voyager 1, que cruzó la heliopausa (la «burbuja» magnética que envuelve el Sol) en 2012. Pues bien, en 2018, la sonda Voyager 2 se convirtió en el segundo miembro del selectísimo club de artilugios que han dejado atrás su hogar terrícola y ahora viajan en solitario a través del vasto y vacío espacio interestelar.

Un poco más cerca de casa (aunque sigue siendo superlejos), la sonda New Horizons visitó Plutón a mediados de 2015 y tomó las primeras imágenes detalladas de este pequeño mundo congelado. Desde entonces, Plutón ha dejado de ser un borrón difuso en las fotografías de los mejores telescopios del mundo. Ahora sabemos que este planeta enano es un cuerpo celeste mucho más dinámico de lo que habíamos imaginado, con una superficie repleta de volcanes de hielo que renuevan continuamente su terreno glacial.

¡Pero eso no significa que los telescopios ya no hagan grandes descubrimientos!

Tras acumular observaciones durante varios años con el telescopio Event Horizon (EHT), un equipo de astrónomos publicó en 2019 una imagen reconstruida de los alrededores del agujero negro supermasivo que reside en el centro de la galaxia M87. ¡Un hito sin precedentes, teniendo en cuenta que, vista desde la Tierra, la zona estudiada tiene el mismo tamaño aparente en el cielo que una pelota de tenis en la superficie de la Luna! Y, en esta fotografía, la primera de un agujero negro, se aprecian las grandes nubes de gas incandescente que rodean a este monstruo gravitatorio y caen continuamente en él, perdiéndose para siempre tras sus fauces.

Aun así, los avances que he seguido con más interés durante la última década han ocurrido en el campo de los exoplanetas. De los planetas que orbitan en torno a otras estrellas, vamos.

En 2015 se conocían unos 2.000 exoplanetas. A finales de 2024, ese número había aumentado hasta unos 5.800. Y ¿cuántos de esos miles de mundos extraterrestres albergan vida? Pues... ¡Nadie lo sabe aún! Básicamente porque lo único que conocemos de la inmensa mayoría de los exoplanetas es su masa, su diámetro y la distancia que los separa de su estrella.

¡Ahora bien! La tecnología ha avanzado lo suficiente en los últimos años como para que empiece a ser posible analizar la composición de las atmósferas de estos mundos lejanos en busca de señales que delaten la existencia de vida, como, por ejemplo, una proporción de oxígeno y metano en claro desequilibrio químico. Por tanto, espero que, de cara al 20.º aniversario de este libro, ¡podamos celebrar que hemos averiguado de una vez por todas que no estamos solos en el universo!

¿Estás seguro de que eso sería motivo de celebración? ¿Y si ahí fuera hay civilizaciones con malas intenciones a las que no les sienta bien ser encontradas? ¿No sería preferible descubrir que estamos solos, pero, al menos, no mal acompañados?

Me alegra que en estos diez años no hayas perdido las ganas de llevarme la contraria, *voz cursiva*.

PRÓLOGO

Tienes la tarde libre, nada que hacer. Acabas de comer y te está entrando la modorra, pero no quieres desperdiciar estas horas babeando los cojines del sofá. Tienes que mantenerte despierto para disfrutar el día, así que pones la cafetera al fuego para prepararte tranquilamente un cortado. Cuando el café empieza a salir no puedes evitar pensar, haciendo gala de tu imaginación, que ha salido a la temperatura del núcleo del Sol. Así que, nada, te sientas a la mesa de tu salón, le echas un poco de leche y empiezas a removerlo con la esperanza de que eso ayude a enfriarlo y de que la cuchara no se funda en su interior. Ahí quieto, frente a la ventana, te quedas ensimismado mientras el líquido de tu taza gira.

La verdad es que el movimiento circular de la espuma que flota sobre la superficie del café te resulta absolutamente hipnótico. Hoy te has levantado en plan astronómico y, en cierta manera, esa masa blanquecina te recuerda un poco a la estructura de una galaxia, ¿no? Miles de millones de estrellas en medio del oscuro espacio, dando vueltas alrededor de un centro que... Espera un momento, ¿qué hay en el centro de una galaxia? La espuma permanece unida en el café porque está toda amontonada sobre su superficie, pero ¿qué diantres mantiene a las estrellas en su lugar en una galaxia? ¡Al diablo la estructura de las galaxias! ¡La Tierra está flotando en medio del espacio! ¿Qué evita que se estrelle de morros contra el

Sol? ¿Cómo sabemos que no lo terminará haciendo algún día? ¿Cómo podemos estar seguros siquiera de que el cielo no da vueltas a nuestro alrededor y de que no somos el centro del universo? ¡Maldita sea, solo querías tomarte un cortado tranquilamente y has acabado cuestionando los cimientos de la astronomía mientras agarras la taza de café con fuerza!

Terminas saliendo de tu trance cuando te das cuenta de que la taza quema bastante. Y eso te hace plantearte muchas cosas porque todo está plagado de incoherencias. Tal vez el cortado no se tome en tazas... Tal vez ni siquiera haga espuma...

La verdad es que no tengo ni idea, porque este prólogo lo ha escrito una persona que ni siquiera bebe café. Pero, eso sí, a la que le interesa, y mucho, la astronomía.

Así que en este libro intentaré aclarar todas tus dudas sobre astronomía.

INTRODUCCIÓN

LAS LUCES DEL CIELO

Estás tranquilamente sentado en el suelo polvoriento de tu cueva, junto al fuego, satisfecho. Eres un ser humano adulto, has superado con creces los pocos años de vida que se esperaba que vivieras y en tu estómago descansan los restos que quedaban de ese conejo que tanto te costó atrapar ayer. A lo mejor no has recuperado todas las calorías que gastaste para cazarlo pero ¡qué diablos!, el sabor lo compensa todo desde que descubriste el refinado toque que le dan a la carne esas ramitas con hojas puntiagudas que crecen entre los matorrales. Eres todo un *proto-gourmet*.

El fuego ilumina las paredes rocosas de la caverna con un tono anaranjado y tus pinturas marrones y rojizas parecen bailar con las sombras fugaces proyectadas por las llamas sobre el color ocre de la piedra. Si no fuera porque el fuego está perdiendo fuelle, a lo mejor ahora dibujarías al conejo que te acabas de zampar. Pero el arte puede esperar; de momento será mejor que vayas a recoger algunas ramas para alimentar tu única fuente de calor.

La temperatura en el oscuro exterior es agradable porque estás atravesando uno de esos períodos calurosos... Ahora que lo piensas, hace mucho tiempo que no tienes frío de verdad y seguramente eso va a cambiar pronto. Por desgracia, siempre vuelve el frío, aunque no tienes manera de saber cuándo ocurrirá.

Sabes que fuera de la cueva no vas a poder ver a un palmo de tus narices. El disco brillante se ha escondido hace rato en la lejanía, tras el suelo, y no sabes cuánto tardará en volver a aparecer por el otro lado. Eso si vuelve, claro. Imaginas por un momento que decide quedarse enterrado bajo tierra para no aparecer nunca más, y te estremece la idea de pasar el resto de tu vida en esa molesta oscuridad, así que deseas con todas tus fuerzas que eso no ocurra. Echarías mucho de menos el reconfortante calor que el disco brillante aporta a todo. Pensándolo bien, ¿por qué diablos no se puede quedar quieto ahí arriba para siempre? ¿Por qué tiene que hacerte la vida imposible y ocultarse cada poco tiempo para dejarte indefenso y tiritando en la oscuridad? ¡Maldito disco brillante!

Pero, bueno, no todo es malo. Aunque el exterior no está bañado con la luz y el calor del disco brillante, si mal no recuerdas, durante los últimos períodos oscuros has visto en el cielo ese otro objeto blanquecino que, aunque no brilla tanto como su compañero, a veces emite luz suficiente como para permitirte salir a cazar algún animalillo nocturno. Decides asomarte al exterior para ver si el disco blanquecino brilla tanto como para que puedas recoger unos cuantos pedazos de madera sin partirte la crisma. Agarras tu abrigo de piel de conejo y tu lanza y echas las últimas ramitas al fuego para asegurarte de que no te dará un disgusto cuando vuelvas.

Una vez en el exterior, inspiras el aire frío y húmedo proveniente del arroyo que transcurre cerca de la cueva. No podías haber elegido un sitio mejor para asentarte, la verdad. Cobijo, agua, comida… La situación solo podría mejorar si tuvieras algún tipo de compañía. Lo ideal sería una compañía femenina, a ser posible, pero teniendo en cuenta los años que llevas viviendo y los pocos que seguramente te quedan por vivir, ya has asumido que es bastante improbable que algo así vaya a ocurrir. «Vive rápido y muere joven», ese es el eslogan de tu contexto histórico.

Después de pasar tanto tiempo embobado mirando el fuego y reflexionando sobre lo positiva que es tu situación últimamente, a tus ojos les cuesta adaptarse a la oscuridad. Un resbalón que a punto está de hacer que te despeñes por la pendiente que lleva hasta el arroyo lo corrobora. Por suerte, consigues apoyarte en tu lanza y evitas caerte, algo realmente peligroso, ya que cualquier infección podría acortar tu esperanza de vida aún más.

Unos segundos después, tus ojos empiezan a acostumbrarse a la oscuridad y echas un vistazo al cielo. Observas que el disco blanco está haciendo otra vez de las suyas: ahora está ahí flotando, en medio de la nada, formando una fina línea curva. El disco brillante tiene la mala costumbre de aparecer y desaparecer del cielo, pero es que el disco blanquecino se lleva la palma. ¿Por qué tiene que cambiar de forma constantemente? De verdad que no quieres cabrearte con las cosas que te rodean, pero es que la naturaleza no te lo pone nada fácil.

La luz que emite el disco blanquecino no es, ni de lejos, suficiente como para dar tres pasos sin abrirte la cabeza. Suspiras y te sientas en el suelo. El fuego no durará mucho y no podrás encenderlo de nuevo hasta que el disco amarillo vuelva a hacer su aparición... Eso si hay suerte y no aparecen esas masas grises que braman haciendo un gran estruendo y empieza a caer agua del cielo. Te entran ganas de dar rienda suelta a tu indignación pegándole una patada a alguna piedra, pero será mejor que la humanidad no adopte esa mala costumbre hasta que alguien invente algo que cubra los pies.

Diriges la vista al cielo de nuevo. Está inusualmente despejado y puedes ver todas esas pequeñas lucecillas, de brillos dispares, con una nitidez que no recuerdas haber presenciado nunca antes. No te habías fijado hasta entonces, pero algunas de esas luces titilan en diferentes colores. Algunas son especialmente brillantes y unas pocas no centellean en absoluto. Una franja más luminosa y difusa cruza el cielo y termina bruscamente en el horizonte, recortada por la silueta de las montañas lejanas.

Es un espectáculo fantástico y te das cuenta de que, de alguna manera, te aporta satisfacción. Es una sensación extraña: hasta el momento lo único que había conseguido conmoverte eran las cosas que te iban a resultar beneficiosas a corto plazo como un jabalí bien grande, una buena hoguera un día de frío o una punta de lanza especialmente afilada. Pero en tu cabeza se ha encendido algún interruptor y lo único que te apetece ahora es realizar el acto inútil de observar el cielo un rato más en vez de irte a dormir.

Te tumbas para ahorrarte los dolores de cuello a los que te podría someter tu recién descubierta afición y escrutas el firmamento hasta que el disco brillante da signos de que está dispuesto a volver. El espectáculo de luces empieza a difuminarse en la claridad y por primera vez en tu vida lamentas que el disco brillante haya hecho su aparición tan pronto.

A partir de ese día conviertes la observación de los puntos brillantes en una costumbre. Notas cómo, a lo largo de los períodos oscuros, las lucecillas se desplazan lentamente desde un punto del horizonte hasta otro. De entre todas ellas, hay unas pocas que se comportan de manera distinta, tanto por su velocidad como por su trayectoria... ¿Qué hará que esas luces lleven la contraria al resto del firmamento? ¿Podrían tener voluntad propia?

Y con el tiempo has descubierto que el disco blanco, que te parecía que cambiaba de forma cuando le daba la gana, sigue un ciclo muy regular. De hecho, te das cuenta de que según la forma que tenga puedes predecir cuándo va a volverse grande otra vez o cuándo desaparecerá. A medida que observas el cielo también te percatas de que incluso el resto de los pequeños puntos brillantes parecen cambiar de posición de manera regular entre las estaciones frías y calientes. Cuanto más observas el firmamento, más seguro estás de que el movimiento de todas esas luces no es caótico, sino que sigue un patrón cíclico... Aunque estos ciclos son largos y por eso no habías reparado antes en ellos.

Pasado un tiempo llegas a la conclusión de que, al contrario de lo que pensabas, todas esas cosas brillantes que pasan constantemente por encima de tu cabeza no están conspirando contra ti y que, de hecho, están ahí para guiarte a través de los períodos de frío y calor si sabes interpretar su mensaje.

Enhorabuena: acabas de cambiar irremediablemente el curso de la humanidad.

CAPÍTULO 1

PRIMER CONTACTO CON EL CIELO.

La Prehistoria

Como podéis imaginar, la vida del ser humano prehistórico debió de ser dura. Si os pudierais poner en la piel de uno de estos individuos que habitaba el planeta hace decenas de miles de años, sin duda pensaríais que la naturaleza se dedicaba en cuerpo y alma a poneros las cosas difíciles.

Los animales que tenías que cazar hacían lo posible para que no lo consiguieras y por la noche estabas a merced de amenazas que, a diferencia de ti, tenían dientes afilados y garras largas. Alguna vez te parecía que hasta las plantas conspiraban contra tu persona cuando horas después de haber comido alguna fruta que tenía buena pinta descubrías que en realidad te había sentado como una patada en el estómago.

Y eso por no hablar del clima.

Recordemos que el concepto de *año* es un invento más o menos moderno que nos permite anticipar con antelación cuándo llegarán las estaciones. Pero los seres humanos prehistóricos no tenían esta noción del tiempo: para ellos la vida era una sucesión de períodos fríos y estériles, en los que la naturaleza les dificultaba la existencia lo máximo posible, seguidos por temporadas más calurosas, agradables y llenas de alimento.

En este contexto de desesperación por encontrar algo que dotara a sus vidas de cierta regularidad, los primeros seres humanos modernos encontraron aliados que les ayudarían a aumentar sus probabilidades de supervivencia en un lugar totalmente inesperado: el cielo.

A nuestros ancestros les empezó a interesar el juego de luces en movimiento que tenía lugar continuamente sobre sus cabezas entre los años 37500 y 35000 a. C. Esta es la época en la que ha sido datado un peroné de babuino encontrado en Border Cave (Kwazulu-Natal, en la frontera entre Sudáfrica y Suazilandia) en el que aparecen 29 marcas paralelas que se corresponden con los días que dura un ciclo lunar.[1] Y se sabe con seguridad que esas marcas fueron realizadas por seres humanos y que no crecieron en el peroné de ese babuino de manera natural.

También existe una tabla de marfil de 32.500 años de antigüedad encontrada en el valle de Ach, en Alemania, en la que por un lado aparece la primera representación de una constelación de la que se tiene constancia, la constelación de Orión, y por el otro tiene grabadas 86 muescas. Se trata de un número curioso, ya que se corresponde con el número de días que hay que restarle a un año para obtener la duración media de un embarazo y, casualmente, también es el número de días que la estrella más brillante de Orión, Betelgeuse, está presente en el cielo. Un ser humano prehistórico podría haberse basado en esta coincidencia para relacionar la fertilidad humana con algún tipo de ser sobrenatural presente en el firmamento.[2]

Por último, aunque solo es uno más de entre muchísimos ejemplos, en Dordogne (Francia) se encontró una placa de hueso de alrededor del año 28000 a. C. que contiene muescas que sugieren que los humanos que las hicieron estaban intentando representar no solo las fases de la Luna, sino también su movimiento a través del cielo durante su ciclo de 29 días y medio.[3]

Estos descubrimientos revelan que los seres humanos hemos usado estos cambios cíclicos y regulares del cielo para calcular el paso del tiempo desde los albores de la historia.

Aunque medir el tiempo en días y meses en vez de minutos y segundos es mejor que nada, los seres humanos prehistóricos estuvieron estancados con esta metodología durante treinta milenios.

Hasta que hace algo menos de 5.000 años se dieron cuenta de que había maneras más sofisticadas de hacerlo.

DAGAS APUNTANDO HACIA EL CIELO

Para ver conocimientos astronómicos más complejos en acción tenemos que avanzar hasta el período comprendido entre los años 2500 y 1700 a. C. en el Vallée des Merveilles o Valle de las Maravillas, en el sur de Francia. Allí, un equipo de arqueólogos se sorprendió al ver que en aquella época un clan de seres humanos se había estado dedicando a vandalizar las paredes de piedra del valle con 35.000 grabados en los que aparecían representadas las cosas que veían en su día a día: alabardas, hachas, ruedas, animales... Pero lo más extraño es que el 90 % de los grabados representan a gente esculpiendo otros grabados. No, no, solo es una broma; lo verdaderamente raro era el gran número de dagas grabadas en rocas que aparecieron esparcidas por todo el valle.

A los arqueólogos les intrigaba especialmente un grupo de 115 dagas grabadas sobre la misma losa de piedra que apuntaban todas ellas en la misma dirección, ladera arriba. Aquello habría tenido sentido si los pobladores de esa zona hubieran querido marcar el camino hacia algo que les resultara de interés, como un riachuelo o algún lugar ceremonial, pero en aquella dirección no parecía haber nada por el estilo.

Se les ocurrió entonces enfocar el problema desde otra perspectiva. ¿Y si esas dagas no estaban señalando hacia un punto concreto del terreno? ¿Y si estaban grabadas ladera arriba con otra intención? Tras comparar la posición de los cuerpos celestes que podían verse hace más de 4.000 años en el valle, se descubrió que las dagas señalaban hacia el lugar del horizonte por el que se ponía el Sol desde el principio de las épocas cálidas hasta, más o menos, los días cercanos al solsticio de otoño.[4]

¡Eh, espera, espera! En los documentales siempre hablan de equinoccios y solsticios como si fuera algo muy importante, pero ¿qué relevancia tienen en realidad?

Os presento a la *voz cursiva*. Suele interrumpirme cuando hay algún concepto que le suena pero no tiene claro del todo, o, directamente, cuando no se fía de lo que digo. Nos une una relación de amor-odio bastante compleja.

Pero por una vez ha hecho una pregunta interesante, así que voy a responderla empezando por lo básico.

DE EQUINOCCIOS Y SOLSTICIOS

La Tierra da vueltas alrededor del Sol y, a su vez, rota sobre su propio eje. Hasta aquí nada nuevo para la mayoría de nosotros. Pero falta cierta información que muchas veces no tenemos presente: el eje de rotación del planeta está inclinado 23°.

Parece una tontería, pero si el eje de rotación de la Tierra no estuviera inclinado, las temperaturas sobre su superficie permanecerían constantes a lo largo del año y no existirían las estaciones. Por una parte eso estaría bastante bien porque las redes sociales no empezarían a llenarse de gente diciendo «Qué ganas de que llegue el veranito» en noviembre, pero, por otra, sin un año dividido en cuatro estaciones distintas tal vez la humanidad nunca hubiera llegado a su estado de desarrollo tecnológico actual.[5]

Sí, sí, como lo oís: sin estaciones, la superficie terrestre estaría dividida en franjas de distintas temperaturas donde los lugares cercanos a los polos estarían sumidos en un ambiente frío perpetuo y el ambiente se caldearía cada vez más hasta llegar a las zonas cercanas al Ecuador. Incapaces de vivir en el frío polar perpetuo, los seres humanos se hubieran refugiado en latitudes más bajas, donde reinaría una temperatura agradable todos los días del año... Algo que les gusta mucho a los insectos, a los que les encanta transmitir enfermedades mortales. Es precisamente el invierno lo que impide que estos bichos no se puedan reproducir en zonas algo alejadas del Ecuador.

Muchas cosechas básicas como el trigo, el maíz, las patatas, la avena o la cebada crecen mucho mejor en lugares donde existen inviernos fríos. O sea, que un mundo sin estaciones es un mundo sin cerveza.

Terrible, no quiero ni imaginarlo. Pero ¿qué papel desempeña exactamente la inclinación en esto de las estaciones?

Mientras la Tierra da vueltas alrededor del Sol, la parte del planeta que «mira» hacia nuestra estrella permanece iluminada y la otra en total oscuridad. O sea, que anochece porque la rotación del planeta nos está sacando fuera de la cara iluminada por el Sol y nos está metiendo en la región que apunta hacia los oscuros confines del universo. En el siguiente dibujo se puede apreciar cómo afecta la inclinación de la Tierra a la duración del día y de la noche.

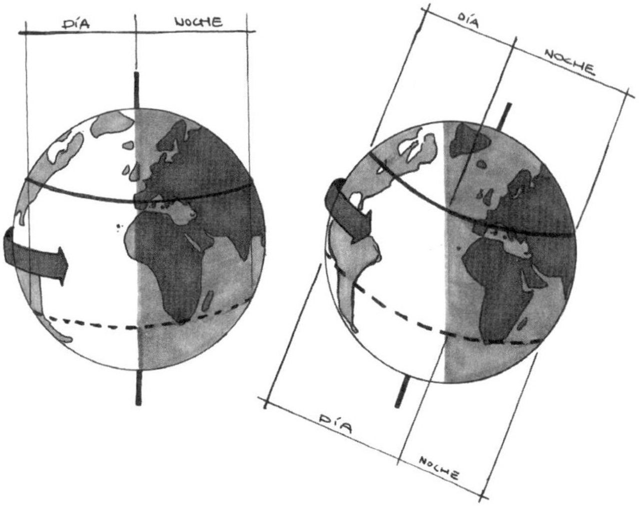

Si la Tierra diera vueltas alrededor del Sol en vertical (izquierda), un punto cualquiera de la superficie recorrería cada día la misma distancia por la zona iluminada que por la oscura y, por tanto, el día duraría exactamente lo mismo que la noche.

En cambio, los 23° de inclinación del planeta (derecha) hacen que cualquier punto de la superficie recorra una distancia diferente por la zona iluminada que por la ensombrecida, según su latitud, lo que modifica la duración de los días respecto a las noches en cada época del año. Este hecho está estrechamente ligado a las variaciones de temperatura que notamos a lo largo del año: durante los períodos en los que los días son más largos, una región cualquiera recibe radiación solar durante más tiempo y, por tanto, su temperatura aumenta.

Pero hay otra variable aún más influyente en la determinación de las estaciones.

Parece que está muy extendida la idea de que la Tierra va variando su inclinación a lo largo de su órbita alrededor del

Sol, y que este cambio de inclinación es el que provoca que las estaciones vayan cambiando de hemisferio.

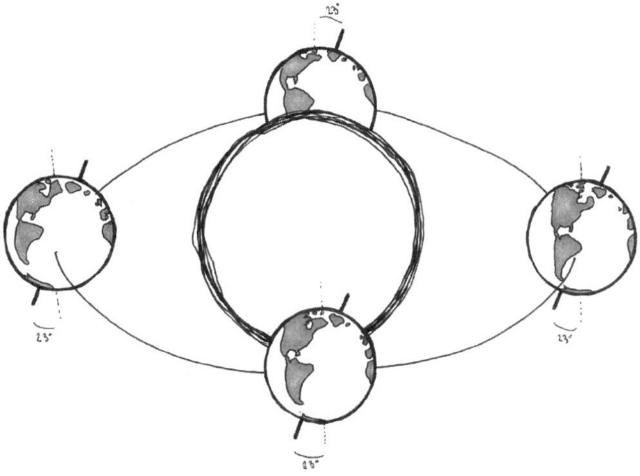

En realidad, la Tierra *no* cambia su inclinación durante el año. Precisamente por eso existen dos extremos opuestos de nuestra órbita: uno de los dos polos apunta hacia el Sol, mientras que el otro apunta en la dirección contraria.

¡Ah, claro! ¡Entonces el hemisferio que apunta hacia el Sol es el que recibe más radiación solar y, por tanto, allí será verano!

Sí..., más o menos.

Técnicamente, una cantidad parecida de radiación solar llega a los dos hemisferios durante cada estación. Sin embargo, ese no es el factor que más influye en los cambios de temperatura, sino el hecho de que el hemisferio que apunta hacia el Sol recibe la luz de una manera más concentrada, mientras que en el hemisferio contrario llega de refilón. No os preocupéis, la siguiente ilustración debería compensar mis deficientes dotes descriptivas:

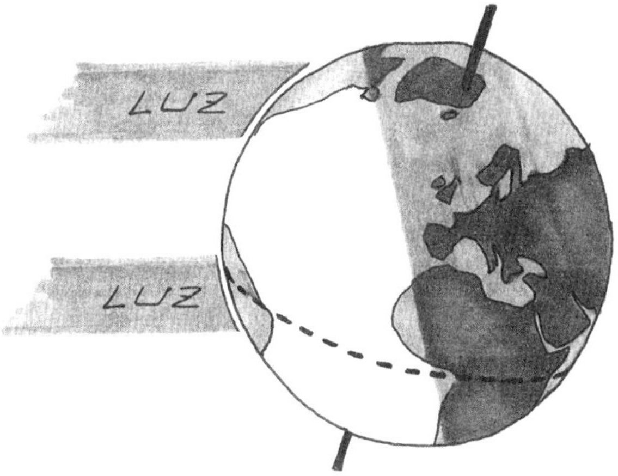

En la situación del dibujo, dos rayos de luz idénticos inciden cada uno sobre un hemisferio. Se puede notar que el área sobre la que se reparte la luz es distinta en cada caso: en el hemisferio norte, la radiación se esparce por una mayor superficie que en el sur, donde llega más concentrada. Esto se traduce en una mayor concentración de energía por metro cuadrado en el hemisferio sur, que, por tanto, se calentará más que el norte.

Y por eso el Sol pica en verano pero no en invierno.

Vale, vale, pero nos hemos ido por las ramas... ¿Qué tenía todo esto que ver con los equinoccios?

Mucho.

Mientras la Tierra da vueltas alrededor del Sol, el ángulo desde el que nos llega la luz de nuestra estrella varía ligeramente. Existen cuatro puntos de nuestra órbita donde este ángulo provoca algún efecto curioso.

Por un lado, están los dos puntos en los que el polo sur o el polo norte apuntan hacia el Sol. Esos días la gente que vive en el hemisferio que está dirigido hacia nuestra estrella experimenta el máximo número diario de horas de Sol, ya que se trata del momento del año en el que recorrerá una mayor distancia por la cara iluminada del planeta. La superficie del hemisferio contrario, en cambio, recorre la menor distancia posible por la zona iluminada, por lo que experimenta la noche más larga del año.

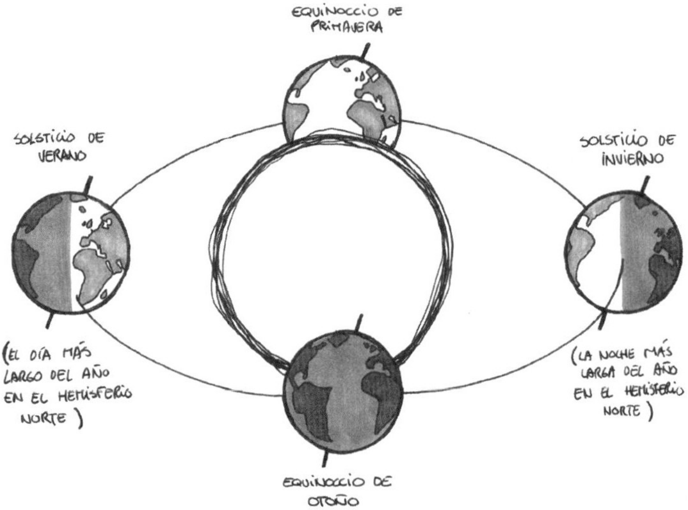

Pero en la ilustración anterior también podéis ver dos puntos de la órbita en los que ninguno de los dos hemisferios está inclinado hacia el Sol. Estos son los dos únicos momentos a lo largo de nuestro camino alrededor del Sol en los que la zona iluminada y la ensombrecida de cada hemisferio cubren la misma superficie y, por tanto, un punto cualquiera tarda lo mismo en recorrer las dos caras del planeta. En otras palabras: se trata de los días en los que el día y la noche duran lo mismo.

En estos puntos de la órbita ocurren los famosos *equinoccios* (del latín *equi-*, «igual» y *-nox*, «noche») y marcan el momento a partir del cual los días empiezan a volverse más largos que las noches o viceversa y, como consecuencia, las temperaturas cambian. Hay que tener en cuenta que se trata de un fenómeno bastante relevante si vives prácticamente desnudo y a merced de los elementos.

En el hemisferio norte, después del equinoccio de primavera (el 20 de marzo) pasamos más tiempo en la cara iluminada del planeta que en la oscura hasta que llega el solsticio de verano (el 21 de junio), el día del año en el que el Sol brilla durante más horas en el cielo. Después de este día, las horas de Sol empiezan a reducirse hasta llegar al punto en el que el día y la noche vuelven a tener la misma duración, en el equinoccio de otoño (el 22 de septiembre), y a partir de este punto la noche gana terreno al día hasta que llega el solsticio de invierno (el 22 de diciembre), la noche más larga del año. Entonces la noche empieza a acortarse otra vez hasta que vuelve a tener lugar el equinoccio de primavera y el ciclo se reinicia.

Estos cuatro puntos de nuestra órbita alrededor del Sol marcan los momentos en los que las temperaturas van a empezar a cambiar, lo que tenía gran relevancia para los habitantes del Valle de las Maravillas porque así sabían cuándo las plantas iban a florecer, cuándo era el mejor momento para ir a cazar o cuándo podían pasearse tranquilamente desnudos por el bosque sin miedo a sufrir una hipotermia.

Teniendo en cuenta todo lo que estaba en juego, a los habitantes del Valle de las Maravillas les interesaba bastante ser capaces de predecir cuándo iba a terminar la estación cálida y luminosa para dar paso a la estación fría y oscura.

En los equinoccios de primavera (20 de marzo) y otoño (22 de septiembre) el día y la noche tienen la misma duración, mientras que el solsticio de verano (21 de junio) coincide con el día más largo, y la noche más corta del año y el solsticio de invierno (22 de diciembre), con el día más corto y la noche más larga del año.

Pero no nos desviemos del tema y vamos a seguir con el misterioso asunto de las dagas que apuntan hacia el cielo.

Debido al efecto de la inclinación de la Tierra, la trayectoria en la que nos parece que se mueve el Sol a través del cielo cambia a lo largo del año. Cuando nuestro hemisferio apunta directamente hacia nuestra estrella, desde la superficie lo vemos seguir una trayectoria más alta en el cielo entre el amanecer y el atardecer. A medida que nuestro hemisferio queda inclinado en la dirección contraria mientras la Tierra sigue su camino, la trayectoria del Sol se vuelve más cercana al horizonte y, por tanto, recorre una menor distancia por el cielo y los días se acortan.

En algún punto intermedio existe una trayectoria en la que el día y la noche duran lo mismo.

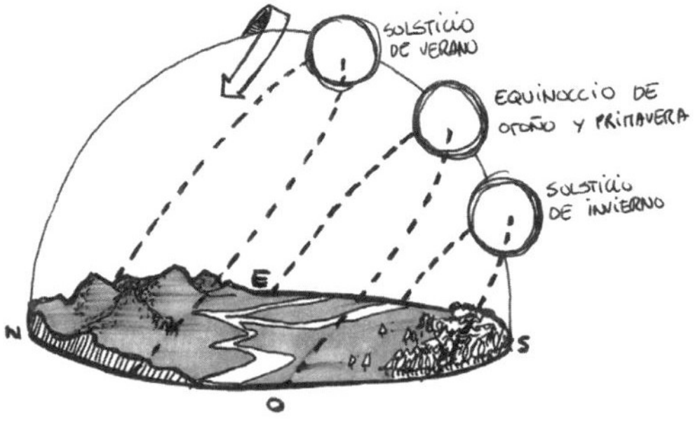

Aunque, mejor pensado, tal vez el siguiente dibujo os aclare mejor el asunto que hablar de inclinaciones y órbitas.

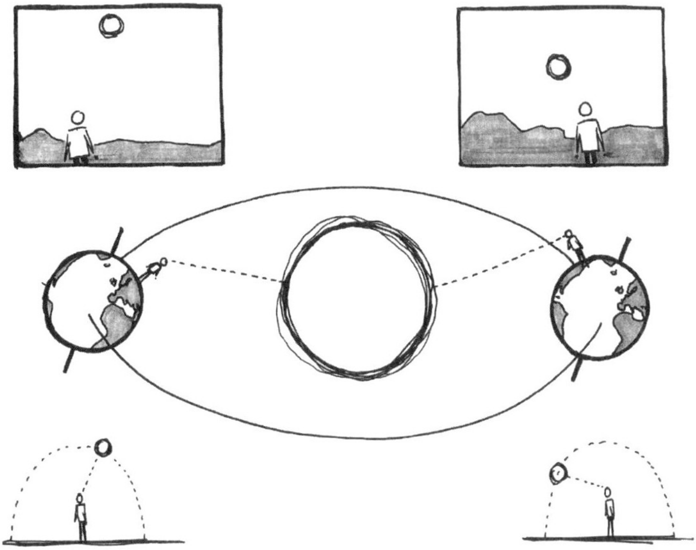

Como la Tierra recorre cierta distancia alrededor del Sol a diario, cada día el eje de rotación del planeta tiene una orientación un poco diferente con respecto a nuestra estrella, así que el lugar por el que sale y se pone el Sol cambia un poco de un día para otro.

Pensabais que habíais comprado un libro de historia de la astronomía con algunas curiosidades y que no habría que asimilar conceptos científicos, ¿eh? Que iba a usar la palabra *equinoccio* y quedarme tan tranquilo, ¿EH? Pues no, porque precisamente esa manera de tratar las cosas es la que ha llevado a la cultura general a la situación de «Me suena, pero no te sabría decir exactamente» en la que está ahora.

DAGAS APUNTANDO AL CIELO (AHORA SÍ)

Los habitantes del Valle de las Maravillas ya se habían dado cuenta de que los lugares por los que sale y se pone el Sol a lo largo del año van cambiando lentamente, así que aprendieron a aprovechar este fenómeno.

Cuando veían que el día empezaba a tener más o menos la misma duración que la noche se tendían sobre la roca, observaban el lugar por donde salía el Sol y, justo antes de que desapareciera tras el horizonte, ponían una daga perpendicular al suelo y dibujaban su sombra. Como aún faltaban milenios para que se inventara el primer cronómetro, no tenían manera de conocer de forma precisa qué día en concreto era igual de largo que su noche correspondiente. Por eso hay 115 dagas grabadas en la piedra en vez de una.

Al observar la salida del Sol en relación con las dagas, los habitantes del valle podían saber si se estaba acercando el cambio de estación y, por tanto, si había llegado el momento de bajar de las montañas para refugiarse en el valle antes de que el frío cubriera las montañas de nieve.

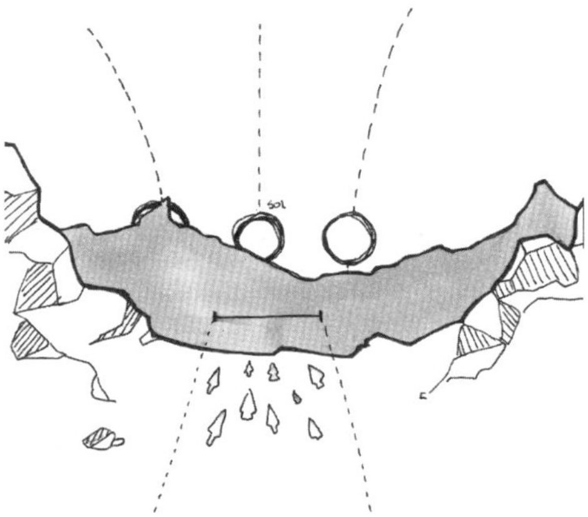

Bueno, ya, es un método muy ocurrente, pero ¿para qué quieres idear un sistema que te diga cuándo van a bajar las temperaturas, si la mejor manera de saberlo es simplemente notar en tus propias carnes si hace más frío o no?

El clima terrestre puede definirse con muchos adjetivos, pero «puntual» no es uno de ellos. A veces hace un calor del demonio en octubre, cuando debería haber empezado a refrescar, y cuando piensas que vas a vivir un verano perpetuo..., ¡zas!, un descenso brusco de temperaturas te obliga a sacar del armario el anorak que ya habías guardado. Cuando esto ocurre hoy en día, no deja de ser una anécdota que comentamos en el ascensor, pero para los habitantes del Valle de las Maravillas podía significar la diferencia entre bajar al valle para pasar el invierno tranquilamente o quedar atrapados por la nieve en la cima de la montaña y morir de frío y hambre.

Aunque no pudieran predecir exactamente el día que llegarían los equinoccios, este primer descubrimiento de una relación entre lo que ocurría a su alrededor y las peripecias de esas luces a través del cielo permitió a los habitantes del Valle de las Maravillas dividir el año en dos estaciones, lo que les permitía encarar sus decisiones basándose en predicciones sobre el futuro.

Pero los habitantes del Valle de las Maravillas no fueron los únicos que utilizaron el marcador temporal de los solsticios para predecir cuándo llegarían tiempos mejores.

EL CÍRCULO DE STONEHENGE

Muchos lugares prehistóricos que han sobrevivido al paso de los tiempos estaban dedicados a seguir los pasos de los astros, pero el más famoso de todos es el círculo de Stonehenge, que no es tan misterioso como pretenden vendernos los documentales sobre extraterrestres.

Este complejo megalítico utilizado para advertir los cambios que tienen lugar en el cielo durante el año es un sistema mucho más intrincado que el que usaban en el Valle de las Maravillas. Hay que dejar clara una cosa sobre este monumento: no se construyó de la noche a la mañana, sino que durante mil quinientos años (del 3100 al 1600 a. C.) se fue mejorando y pasó lentamente de ser una agrupación de postes de madera a la emblemática construcción megalítica que conocemos hoy en día.

Muchas generaciones de constructores de Stonehenge mejoraron el complejo durante todo ese tiempo con tal de que sirviera como reloj que les indicara la llegada de varios fenómenos astronómicos a lo largo del año.

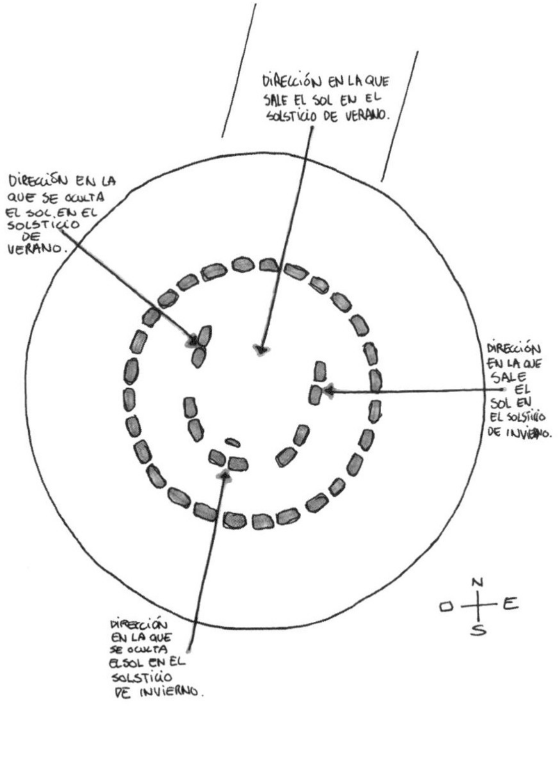

Stonehenge es bastante más sofisticado que unas cuantas dagas grabadas en la roca apuntando hacia el horizonte, pero el hecho de que sus creadores usaran esas rocas de varias toneladas para construirlo, con el consiguiente esfuerzo que eso suponía, da una idea de lo seriamente que los seres humanos nos estábamos tomando el movimiento de los cuerpos celestes.

Los movimientos de aquellos puntos brillantes inexplicables que se desplazaban por el cielo sin caerse parecían traer consigo cambios en el entorno que guiaban a los humanos en las temporadas de caza, en migraciones o, más adelante, en cuestiones de agricultura. Que determinadas estrellas aparecieran en la época de recolección de una fruta, por ejemplo, no se veía como una coincidencia, sino como una relación causa-efecto, así que poco a poco los humanos fuimos elevando esas luces que nos echaban una mano desde el firmamento al estatus de protectores y, eventualmente, de dioses.

Y ya veréis que, por culpa de la obsesión de los babilonios por intentar relacionar todo lo que pasa en el cielo con lo que ocurre a nuestro alrededor, hoy en día las revistas siguen llenas de horóscopos.

CAPÍTULO 2

ESTRELLAS CONVERTIDAS EN DIOSES.

La civilización egipcia

La civilización egipcia parece fascinar a todo el mundo. Existe una gran cantidad de información acerca de la cultura del antiguo Egipto, pero por desgracia esta ha sido tergiversada por una gran cantidad de autores de libros y documentales de «misterio» que están firmemente convencidos de que, cuanto más descabelladas sean sus ideas y menos pruebas aporten para respaldarlas, más público los comprará.

No se queda corto el número de teorías que afirman sin ningún tipo de fundamento que la civilización egipcia recibió la ayuda de extraterrestres, alegando que sus monumentales construcciones no podían haber sido erigidas por seres humanos en aquella época. No entraré en detalles al respecto de esto, solo haré un par de apuntes.

Aunque no sepamos exactamente qué sistema utilizaron, sí que conocemos varios métodos simples que permiten a un grupo pequeño de gente mover cargas enormes. Por otro lado, no existe ningún jeroglífico que represente a una nave extraterrestre llevando piedras de un lado a otro y, en cambio, sí que existen jeroglíficos donde aparece gente transportando estatuas gigantescas, por ejemplo.[1]

Pero, bueno, este libro va de las luces que están en el cielo sin caerse. Y precisamente los egipcios llevaron un paso más allá su estudio para mejorar su manera de predecir el tiempo.

Quiero decir *el paso del tiempo*, no el tiempo meteorológico. Ese es muy fácil de predecir en Egipto.

La civilización egipcia estaba asentada a orillas del río Nilo, una poderosa lengua de agua rodeada por un denso rastro de vegetación a su paso a través del desierto. No, en serio, mirad imágenes de Egipto tomadas por satélite y veréis lo fácilmente que se distingue el curso del río en el paraje desértico; es como una vena verde en medio de la nada.

Los egipcios no tenían tanto interés en predecir los cambios de estación como los habitantes del Valle de las Maravillas porque las temperaturas a lo largo del curso del río Nilo no suelen bajar de los 5 o los 10 °C en invierno,[2] así que no tenían que preocuparse de morir de hipotermia ni de desplazarse a otro lugar antes de que el río se congelara ni nada por el estilo.

La supervivencia de la civilización egipcia no dependía de su capacidad para anticipar los cambios de estación, sino de saber cuándo llegaría un fenómeno mucho más concreto.

Durante unos cinco meses al año, el caudal del río Nilo crece y el nivel de sus aguas sube entre 7,6 y 13,2 metros, para luego volver a bajar. Cuando el agua retrocede, deja las orillas del río cubiertas con una capa rica en nutrientes de limo y tierra. La fertilidad de este río es, precisamente, la que permitió que en sus orillas se desarrollara una civilización tan grande como la egipcia.

Pero, claro, que el nivel del agua suba tantos metros presenta algunas desventajas..., entre ellas, su capacidad para inundar y destruir poblados y cultivos. Para proteger los asentamientos de la crecida del río, cada año convenía prepararse y construir barreras de contención antes de que esta tuviese lugar, y para ello había que saber con antelación cuándo iba a ocurrir.

Los egipcios tuvieron tiempo de sobra para mirar las estrellas y buscar alguna que les permitiera predecir la crecida del río Nilo, ya que los primeros asentamientos alrededor de este río datan de alrededor del año 5500 a.C. y las primeras señales de una civilización egipcia aparecen alrededor del año 3000 a. C. Como no tenían calendarios con fotos de sus faraones en cada casa para ir tachando días y medir así el paso del tiempo, adoptaron la misma solución que los señores del Valle de las Maravillas: se fijaron en el firmamento.

No obstante, la crecida del río no era un fenómeno tan regular como el cambio de estación: podía adelantarse o retrasarse. Y para tener tiempo de prepararse había que poder predecirla con antelación suficiente, incluso aunque llegara antes de lo previsto. Los egipcios se dieron cuenta de que un punto especialmente brillante en el cielo aparecía un poco antes de que empezara la crecida del río. Ese punto es la estrella que hoy en día conocemos como Sirio, y es el cuarto objeto más brillante del cielo nocturno (después de la Luna, Venus y Júpiter).

O sea que, cuando Sirio aparecía en el cielo, había llegado la hora de prepararse para la crecida del río.

Pero, claro, los egipcios no tenían los conocimientos sobre el cielo que tenemos hoy en día y, además, ya de por sí en la Antigüedad la frontera entre la percepción de los conceptos de *casualidad* y *causalidad* era bastante difusa. Ellos no veían la llegada de Sirio como la estrella que *casualmente* aparecía un poco antes de que el río creciera, sino como la estrella que *causaba* la crecida del río. Además, Sirio está en la dirección en la que apuntan las tres estrellas alineadas del cinturón de Orión, así que ¿qué otra señal necesitaban de que no se trataba de una coincidencia?

Pero, oye, ¿qué significa esto de que Sirio sale en determinada época del año?

Ah, sí, perdona, *voz cursiva*.

Estamos rodeados de estrellas en todas las direcciones, como si nos rodearan formando una esfera, pero no podemos verlas todas a la vez. Esto se debe a que solo somos capaces de verlas durante la noche o, lo que es lo mismo, en el lado del planeta donde no da el Sol. Por tanto, nuestra posición en la órbita limita las estrellas que podemos observar en esta esfera imaginaria que nos rodea.

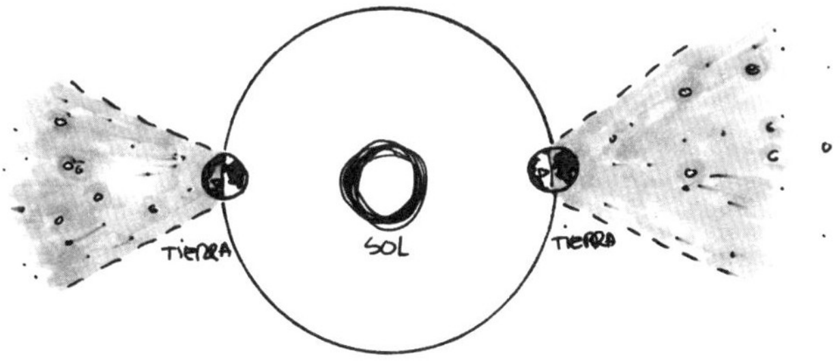

O sea, que cuando se dice que Sirio «sale» tal día del año, significa que la posición de la Tierra a lo largo de su órbita permite que aparezca en el cielo por encima del horizonte en un lugar concreto de la superficie terrestre.

Total, que para los egipcios no era descabellado pensar que ese punto brillante en el cielo al que no parecían afectarle las leyes terrenales fuera la manifestación de alguna fuerza divina que les guiaba a través de un mundo aparentemente caótico. Esta estrella, que, al parecer, traía la abundancia fue bautizada con el nombre de *Sopdet*, que, literalmente, significa «aquella que es brillante», y aparece representada en la mitología egipcia como la diosa de la prosperidad.[3]

Como veis, hemos podido explicar un aspecto de la cultura egipcia sin recurrir a los extraterrestres.

TODO LO RIGE UNA ESTRELLA

La civilización egipcia desarrolló un calendario basado en la inundación del Nilo que empezaba el día en que esta tenía lugar y duraba 365 días, que estaban divididos en 12 meses de 30 días y 5 días extra. Pero debido a que el año dura en realidad 365,2422 días, el día del año en el que ocurría la inundación iba retrasándose poco a poco con el tiempo, así que valía más la pena fiarse de la salida de Sirio (o Sopdet) que de la fecha de sus calendarios.

Los egipcios no solo se fijaron en Sirio para predecir la crecida del río. Notaron que la posición de las estrellas parecía afectar también a sus cultivos y a la aparición de ciertos animales. Usando estas relaciones podían saber cuándo plantar, cosechar o cazar, lo que les facilitaba mucho la vida, teniendo en cuenta que su sustento dependía de que enterraran las semillas en el momento justo para que pudieran dar frutos o de que estuvieran seguros de que iban a encontrar perdices después de haber hecho un largo viaje hasta una zona de caza.

Por supuesto, los egipcios no eran conscientes de que estas relaciones con las estrellas eran una *coincidencia* y que, en realidad, lo que provocaba todos estos cambios a su alrededor era el propio clima terrestre, en constante cambio debido a la influencia del Sol, la única estrella que tiene algún efecto sobre nuestro planeta, a lo largo del año. Así que ellos siguieron a su bola asignando dioses a los puntos brillantes que parecían coincidir con fechas importantes.

La asignación de dioses a los cuerpos celestes también era una herramienta para intentar explicar qué ocurría en los cielos y, además, una prueba de que no había extraterrestres por ahí para explicarles qué diablos estaba pasando sobre sus cabezas.

EL CONTEXTO SÍ QUE IMPORTA

Para entender la visión que los egipcios tenían del cosmos, veamos qué contemplaban a su alrededor a diario.

La civilización egipcia estaba asentada en las orillas fértiles del Nilo, donde la inundación anual permitía la agricultura altamente productiva que posibilitaba su sustento. La inundación ocurría en un intervalo de tiempo regular, igual que el paso del Sol, que orquestaba el día a día de los seres humanos. Los egipcios veían esta regularidad como una manifestación de un orden universal al que llamaban *maat* y que era mantenido por los dioses, los propios cuerpos celestes. Los dioses se encargaban de mantener el *maat* en la naturaleza, mientras que el faraón, el representante de los dioses en el plano terrenal, era el encargado de mantener el orden entre la población.

El contraste entre la vida a orillas del Nilo y el resto de la zona es brutal. A excepción de su desembocadura en el Mediterráneo, más allá de las frondosas orillas del río se extienden cientos de kilómetros de puro desierto, que en aquella época estaba habitado por pueblos que los egipcios consideraban los enemigos incivilizados del *maat*.

Teniendo en cuenta que poca gente atravesaría todo ese desierto para ver qué había al otro lado, no es extraño que los egipcios creyeran que la Tierra era una planicie desértica inmensa con el río Nilo en el centro, todo ello rodeado por una especie de océano infinito de «agua sin forma». De día, el Sol, *Ra*, recorría el cuerpo de *Nut*, el cielo, hasta esconderse bajo el horizonte y pasar a *Duat*, una especie de inframundo situado bajo la Tierra plana donde iban las almas de los muertos (las de los buenos y las de los enemigos del orden iban al mismo sitio, aunque cada uno recibía un trato diferente). O sea, que su visión del universo era algo así:

Es normal, ya que los egipcios no tenían manera de explicar qué proceso natural podría mantener el orden en el firmamento, así que idearon un sistema de mitos que daba respuesta a sus preguntas. ¿Cómo puede aquel disco brillante esconderse por un lado del horizonte y aparecer por el otro? ¿Qué hace que su brillo varíe durante el día? ¿Por qué nunca se detiene en su camino? ¿Por qué las estrellas aparecen de noche y desaparecen de día?

Todas estas preguntas tienen respuesta en la mitología egipcia.

El dios del Sol, *Ra*, materializado en el astro rey, presenta su máximo poder a mediodía y va perdiendo su fuerza durante la tarde. Cuando llega hasta *Akhet*, el horizonte, está tan débil que escupe a todas las deidades que se ha tragado al amanecer (las estrellas). Cuando entra en *Duat*, el inframundo bajo tierra, Ra se mete en una barca para recorrer el camino plagado de obstáculos hasta el otro extremo del horizonte. Entre ellos se encuentra la serpiente *Apep*, que representa la destrucción y el desorden y amenaza con hundir la barca de Ra durante su viaje y sumir la creación en el caos. Por suerte, Ra cuenta con la ayuda de otros dioses que le ayudan a combatir contra la serpiente.

En el punto más importante de su viaje por Duat, Ra se une al dios Osiris, que había sido destruido por el dios Seth. Esta unión ayuda a Ra a recuperar su fuerza para salir de Duat y volver a aparecer en la Tierra, tragándose las estrellas de nuevo.

Y los egipcios estaban convencidos de que este berenjenal tenía lugar cada día.

LOS EGIPCIOS TENÍAN RESPUESTAS PARA TODO

No solo la naturaleza cíclica del universo intrigaba a los egipcios. También se hacían otras preguntas como, por ejemplo, ¿por qué brillaba tanto el Sol y tan poco la Luna, si los dos eran discos del mismo tamaño?

La respuesta era lógica, claro: el dios Seth arrancó uno de los ojos de Horus, dios del cielo, que luego fue sanado por Thoth o Hathor. En la mitología egipcia, el Sol y la Luna se corresponden con cada uno de los ojos de Horus, por lo que la destrucción y restauración de uno de los ojos explicaba por qué uno de ellos brillaba menos.

Los egipcios recurrieron al uso del cielo para llevar a cabo sus rituales a un nivel que dejaba a los creadores de Stonehenge en calzoncillos... Aunque, bueno, probablemente tampoco llevarían puesta mucha más ropa de todas maneras.

Las construcciones egipcias eran mucho más grandes y complejas, pero la astronomía seguía teniendo un gran papel en su orientación sobre el terreno. Los conductos de ventilación que apuntan al sur en la gran pirámide, por ejemplo, señalaban hacia Sirio y las estrellas del cinturón de Orión, mientras que los conductos del norte señalaban hacia «los inmortales», las estrellas del norte que nunca se ponían tras el horizonte.

Los templos estaban orientados hacia puntos del paisaje en los que tenían lugar acontecimientos celestes importantes: los lugares por los que se ponía el Sol en un solsticio o un equinoccio, posiciones relacionadas con las estrellas más brillantes del cielo egipcio o, simplemente, con los cuatro puntos cardinales.[4] En concreto, las pirámides contienen un largo respiradero en su interior que va desde la cámara en la que está enterrado el faraón hasta la cara exterior de la estructura. Este respiradero está inclinado de manera que apunta directamente hacia el área circular de 10° delimitada por *Los Indestructibles*, las dos estrellas brillantes que en aquella época daban vueltas alrededor del polo norte celeste. Los egipcios creían que aquella zona del cielo era el portal hacia el paraíso y, por tanto, este túnel que apunta directamente hacia él facilitaría el trabajo al alma del faraón para alcanzarlo.[5]

Oye, me acabo de dar cuenta de que estás hablando de esas dos estrellas en pasado... ¿Acaso ya no están ahí? ¿Alguien las ha movido de sitio a lo largo de miles de años?

Nadie ha movido las estrellas de sitio, querida *voz cursiva*. Se ha movido el propio cielo. Ahora te lo explico.

EL FIRMAMENTO NO SABE ESTAR QUIETO

Si hacemos memoria, recordaremos haber aprendido en el colegio que la Tierra da vueltas alrededor del Sol (hasta ahí bien) y además rota alrededor de su propio eje. Como he explicado, este eje está inclinado 23°, inclinación que permite al planeta realizar un tercer movimiento.

Imaginemos que… Bueno, no hace falta imaginarlo, podéis hacerlo físicamente si queréis. Necesitaréis una fruta que tenga una forma más o menos esferoidal, como una naranja o un tomate, y dos palillos largos. Atravesad verticalmente la fruta con uno de los palillos e inclinad la fruta un poco. Esto representará el eje de rotación de la Tierra. Ahora atravesad verticalmente la fruta con el eje inclinado con el otro palillo. Si giráis este segundo palillo, el eje de la fruta empezará a dar vueltas alrededor de él.

Este movimiento lo realiza también la Tierra y se llama *movimiento de precesión*. Como no creo que el ejemplo de los palillos haya quedado muy claro, aquí tenéis un dibujo que lo representa.

La Tierra tarda unos 26.000 años en realizar este giro, así que no vamos a notar sus efectos durante nuestras cortas vidas, pero tiene un efecto muy curioso y poco intuitivo si no estamos familiarizados con él. Cada noche, las estrellas salen por el oeste y se ponen por el este; eso no es ningún secreto de Estado. Durante el año, muchas de las estrellas que vemos en el cielo van cambiando porque la Tierra se desplaza alrededor del Sol y la perspectiva que tenemos del firmamento que nos rodea es ligeramente distinta cada día.

Aun así, hay estrellas que están presentes en el cielo durante todo el año y otras que incluso están presentes en el firmamento durante toda la noche, sin llegar nunca a desaparecer tras el horizonte. Esto se debe a que están por encima o por debajo del plano del sistema solar y, por tanto, son visibles desde cualquier punto de nuestra órbita.

Un ejemplo es la estrella polar en el hemisferio norte, que permanece siempre estática en el mismo punto y que utilizamos para encontrar el norte geográfico. En el hemisferio sur no hay ninguna estrella en el polo celeste, pero sí que hay algunas alrededor. Estos puntos más altos del cielo, tanto en

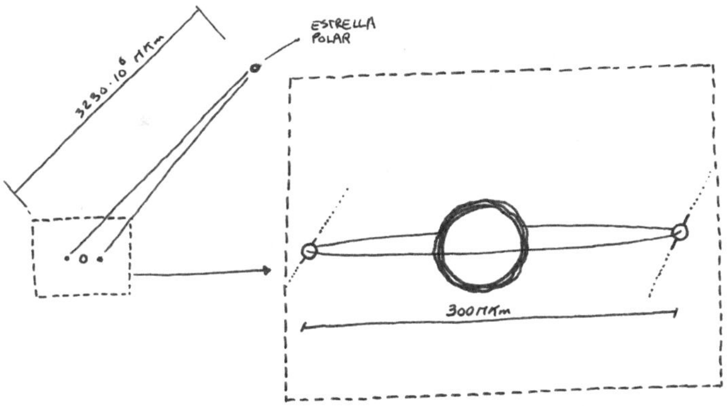

el hemisferio norte como en el sur, están alineados con el eje terrestre, y alrededor de ellos «gira» el firmamento durante la noche debido al movimiento de rotación terrestre.

Pero, claro, a lo largo de 26.000 años, la dirección en la que apunta el eje terrestre va variando debido al movimiento de precesión y, como resultado, las estrellas que están exactamente sobre los puntos norte y el sur geográficos van cambiando.

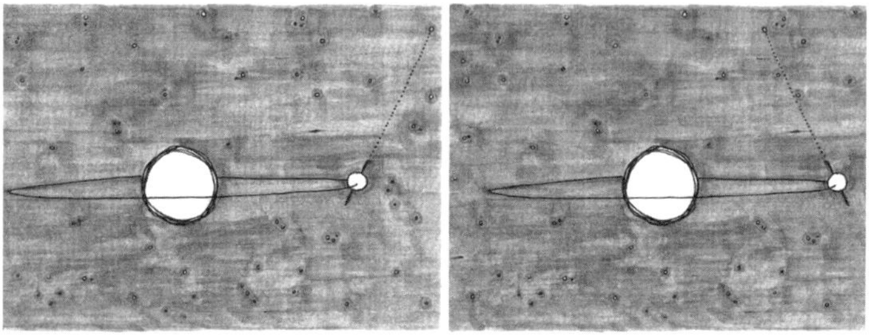

Por eso nuestros antepasados no encontrarían el norte de la misma manera que nosotros, que simplemente buscamos la estrella polar, ya que debido a la precesión la distribución de las estrellas respecto a los polos norte y sur celestes habrá cambiado.

La estrella polar, por ejemplo, seguirá siendo una buena aproximación para saber dónde está el polo norte durante otros mil años, más o menos, pero luego ya estará demasiado lejos de ese punto como para ser una medida fiable y será más conveniente usar la estrella Alrai como referencia. En doce mil años, Vega será la estrella más cercana al norte en el hemisferio norte.[6]

En el tiempo de los egipcios no había una estrella fija en el polo norte celeste. Aun así, sus construcciones están muy bien orientadas respecto al norte en aquella época y no se sabe exactamente qué método utilizaron para encontrarlo, aunque el análisis del cielo en esa época (simulado por ordenador) sugiere que muy probablemente usaron la alineación entre tres estrellas (Mizar, Kochab y Zeta Ursae Minoris), ya que la línea que formaban estos tres cuerpos celestes prácticamente coincidía con la dirección del norte real en el horizonte.[7]

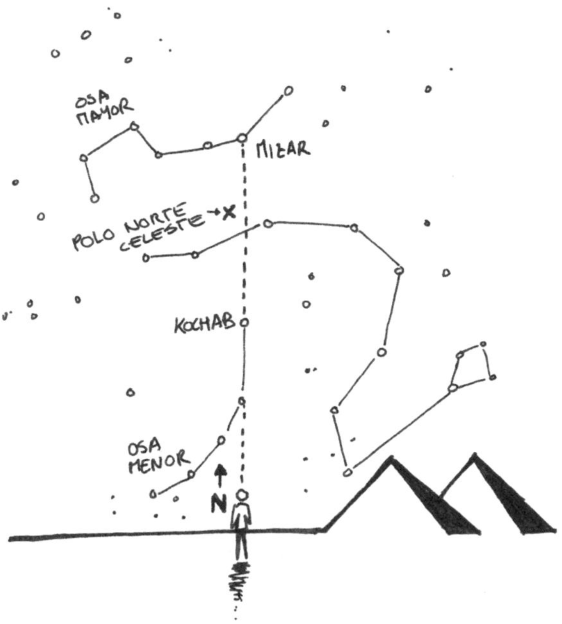

El problema es que ellos no sabían que las estrellas que delimitan el norte van cambiando con el paso del tiempo, demasiado despacio como para ser percibido durante una vida humana. Como la civilización egipcia se mantuvo en pie casi tres mil años, la precesión fue cambiando las estrellas de sitio mientras ellos seguían utilizando el mismo método para encontrar el norte.

Por este motivo las construcciones que estaban alineando con su método quedaban cada vez más desviadas del norte real y, de hecho, hoy en día los arqueólogos pueden datar el período en el que fueron construidas las estructuras midiendo lo desviadas que están respecto del norte real.[8]

Por cierto, otra prueba de que a los egipcios no les ayudaron los extraterrestres es que solo conocían cinco planetas de nuestro sistema solar: Mercurio, Venus, Marte, Júpiter y Saturno... Los únicos que son visibles a simple vista, vaya. Bueno, y tampoco sabían que eran planetas, simplemente los veían como luces que se movían de manera diferente al resto en el cielo y creyeron que se trataba de luces especiales entre todos esos puntos brillantes.

Eh, eh, a lo mejor los alienígenas tampoco conocían la existencia de esos otros planetas.

¿De verdad crees que una civilización capaz de realizar largos viajes por el espacio no conocería la existencia de todos los planetas del sistema solar, *voz cursiva*? Bueno, a medida que avance el libro verás que es inevitable descubrirlos cuando una civilización adquiere unas nociones básicas sobre las leyes de la naturaleza y cierto grado de desarrollo tecnológico, ya sea por su observación directa o por la detección de su influencia gravitatoria sobre otros cuerpos.

Pero para eso aún queda un rato. Ahora os hablaré de los babilonios y profundizaremos más en este tema, que tiene tela.

CAPÍTULO 3

ESTUDIAR A LOS DIOSES: los babilonios

¿Hay a tu alrededor una revista de las que regalan los domingos con el periódico? Si la tienes a mano es probable que encuentres parte del legado de los babilonios entre reportajes de moda y las trepidantes crónicas sobre las bodegas más remotas de España. Seguramente este legado se encuentre en una de las últimas páginas desde donde intentan darte directrices para que organices tu vida según el mes en el que has nacido. Sí, lo has adivinado: los babilonios fueron los inventores de la astrología.

El imperio babilonio existió desde el 1894 a.C. hasta el 539 a.C. Es decir, que gran parte de lo que voy a explicar a continuación ocurría de manera paralela a las andanzas de los egipcios. Ellos también habían notado que la llegada de algunos fenómenos naturales coincidía con la aparición de ciertos astros en el cielo y, como sus vecinos constructores de pirámides, gran parte de su mitología estaba fundamentada en ellos. Los cinco planetas que conocían —Mercurio, Venus, Marte, Júpiter y Saturno— eran vistos como deidades junto con la Luna, el Sol y algunas estrellas especialmente brillantes.

Oye, pero ¿cómo descubrieron los planetas? ¿Ya tenían telescopios por aquel entonces?

No, no. Los babilonios no tenían ni idea de que los planetas eran pedazos de roca o bolas de gas que no emiten luz propia y brillan al reflejar la luz del Sol. De hecho, por eso mismo los consideraban dioses: nadie en su sano juicio consideraría que una bola de roca con una temperatura superficial de más de 400 °C y cubierta de nubes de ácido sulfúrico tiene algo remotamente divino. Te estoy mirando a ti, Venus.

Como las únicas herramientas que tenían para observar el cielo eran sus propios ojos, los babilonios simplemente se dieron cuenta de que, entre los incontables puntos brillantes del cielo nocturno, cinco de ellos se comportaban de manera distinta.

Me explico.

Sal a la calle una noche clara y mira el cielo. ¿Vives en una ciudad? Bueno, haz autoestop y pide a un desconocido que te lleve a un lugar alejado y oscuro (espero que hayáis comprado este libro por la astronomía y no por los consejos). ¿Estás ahí ya? Mira el reloj, ¿qué hora es? ¿Las 12.00? Estupendo, saca la cámara réflex que te compraste para hacer fotos a tus desayunos y amortízala inmortalizando el cielo. Una vez tomada la foto, vete a casa y vuelve mañana a la misma hora y al mismo lugar exactos y toma otra instantánea desde la misma posición. Pasado mañana haz lo mismo. Y el otro. Y el otro. Y así hasta que empiece a darte mal rollo hacer autoestop o se acabe la memoria de la cámara.

Cuando tengas todas las fotos, imprímelas y colócalas unas junto a otras.

¿No notas algo raro? Mete folios de papel cebolla en la impresora (en serio, no soy muy bueno dando consejos), imprímelas de nuevo y ponlas una encima de otra, de manera que coincida la silueta del paisaje de todas ellas. ¿Ves algo ahora?

¡Eh! ¡Espera! ¡No todas las estrellas coinciden! ¡Hay un par que se han movido! ¿O he tomado yo mal las fotos?

¿Te ha pasado como a la *voz cursiva*? No te preocupes, las fotos están bien tomadas. La culpa es del movimiento de los planetas alrededor del Sol, de las estrellas y de la rotación de la Tierra.

EN EL ESPACIO TODO ESTÁ LEJOS..., AUNQUE UNAS COSAS MÁS QUE OTRAS

Los planetas están pegados a nosotros en comparación con las estrellas. Por poner algunos ejemplos, la Tierra da vueltas alrededor del Sol a una distancia de 150 millones de kilómetros, Marte se encuentra a 54,6 millones de kilómetros de nosotros en el punto más cercano de su órbita y la órbita de Saturno coloca a este planeta, el más lejano que se puede ver a simple vista, a unos 1.200 millones de kilómetros en su punto más cercano.

Incluso la luz, que viaja por el espacio a casi 300.000 kilómetros por segundo, tarda casi 13 minutos en llegar hasta Marte desde que es emitida por el Sol y 1 hora y 20 minutos en llegar hasta Saturno. Nuestros satélites y sondas espaciales, que se desplazan muchísimo más despacio, tardan meses o incluso años en llegar hasta estos planetas.

Sí, vale, millones o miles de millones de kilómetros son distancias difíciles de asimilar, pero son el equivalente a bajar a comprar el pan si las comparamos con el trecho que nos separa de las estrellas.

Alfa Centauri, la estrella más cercana a nuestro sistema solar, está a cuatro años luz de nosotros. *Cuatro años luz*. Recordemos que un *año luz* no es una medida de tiempo, sino de distancia, y equivale a la distancia recorrida por la luz durante un año. Como la luz se desplaza por el vacío a casi 300.000 km/s, un rayo de luz recorrerá 10 billones de kilómetros durante un año. O sea, que la estrella más cercana se encuentra a 40 billones de kilómetros de distancia.

Un año luz es la distancia que
recorre un rayo de luz en un año
y equivale a 10 billones de kilómetros.

Vale, dejemos de disimular: aunque le hayamos puesto una cifra a esta distancia, sigue sin tener ningún sentido en nuestras cabezas. Para concebir la magnitud de este número es mejor compararlo con experiencias más mundanas. Por ejemplo, en un coche a 120 km/h (haced todas las suposiciones necesarias para que esto fuera posible) tardarías 38.052 años en llegar hasta Alfa Centauri. O sea, que si hubieras salido hacia esta estrella en el momento en el que aparecieron las primeras dinastías egipcias, alrededor del 3200 a.C., hoy en día habrías recorrido algo menos de una séptima parte del camino.

Ahora la distancia ha tomado un poco de proporción, ¿no? Y eso que Alfa Centauri es la estrella más cercana. Las trescientas estrellas más brillantes del firmamento se encuentran, de media, a una distancia de 347 años luz de nosotros, lo que equivale a 3.470 billones de kilómetros o, lo que es lo mismo, un viaje de 3.300.000 años en un coche a 120 km/h. Y sin paradas para ir al baño. Si empezaras tu viaje en coche cuando aparecieron los primeros *homo sapiens sapiens* sobre el planeta, hace 160.000 años, a día de hoy no habrías recorrido ni la vigésima parte del camino. Y mientras tanto mira cómo hemos aprovechado el tiempo en la Tierra.

Total que, pese a que las estrellas se están moviendo constantemente, están tan *extremadamente* lejos de nosotros que desde nuestra perspectiva parece que permanecen fijas en la misma configuración en el cielo. El movimiento de los planetas, en cambio, sí que resulta apreciable en el cielo porque dan vueltas alrededor del Sol cerca de nosotros a lo largo de períodos razonables de tiempo.

Por eso cada noche, mientras la Tierra da una vuelta sobre sí misma, las estrellas giran sobre nuestras cabezas sin que la posición entre ellas varíe en absoluto, mientras que los planetas... Bueno, digamos que se mueven de una manera que puede resultar bastante confusa si tu perspectiva del universo está confinada sobre la superficie de un planeta y, como los babilonios, no tienes idea de lo que estás mirando.

LOS PLANETAS, UNAS LUCES DESOBEDIENTES EN EL CIELO

En primer lugar, desde nuestra situación en la Tierra, la perspectiva que tenemos del firmamento es equivalente a una superficie plana curvada sobre nuestras cabezas, lo que limita nuestra percepción del espacio una barbaridad porque a simple vista no podemos percibir en él la profundidad y únicamente nos permite ver en dos dimensiones los movimientos de los cuerpos celestes que nos rodean, que tienen lugar en un espacio tridimensional.

Esto se puede notar en la manera en la que los planetas se mueven aparentemente a través del firmamento.

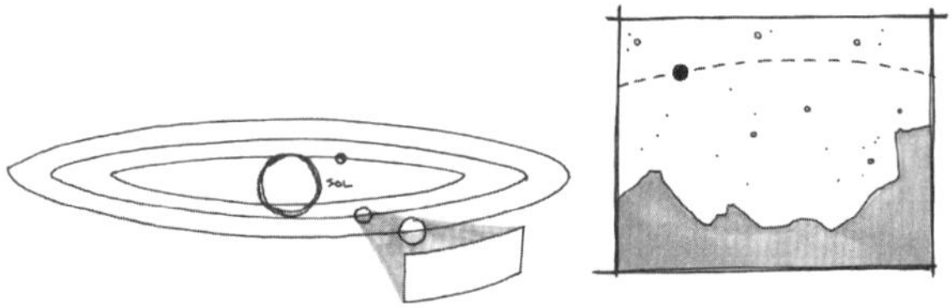

Todos los planetas del sistema solar siguen órbitas elípticas (casi circulares) y dan vueltas alrededor del Sol aproximadamente sobre el mismo plano. Esto significa que sus órbitas están más o menos niveladas a la altura del ecuador del Sol, incrustadas en un «disco» imaginario. Por tanto, como la Tierra se encuentra dentro de este disco, desde nuestra perspectiva nos parece que los planetas se mueven sobre una línea a través del cielo, ya que nuestra posición nos impide ver la curvatura de la órbita.

A esta línea imaginaria en el cielo a lo largo de la que se mueven los planetas (y el Sol, claro, el Sol está más en medio del plano del sistema solar que nadie) se le llama *eclíptica*.

Pero ahí no termina la lista de cosas que podían confundir a un babilonio. Los planetas más cercanos al Sol se mueven más rápido que la Tierra y tienen órbitas más cortas, mientras que los más alejados van más despacio y tienen que recorrer una distancia mucho mayor para dar una vuelta completa alrededor de nuestra estrella. El resultado: a veces la Tierra «adelanta» a los planetas más lentos (Marte, Júpiter y Saturno) y otras veces es adelantada por los más rápidos (Mercurio y Venus).

En nuestro cielo bidimensional, esto se traduce en que los planetas invierten la dirección de su movimiento por la eclíptica a lo largo del año (fíjate en el dibujo inferior).

Y no solo eso. Encima, como el eje de la Tierra está inclinado, nuestra perspectiva de la *eclíptica* va cambiando según la posición de la órbita en la que nos encontremos mientras completamos nuestro viaje alrededor del Sol.

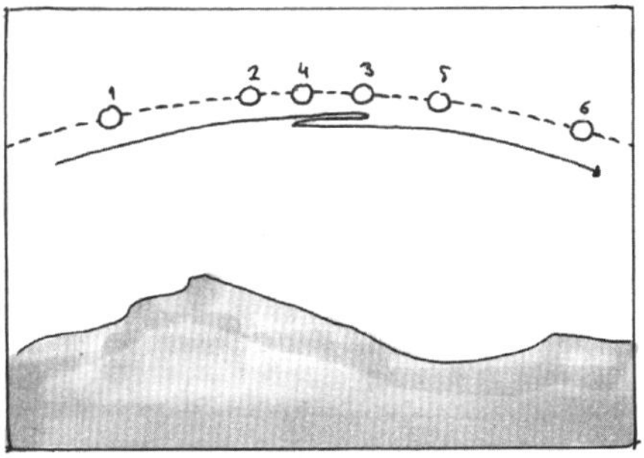

Sabiendo todo esto, vamos a ponernos en la piel de los astrónomos babilonios que se dedicaban a registrar la posición de los cuerpos celestes a simple vista. Ellos tan solo veían un montón de puntos brillantes, sin saber que la inmensa mayoría de ellos eran estrellas como el Sol que les iluminaba durante el día. Tampoco tenían idea de que esas cinco luces que se movían de manera distinta en el firmamento eran planetas que se encuentran mucho más cerca de nosotros, giran también alrededor del Sol y no brillan con luz propia.

O sea, que cuando los babilonios registraban y representaban el movimiento de esas luces desobedientes por el cielo a lo largo del año, una tarea que tenían que hacer manualmente apuntando las coordenadas de cada cuerpo celeste cada día porque no tenían cámaras de fotos, les quedaban unas trayectorias bastante..., bueno, digamos *poco intuitivas*.

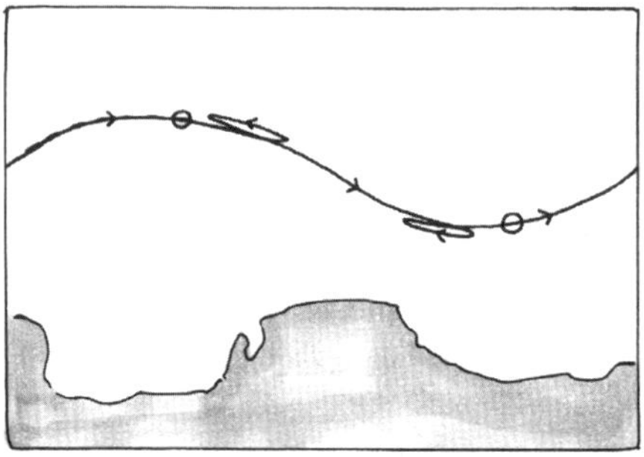

Sin el conocimiento necesario para explicar por qué diablos el movimiento de esos cinco astros en particular era tan diferente al del resto de las estrellas, no es raro que los babilonios llegaran a la conclusión de que esas luces que desobedecían las leyes del resto del firmamento eran seres sobrenaturales. Así lo reflejan Nabu, Ishtar, Nergal, Marduk y Ninurta, los dioses babilonios que representaban a Mercurio, Venus, Marte, Júpiter y Saturno, los cinco planetas visibles a simple vista.

CASUALIDAD Y CAUSALIDAD

Cuando hoy en día escuchamos hablar de deidades, nos vienen a la cabeza religiones monoteístas como el cristianismo, el judaísmo o el islam, cultos que están fuertemente unidos al concepto de la fe porque, como los dioses no se manifiestan en el mundo de manera inequívoca para demostrarnos su existencia, la creencia en ellos es una cuestión de confianza ciega.

Pero, para los babilonios, sus dioses no eran entidades invisibles que manejaban los hilos del mundo ocultos detrás del escenario. Ellos creían que tenían los dioses delante de las narices o, mejor dicho, encima de sus narices, revelando a los seres humanos su presencia en el cielo con su movimiento distinto al del resto de las estrellas; ¿qué otra prueba de su existencia necesitaban los babilonios?

El hecho de poder ver cada noche a sus deidades planteaba otras incógnitas. Si los dioses se manifestaban en forma de luces en el cielo..., ¿qué significado tenían sus movimientos? ¿Estarían intentando transmitir algún mensaje a la humanidad? ¿Podían ser pistas sobre los sucesos que tenían lugar sobre la Tierra?

Este planteamiento sobrenatural del firmamento fue el responsable de que, en la sociedad babilonia, el estudio de los movimientos de los astros estuviera reservado a los sacerdotes. Al fin y al cabo, estudiar el movimiento de los cuerpos celestes equivalía a descifrar los mensajes de los dioses. Pero ¿cómo podrían descifrar el lenguaje de los dioses, que se comunicaban mediante sus movimientos en el cielo?

Igual que los egipcios veían una relación causal entre la aparición de Sirio y la crecida del río Nilo, los babilonios también notaron que ciertos fenómenos ocurrían al mismo tiempo que algunos acontecimientos celestes. Pero ellos no se conformaron con convertir las estrellas en dioses y adorarlas para suplicarles cada año que no les hicieran perrerías y les permitieran tener la fiesta en paz. No, no.

Si la llegada de lluvias o la crecida de un río coincidían con ciertas posiciones de los astros, ¿por qué otros sucesos no iban a estar también relacionados?

Llevando al extremo la incapacidad para diferenciar la *casualidad* de la *causalidad*, los babilonios creían que el movimiento de los planetas en el cielo (en su opinión, sus dioses) intentaba transmitir a sus reyes información sobre los eventos que iban a tener lugar. Por tanto, pensaban que si aprendían a predecir con antelación las posiciones que ocuparían los cuerpos celestes en el firmamento, podrían saber el futuro que los dioses le tenían preparado al reino. Si conseguían descifrarlo, tendrían ventaja porque podrían tomar medidas que les ayudaran a superar los obstáculos que se les presentaran.

Por este motivo, los babilonios vigilaban obsesivamente las posiciones de los astros en el cielo e intentaban relacionarlas con sucesos importantes que ocurrían a su alrededor. Cuando una posición concreta del firmamento coincidía con algún evento significativo, era considerado un *presagio*, una configuración celeste que podía usarse para adivinar el futuro.

Por ejemplo, si el ejército babilonio perdía una batalla un día en el que la Luna estaba en cuarto creciente y Júpiter cerca de Marte en la constelación de Tauro (hablaré de las constelaciones un poco más adelante), los sacerdotes grababan la posición de los astros en una tabla de arcilla. La influencia negativa de esa configuración concreta del cielo quedaba así registrada para la posteridad, para que las futuras generaciones supieran que debían evitar librar batallas esos días si querían asegurar la continuidad del reino. Para que veáis lo seriamente que se tomaban las estrellas, se ha encontrado una serie de 70 tablillas en escritura cuneiforme llamada *Enuma Anu Enlil* que contiene 7.000 presagios. Estas tablillas pretendían ser una especie de diccionario para entender el lenguaje de los dioses y contenían frases como: «Si en el primer mes el demonio con la boca abierta [la constelación del Cisne] sale por la mañana [salida helíaca]: durante cinco años en Akkad [una ciudad de la zona] habrá plagas bajo las órdenes de Irra [un dios], pero no afectarán al ganado».

Cada nuevo intento de relacionar la actividad del cielo con lo que ocurría a su alrededor creaba la ilusión de que nuevas leyes celestiales emergían de entre los movimientos de los planetas, pero lo único que conseguían era liar cada vez más la perdiz mientras intentaban relacionar fenómenos que no tenían nada que ver entre sí.

Y así, queridos lectores, surgió la astrología.

Es fácil empezar a ver patrones entre dos sucesos si se tienen suficientes casos en cuenta y se busca alguna relación entre los datos. Por ejemplo, pongamos que estás convencido de que el color de los coches que pasan por tu calle guarda la clave de los números que ganarán el sorteo del Euromillones. Decides pasarte un par de horas diarias mirando por la ventana apuntando cuántos coches de cada color ves pasar para, al final de la semana, intentar encontrar una relación entre tus datos y los números premiados de esa semana.

Al principio no encontrarías ninguna relación pero, a medida que pasaran las semanas, acumularías montañas de datos y te obsesionarías rebuscando entre ellos alguna señal, y al final creerías encontrar ciertos patrones. Verías que los días en los que la mayoría de los números ganadores han sido impares coinciden con que han pasado un mayor número de coches rojos que blancos o que, cuando pasan más de diez coches azules al día, los números 8 o 15 están entre los premiados, por decir algo.

Basándote en tus «descubrimientos», apostarías por los números que deberían ganar según tus intrincadas reglas y, como es normal, la mayoría de las veces fallarías. En vez de asumir que tus esfuerzos son en vano, creerías que tu teoría necesita ser «refinada» con más datos. De vez en cuando daría la casualidad de que alguna de tus predicciones acertaría y te parecería una prueba inequívoca de que vas por el buen camino. Con el tiempo, irías añadiendo aún más reglas absurdas y complejas a tu método: empezarías a incluir las motos en tus observaciones, aumentarías el tiempo que pasas mirando por la ventana, crearías una categoría aparte para coches de policía y ambulancias... En fin, harías lo mismo que han estado haciendo durante milenios los astrólogos que han seguido con el legado babilonio: añadir variables a tu sistema que no funciona, a medida que se han hecho nuevos descubrimientos astronómicos, en un intento por relacionar los movimientos de los cielos con lo que ocurre en el planeta.

Oye, pero a lo mejor los babilonios sí que tenían clara la diferencia entre causalidad y casualidad y estás poniéndolos a parir gratuitamente.

Bueno, vale, explicaré entonces qué otro método utilizaban los babilonios para «predecir» el futuro que le aguardaba al reino para complementar sus observaciones astronómicas: se dedicaban a sacrificar animales, extirpar sus hígados y analizar las manchas y marcas que estos contenían. Luego intentaban encontrar qué relación guardaban estas marcas con lo que estaba ocurriendo a su alrededor.

Igual que hacían con el cielo, apuntaban también la distribución de las marcas en tablillas de arcilla para que fueran consultadas en el futuro.

Vale, vale, no lo tenían muy claro.

Llegados a este punto podría parecer que estoy intentando dejar en ridículo a los pobres babilonios. Nada más lejos de la realidad: aunque me haga gracia su obsesión por la predicción del futuro usando las estrellas, fueron los primeros en plantar las bases de la astronomía como ciencia observacional (aunque no fuera esa su intención).

La obsesión de los babilonios por encontrar un significado sobrenatural en los movimientos del cielo no les llevaba a ningún lado, pero la inmensa cantidad de observaciones acumuladas durante siglos les permitió no solo desarrollar complejas herramientas matemáticas que intentaban modelar el movimiento de los astros, sino también encontrar la periodicidad de algunos fenómenos celestes.

Por ejemplo, predijeron que el período que transcurre entre dos lunas llenas, llamado mes lunar o *mes sinódico*, es de 29,530594 días, cuando las estimaciones modernas más precisas lo sitúan en 29,53089 días. De la misma manera, calcularon que el año duraba 365 días, 5 horas, 44 minutos y 12,52 segundos, cuando el valor real es de 365 días, 5 horas, 48 minutos y 45,17 segundos. Esto les permitió desarrollar calendarios bastante precisos para medir el tiempo a largo plazo.

La gran cantidad de datos que manejaron a lo largo de siglos les permitió también encontrar el período entre los eclipses tanto lunares como solares, equivalente a 223 meses sinódicos (18 años y 11,3 días).

Esta última cifra les resultaba especialmente útil porque los babilonios consideraban que los eclipses lunares (ya sabéis, cuando la Luna se tiñe de rojo) eran presagios especialmente negativos que simbolizaban amenazas directas al rey. Como dice el verso 17,2 del *Enuma Anu Enlil*:

> Cuando en el mes Ajaru [abril/mayo],
> durante la guardia nocturna, la Luna sea eclipsada,
> el rey morirá. Los hijos del rey competirán por el trono
> de su padre, pero ninguno lo conseguirá.

Por este motivo, cuando los sacerdotes predecían que iba a producirse un eclipse lunar, escondían al rey y colocaban en su lugar a un prisionero o un discapacitado mental durante unos días para que sufriera la ira de los dioses en lugar del auténtico monarca.[1] Si el rey sustituto seguía vivo después del eclipse, era asesinado. De esta manera, los sacerdotes se encargaban de que el presagio siempre acertara.

Ya te estás metiendo otra vez con los babilonios.

¡Perdón! ¡Sus conceptos de astronomía y astrología estaban tan ligados que es imposible no volver al tema!

LAS CONSTELACIONES BABILÓNICAS Y EL ZODÍACO

Los babilonios pretendían encontrar un modelo matemático que les permitiera predecir con precisión los movimientos de los cuerpos celestes a largo plazo para así poder adelantarse a los acontecimientos que iban a llegar. Esta es una tarea tan compleja que, aunque no se puede quitar mérito a sus descubrimientos relacionados con el Sol, la Luna y los eclipses, ni siquiera el registro de las posiciones de los astros que habían realizado durante siglos les permitió llevarla a cabo. Esto se debe, principalmente, a que a los babilonios les importaban un bledo la naturaleza del universo y los mecanismos que gobernaban los cielos.

No les intrigaban lo suficiente temas tales como qué forma tenía la Tierra o su relación con el resto de los cuerpos celestes como para dejar constancia de sus teorías. Hasta donde sabemos, tan solo se preocupaban de lo que les resultaba útil, que era el movimiento de los astros a través de la cúpula celeste. No le daban importancia a la forma que tiene el mundo, a por qué los planetas se movían siguiendo ese camino concreto por el cielo o a si el universo daba vueltas alrededor de la Tierra o del Sol. Esa era la causa de su fracaso cuando intentaban aplicar sus teorías astronómicas al firmamento real.

Un ejemplo de ello es que, pese a conseguir encontrar la frecuencia con la que se producen los eclipses, muchas veces sus predicciones fallaban porque el eclipse estaba teniendo lugar en algún otro rincón del planeta. Cuando el día del eclipse llegaba y se equivocaban, no se planteaban que esto ocurría porque la Tierra tiene forma esferoidal.

Pero, bueno, eso no significa que los babilonios no aportaran nada al mundo aparte de su astronomía aproximada. ¿Os habéis preguntado alguna vez por qué un círculo tiene 360°? Esto es cosa de nuestros amigos los babilonios.

Si habéis leído un horóscopo alguna vez, os sonará el concepto de *constelación zodiacal*. Ya, lo sé, lo siento, pero tenemos que volver a hablar de astrología un momento.

Los primeros seres humanos con dos dedos de frente se dieron cuenta de que no solo podían utilizar el cielo para anticiparse a los cambios de estación o saber cuándo ciertos animales y plantas iban a aparecer. Otra de las grandes utilidades del firmamento era su uso como brújula gigante, ya que algunas estrellas podían ser utilizadas como marcadores para orientarse.

Por supuesto, identificar unas cuantas estrellas significativas individuales de entre las miles que componen el firmamento y pasar esa información de generación en generación es una tarea destinada al fracaso. La manera más lógica de organizar el cielo era uniendo las estrellas en grupos que, gracias a su forma familiar, resultaran fáciles de recordar. De ahí que las constelaciones sean, en gran parte, formas animales o humanoides. Y así nació el concepto de *constelación*.

Hoy en día reconocemos 88 constelaciones oficiales que se utilizan como referencia para marcar las posiciones de todo tipo de cuerpos celestes, desde estrellas hasta galaxias, pasando por nebulosas. Pero este número no siempre ha sido el mismo a lo largo de la historia porque cada cultura interpretaba el cielo de manera distinta según su propio entorno y su mitología.

Los babilonios reconocían en el cielo 71 constelaciones, de las que tenemos constancia a través de un texto de su era llamado *MUL.APIN* que, al contrario que el *Enuma Anu Enlil*, es un tratado más astronómico que astrológico. De estas 71 constelaciones, las 12 constelaciones zodiacales les parecían especialmente importantes.

Estas 12 constelaciones, precursoras de los signos del zodíaco actuales, tienen la peculiaridad de que alguna parte de ellas cruza la eclíptica. Y como ya conocemos a los babilonios, es fácil imaginar que debieron de pensar que si sus «dioses» decidían pasar por esas constelaciones, debía de ser por algún motivo, así que también las tenían en cuenta cuando hacían sus predicciones astrológicas.

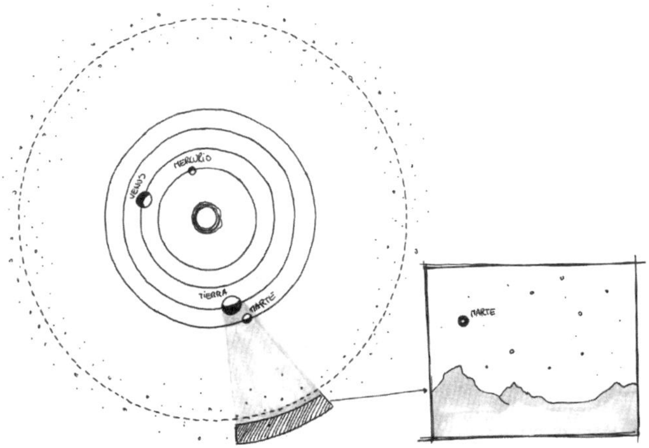

Por otro lado, los babilonios utilizaban el sistema sexagesimal para contar. O sea, que contaban con un sistema de base 60.

¿60? ¿Y eso por qué? Si tenemos diez dedos, ¿para qué querrían montar un sistema con el que hay que contar hasta 60?

Nosotros estamos acostumbrados a contar una unidad con cada uno de nuestros dedos y por eso nuestro sistema de numeración es decimal, pero hay una manera mucho más eficiente de hacerlo que consiste en contar con el dedo pulgar de una mano cada una de las falanges de los otros cuatro dedos de esa mano. Como cada dedo tiene tres falanges, podemos contar hasta 12 con una sola mano.

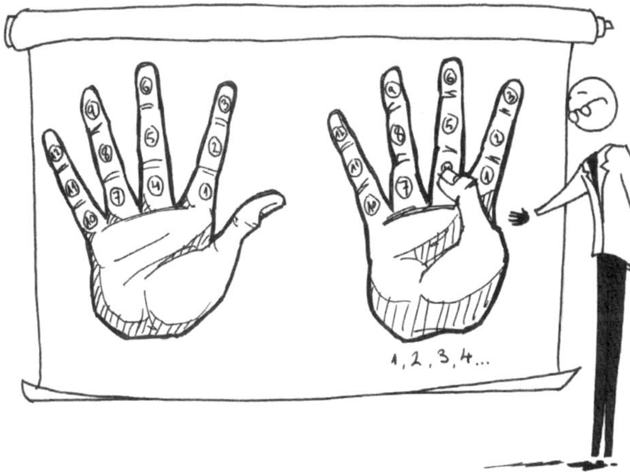

Por eso el número 60 les venía muy bien a los babilonios: es divisible por 2, 3, 4, 5 y 6, además de 10, 12, 15, 20 y 30, así que es estupendo para expresar fracciones. De hecho, es tan estupendo que seguimos utilizando el método hoy en día.

Partiendo de aquí, los babilonios tomaron el triángulo equilátero (el que tiene todos sus ángulos iguales) y asignaron a ese ángulo el valor de 60°. Cuando los ángulos de 60° de seis triángulos equiláteros se unen, forman una figura de 360°. Uniendo los vértices de esta figura se puede formar un círculo, y de ahí que esté dividido en ese número de grados.

Para poder medir ángulos más pequeños en el cielo, dividieron un grado en 60 minutos de arco y cada minuto en 60 segundos de arco.

Volviendo a las constelaciones zodiacales, los babilonios habían observado cómo estas se ocultaban tras el horizonte durante parte del año mientras daban vueltas alrededor del polo norte celeste, que permanece inmóvil. O sea, que las constelaciones estaban dispuestas en un círculo y, como buen círculo que era, estaba dividido en 360°.

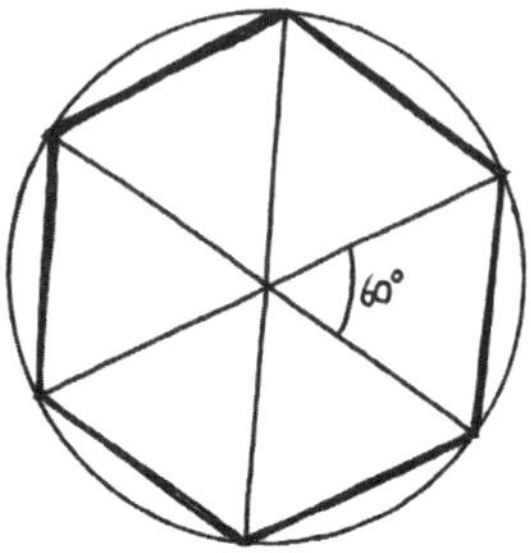

Este hecho encajaba muy bien con su sistema de 12 constelaciones, ya que eso significaba que, idealmente, podían dividir el año celestial en 12 intervalos de 30°, cada uno correspondiente a una constelación distinta. De esta manera, podían suponer que cada día el cielo giraba 1° y que cada mes tenía 30 días, lo que les daba un año ideal de 360 días que, al fin y al cabo, habría sido diseñado por los dioses.

Pero este concepto era absolutamente erróneo porque..., bueno, porque no es verdad: por muy apropiado que les pareciera a ellos el sistema, las constelaciones no son todas igual de grandes ni están distribuidas regularmente por el firmamento. Este es, además, uno de los pilares en los que se fundamenta la astrología: si eres Aries, se supone que has nacido durante el período del año en el que la constelación de Aries está en el lugar por donde sale el Sol al amanecer.

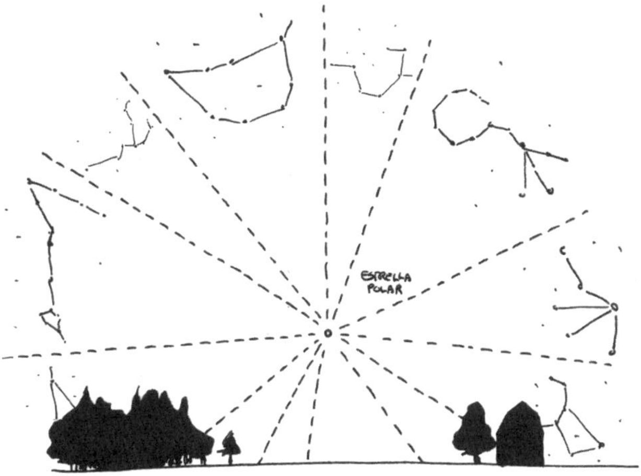

El problema es que los babilonios asumían este período constante para las 12 constelaciones zodiacales, algo que no se ajusta a la realidad. Si nos atenemos al tamaño real de las constelaciones vemos que el período del año correspondiente, por ejemplo, al signo Escorpio, duraría tan solo del 23 al 29 de noviembre. Todos los que hubieran nacido entre el 13 de mayo y el 21 de junio serían Tauro y, para rematar el desbarajuste astrológico, el signo de Ofiuco pertenecería a los nacidos entre el 29 de noviembre y el 17 de diciembre, una constelación que gracias a la precesión actualmente se cruza con la eclíptica y debería, por tanto, tenerse también en cuenta.[2]

Y había otro problema.

MEDIR EL PASO DEL TIEMPO

Los babilonios habían calculado que el Sol tardaba 365 días en volver a la misma posición arbitraria en el cielo y se dieron cuenta de que, si asumían un año de 360 días, los calendarios se descuadrarían muy rápidamente respecto al paso del tiempo real. Si el objetivo de tu calendario es saber cuándo sembrar un cultivo concreto o predecir el cambio de estación, cinco días de retraso cada año no tardarán en romperte los esquemas. Y más aún si eras un sacerdote-astrónomo que quería predecir cuándo iba a llegar el siguiente eclipse lunar que pondría en peligro la vida del rey.

Los babilonios tuvieron que buscar una solución para compensar el desfase de sus calendarios de orientación religiosa con el año real.

Gracias a sus extensas bases de datos astronómicos, se dieron cuenta de que 235 meses lunares equivalían a casi 19 años solares, con un margen de error de solo dos horas, así que adoptaron la solución más simple con tal de seguir teniendo en cuenta a sus dioses en cada aspecto de su existencia: dividieron el año en meses de 29 y 30 días, añadiendo siete nuevos meses durante los siguientes 19 años para compensar el desfase.

Al principio, el rey daba la orden de añadir un mes nuevo al año cuando empezaba a ver que los calendarios estaban un poco descuadrados pero, tras la toma de Babilonia por los persas en el año 539 a.C., los sacerdotes adoptaron este papel y estandarizaron la posición de los meses extra de manera que las estaciones no se descuadraran.

Oye, por cierto, hablando del tiempo... Antes comentabas que, para poder registrar el movimiento de los planetas en el cielo, tendría que hacer una foto al cielo cada día a la misma hora y en el mismo sitio y luego comparar las imágenes para ver si algo se había movido. ¿Se puede saber cómo podían hacer eso los babilonios, si no tenían relojes?

Muy bien, *voz cursiva*, veo que no se te escapa ni una.

Como he dicho al principio, la civilización egipcia no solo existía al mismo tiempo que la babilónica, sino que además había aparecido un par de miles de años antes. No es raro, entonces, que los babilonios hubieran adoptado costumbres y tecnologías egipcias.

Por ejemplo, los egipcios habían inventado los relojes de sol y dividido en 12 secciones el camino que la sombra del dial marcaba durante el día. ¿Y por qué 12? El sistema numérico que he explicado antes y que consistía en contar con las falanges de las manos en vez de los dedos fue inventado por ellos y luego adoptado por los babilonios. Como estaban acostumbrados a este sistema duodecimal, dividieron también la noche en otras 12 secciones iguales. Estas divisiones resultaban un poco engorrosas.

Como hemos visto al principio, el día y la noche tienen duraciones distintas a lo largo del año, así que la duración de cada una de estas secciones en las que estaba dividido el día variaba durante el año. En verano, las horas diurnas podían durar hasta 75 minutos y las nocturnas, 45 minutos; mientras que en invierno duraban 55 minutos durante el día y 70 minutos por la noche. Solo en los equinoccios de primavera y otoño, cuando la duración del día coincide con la de la noche, las horas duraban 60 minutos.

Además, los sacerdotes babilonios tenían otro problema si querían medir el tiempo por la noche para salir a hacer sus observaciones: los relojes solares se vuelven totalmente inútiles tras la puesta del Sol.

Los egipcios tuvieron que inventar maneras nuevas de seguir el paso del tiempo cuando el astro rey no estaba visible en el cielo. Una de ellas era el *merkhet*, un instrumento que consistía en una barra de la que colgaba una cuerda con un plomo atado al extremo, de manera que la cuerda quedaba siempre vertical.

Este aparato se alineaba con el norte celeste (que, recordemos, en los tiempos de los egipcios no era la estrella polar debido a la precesión), el punto alrededor del cual dan vueltas todas las estrellas.

¿El punto alrededor del que giran todas las estrellas? ¿Qué dices?

Debido a la rotación de nuestro planeta sobre su eje y a su inclinación, cada polo de la Tierra apunta hacia una dirección distinta del espacio. Como nosotros damos vueltas alrededor del eje terrestre, vemos el cielo girar a nuestro alrededor a medida que este rota sobre sí mismo.

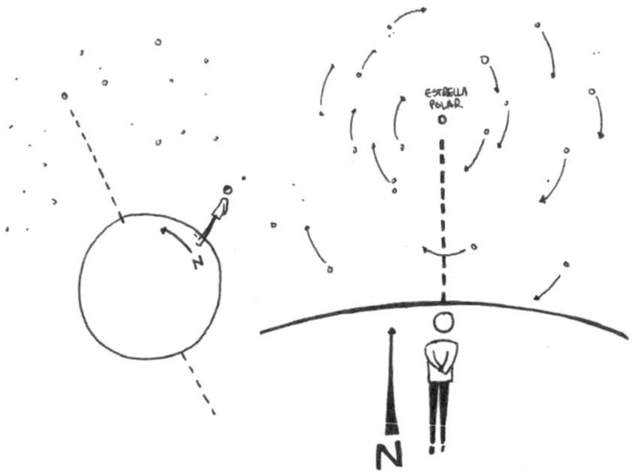

Por eso, igual que el centro de una rueda no se mueve de su sitio, el lugar hacia el que apunta el eje de nuestro planeta no parece girar en el cielo y, a medida que los astros se alejan de él, describen una circunferencia mayor en el firmamento, escondiéndose incluso tras el horizonte. En el hemisferio norte, ese punto del cielo está ocupado por la estrella polar y en el hemisferio sur no hay ninguna estrella.

La cuestión es que hay estrellas que no se esconden nunca tras el horizonte porque están demasiado cerca del polo norte celeste, así que pueden utilizarse como referencia durante todo el año. Y de eso es de lo que se aprovechaba el *merkhet*. El *merkhet* se alineaba con el norte celeste y se observaba cuándo ciertas estrellas cruzaban la línea marcada por la cuerda vertical. De esta manera, los egipcios podían medir el tiempo durante la noche, sabiendo qué estrellas habían cruzado ya la línea y cuáles aún no lo habían hecho (como se ve en la imagen inferior).

Otra manera de medir el tiempo que no dependía de los movimientos celestes eran los relojes de agua o *clepsidras*. Aunque se trataba de simples vasijas de arcilla con un agujero por el que podía salir el agua, mucho menos glamurosas que los relojes de arena de cristal, esta herramienta les resultaba útil una vez que habían «calibrado» las cantidades de agua respecto a la longitud de la noche durante el año. Por ejemplo, para definir la longitud de una guardia nocturna en el solsticio de verano, había que poner dos *manas* (una unidad de medida de la época que equivalía a 497,7 gramos) de agua dentro de una *clepsidra*. Un sexto de *mana* tenía que ser añadido

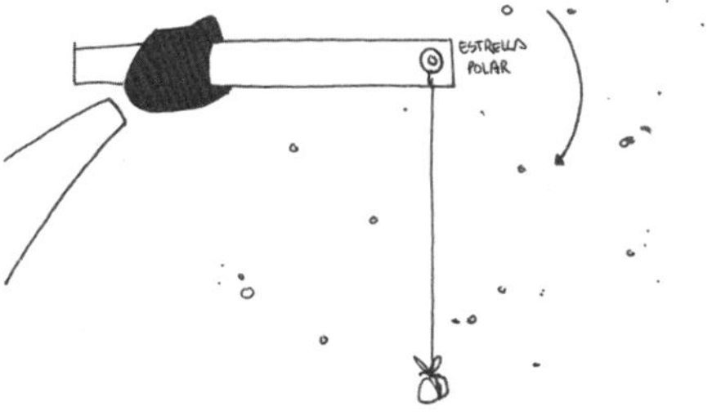

cada medio mes. En el equinoccio, la duración de una guardia equivalía a tres *manas* y en el solsticio de invierno, la noche más larga del año, se tenían que vaciar cuatro *manas* durante el turno de guardia.[3]

Usando estos métodos rudimentarios, los babilonios pudieron llevar a cabo una gran cantidad de observaciones que, aunque no fueran extremadamente precisas, permitieron que los astrónomos posteriores las pudieran analizar para ver cómo cambiaba el cielo a lo largo de miles de años. Pero para eso aún queda un rato, ahora vienen los griegos.

CAPÍTULO 4

LA BÚSQUEDA DE NUESTRO LUGAR EN EL UNIVERSO: los griegos

Mientras los imperios babilonio y egipcio daban sus últimos coletazos, nacía un hombre que iba a marcar tendencia en el mundo antiguo: Tales de Mileto.

Nacido en la ciudad portuaria de Mileto, hoy en día parte de Turquía, Tales fue el primero de los llamados Siete Sabios, siete hombres que vivieron entre los años 620 y 550 a. C. y que destacaron como líderes, legisladores, consejeros o autores.

TALES DE MILETO: EL PRIMER CIENTÍFICO DE LA HISTORIA

Al parecer, Tales no dejó escritas sus ideas para la posteridad, así que todo lo que sabemos de él es gracias a los testimonios de otros filósofos posteriores que nos han contado sus proezas y su peculiar manera de ver el mundo basándose en los testimonios de sus alumnos.

A veces estos testimonios difieren o se contradicen. Al fin y al cabo, muchos autores que hablan de Tales nacieron siglos después de él. Platón y Aristóteles, por ejemplo, escribieron sobre él pese a haber vivido entre los años 428-348 a. C. y 384-322 a. C., respectivamente. No hay evidencia de que estos filósofos tuvieran acceso a ningún documento escrito por Tales, así que debieron recibir la información por boca de gente que le había conocido. Y, bueno, si habéis jugado alguna vez una partida de «el teléfono loco» sabréis cómo funciona esto de pasarse la información de boca en boca.

Aunque los pensadores que escribieron sobre él a veces no se ponen de acuerdo en sus interpretaciones, todos tienden a coincidir en una idea: Tales de Mileto fue el primer pensador en considerar que, para entender realmente cómo funciona el mundo que nos rodea, debíamos excluir de nuestras explicaciones a los dioses y cualquier elemento de carácter sobrenatural para centrarnos solo en nuestras observaciones de la naturaleza. Analizando las relaciones entre los fenómenos naturales, podríamos encontrar los principios básicos que rigen el mundo. Este planteamiento, revolucionario para su época, convirtió a Tales de Mileto en el primer científico de la historia. Aunque, en aquella época, a la ciencia se la llamaba filosofía natural. O sea, que Aristóteles le menciona como el fundador de la filosofía natural.

Es probable que el hecho de vivir en un puerto mercante condicionara a Tales a rechazar a los dioses como explicación a todo. Al fin y al cabo, estaba rodeado de mercaderes, gente que no tiende a atribuir su propio éxito a fuerzas sobrenaturales, sino a su propio esfuerzo. Y más aún en aquella época en la que los viajes duraban semanas y no eran ni de lejos tan seguros como hoy en día.

Tales parecía estar interesado en todas las áreas del conocimiento, desde la historia hasta la ingeniería y las matemáticas, pasando por la geografía. Dejando a los dioses de lado en sus teorías, Tales ofreció explicaciones a una gran variedad de fenómenos. Eso sí, aunque sus explicaciones estuvieran exentas de dioses, sus métodos no dejaban de estar basados en su propia visión un tanto subjetiva del mundo. Vamos a ver algunos ejemplos.

Tales se pasaba el día rodeado de mar, así que indudablemente debía de pasar parte del día viendo barcos de madera entrar y salir del puerto de Mileto. Algún interruptor debió de encenderse en su cabeza después de pasar tanto tiempo observando el movimiento fluido del agua y a los barcos que, inexplicablemente, lograban mantenerse a flote sobre ella sin hundirse. Tales descartó a los dioses como principio básico del mundo y fuerza instauradora de orden en él y los sustituyó por algo tan ordinario como el agua. Según él, todo venía del agua y la tendencia de los objetos a volver a ella era lo que mantenía el movimiento en el mundo.

Y tenía evidencias que lo demostraban... Al menos desde su punto de vista.

En primer lugar, está el hecho de que las plantas desprenden humedad. Si no sabéis de lo que hablo, podéis poner una bolsa de plástico alrededor de un arbusto o en la rama de un árbol en un día caluroso y esperar un rato. Veréis que se forman pequeñas gotas de condensación sobre la superficie interior del plástico. Ya de paso, os he enseñado una técnica de supervivencia, por si algún día estáis perdidos por el bosque sin agua. De nada.

Por otro lado, los animales y los humanos no dejamos de beber agua y de expulsarla. Nuestra especie incluso la exuda a través de la piel, algo que no es muy común en el reino animal. Ya que estamos, ahí va otro consejo de supervivencia: si estáis en el bosque sin comida, también podéis cazar un animal y coméroslo. Sí, lo sé, no tenéis por qué agradecérmelo.

Este flujo de agua constante que pasa a través de los seres vivos era visto por Tales como una señal de que el agua estaba intentando volver a su estado original. Este principio puede observarse (al menos a ojos de Tales) cuando un metal se funde y se vuelve líquido.

La situación geográfica de Mileto fue crucial en el desarrollo de las ideas de Tales y llevó al filósofo a plantear la teoría de que el agua incluso es capaz de transmutarse y producir tierra. Cerca de su casa creía tener una prueba de ello.

Hoy en día Mileto está a 10 kilómetros del mar, pero esto no siempre ha sido así. La ciudad de Mileto se encontraba en la entrada de la bahía de Lade, en el lado opuesto a la desembocadura del río Meandro (se llamaba así, no me he equivocado). A medida que han pasado los años, la gran cantidad de sedimentos arrastrados por el río durante su curso han ido introduciéndose en la bahía hasta cubrirla.

En los tiempos de Tales, cuando Mileto aún era un próspero pueblo costero y no un montón de ruinas de un puerto en medio del campo, existía una isla cerca del pueblo llamada isla de Lade.

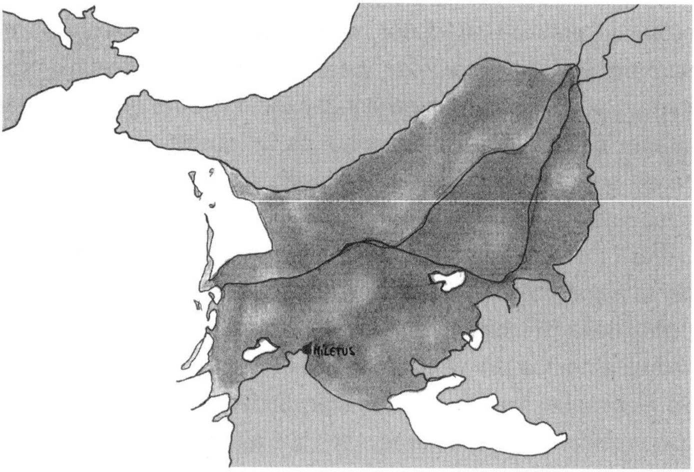

Tales notó que esta isla parecía crecer con el paso del tiempo pero, como no sabía que su crecimiento era obra de la acumulación a su alrededor de sedimentos traídos por las corrientes desde el otro lado de la bahía, el filósofo llegó a la conclusión de que el agua que rodeaba la isla de Lade era la responsable de su crecimiento porque se estaba transformando en tierra lentamente.

Su obsesión por el agua como respuesta a cualquier interrogante le llevó a afirmar que «la Tierra es plana y flota sobre un océano como lo hace un tronco de madera», seguramente porque se dio cuenta de que los barcos podían transportar mercancías muy pesadas que, de ser echadas directamente al agua, se hunden irremediablemente. Tales proponía una especie de propiedad de «flotabilidad» que adquiría la Tierra como conjunto.

Toda esta información ha llegado a nuestros días de la mano de otros autores. Entre ellos está Aristóteles, a quien no parecía convencerle esta idea. En sus propias palabras, escritas en su libro *De Caelo* (294a, 28-30):

> El aire es más ligero que el agua, y el agua más ligera que la tierra: ¿cómo pueden pensar que la sustancia natural más ligera descanse sobre la más pesada? Si la Tierra como conjunto es capaz de flotar sobre el agua, obviamente también debería hacerlo cualquiera de sus partes. Pero la observación demuestra que este no es el caso. Cualquier pedazo de tierra se hunde hacia el fondo, más rápido cuanto mayor sea.

Luego complementa esta observación diciendo que los humanos tendemos a defender nuestras opiniones ante alguien que piensa de manera distinta basándonos en la negación de lo que dice el oponente y que eso nos puede impedir ver que nuestras ideas son absurdas. Este principio sigue teniendo validez hoy en día.

Pero, bueno, que Tales se empeñara en defender algo que no tenía lógica porque era un poco duro de mollera no significa que sus ideas no fueran revolucionarias, igual que lo fueron otros de sus logros.

LOS PRIMEROS TEOREMAS MATEMÁTICOS

Después de pasar tiempo estudiando en Egipto y observando cómo los egipcios eran capaces de usar la geometría para alinear sus construcciones (las inundaciones del río Nilo destrozaban casas constantemente, así que habían perfeccionado mucho sus técnicas), Tales tomó los conocimientos adquiridos y formuló los primeros teoremas matemáticos. Hasta ese momento, las matemáticas solo se habían usado para calcular longitudes y ángulos o para sumar dinero, pero Tales las llevó a un plano abstracto, utilizándolas para demostrar cosas como que:

> Si en un triángulo se traza una línea paralela a cualquiera de sus lados, se obtiene un triángulo que es semejante al triángulo dado.

En otras palabras o, mejor dicho, en un dibujo:

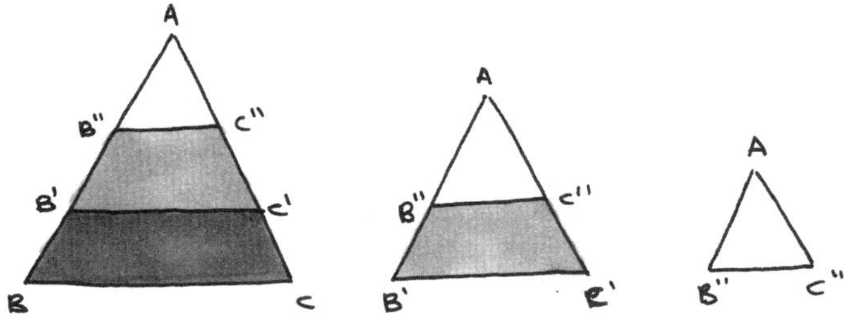

Esta ley geométrica que acababa de descubrir y que estaba más allá de la experiencia empírica le convirtió en el primer matemático de la historia y, además, le permitió medir la altura de la gran pirámide de Giza (que por aquel entonces llevaba casi mil novecientos años construida; que no se nos olviden las escalas de tiempo) usando solo un palo clavado en el suelo y la sombra proyectada por los dos objetos.

PREDICCIONES Y DESCUBRIMIENTOS ESTELARES

La contribución de Tales de Mileto a la astronomía es, sin duda, de gran importancia. Por un lado, se le acredita la predicción de un eclipse que tuvo lugar el 25 de mayo del 585 a. C. y que pilló desprevenidos a los lidios y a los medas en medio de una batalla, tras cinco años de guerra inconclusa. La contienda se detuvo y, después de que el día se convirtiera inesperadamente en noche, los dos bandos firmaron una tregua convencidos de que era un mal presagio.

No se sabe cómo Tales logró predecir este eclipse, pero se cree que tuvo acceso a la información babilónica sobre el ciclo de Saros para desarrollar su propio método para predecir eclipses solares y podría haber llegado a la conclusión de que, algo más de la mitad de las veces, los eclipses solares tienen lugar 23 meses y medio después de un eclipse lunar.

Por otro lado, algunas fuentes atribuyen a Tales el «descubrimiento» de la constelación de la Osa Menor. El filósofo probablemente se dio cuenta de que esa agrupación de estrellas, al ser más pequeña que la Osa Mayor, tiene un movimiento mucho menos pronunciado alrededor del polo celeste a lo largo de la noche y, por tanto, resulta más fácil orientarse con él.

En definitiva, Tales fue el primero en plantear que existe otra manera de pensar: era posible explicar el mundo sin requerir la intervención de seres sobrenaturales y nuestro entendimiento de la naturaleza dejaba de estar limitado por los deseos caprichosos de los dioses. Sus ideas, aunque no todas fueran correctas o parecieran lógicas a sus contemporáneos, inspiraron a futuros pensadores a desentrañar las leyes que gobernaban el mundo basándose en los fenómenos que observaban a su alrededor.

Desde luego, encontrar explicaciones satisfactorias a fenómenos que hoy en día entendemos como cotidianos (por qué se forman las nubes o por qué el agua siempre se mueve hacia el punto más bajo) podía, hasta cierto punto, ser fácilmente solucionado con un poco de pensamiento abstracto.

Pero, cuando los pensadores posteriores a Tales de Mileto levantaban la vista al cielo y observaban los movimientos de los astros, las explicaciones no resultaban tan obvias. Una batería de explicaciones extravagantes surgió de la mano de varios filósofos que intentaban desentrañar la causa tras el hecho de que los astros no cayeran al suelo y, más aún, de que tuvieran un comportamiento tan extraño. Sin los instrumentos y el conocimiento que tenemos hoy en día, tuvieron que echar mano de su imaginación a puñados. ¿Qué digo a puñados? A paladas.

DISCÍPULO AVENTAJADO: ANAXIMANDRO

El primero en intentar explicar el movimiento de los cielos y su relación con la Tierra usando un modelo mecánico fue precisamente uno de los discípulos de Tales de Mileto, llamado Anaximandro.

Anaximandro no siguió los pasos de su maestro obsesionado con explicarlo todo a través del agua. Alejándose muchísimo del escenario en el que el planeta flotaba sobre un océano inmenso, Anaximandro sostuvo que la Tierra era un disco con un grosor de un tercio de su diámetro que flotaba libremente en la infinidad sin estar apoyada en nada.

Este razonamiento ha sido indicado por muchos como la primera revolución cosmológica y el comienzo del pensamiento científico. Anaximandro no solo estaba basando su teoría en sus observaciones, sino que estaba usando también la lógica abstracta para explicar qué causa podía haber tras ellas. Si la Tierra estaba apoyada sobre algo, ¿sobre qué descansaba esa otra cosa? ¿Y la siguiente? Usar un apoyo como solución tan solo te obliga a plantearte a continuación qué sostiene ese apoyo. La conclusión, teniendo esto en cuenta, es el concepto abstracto de que la Tierra está en equilibrio de alguna manera, por lo que no necesita caer.

Con el mismo principio (la *no necesidad de caer* de algunas cosas), Anaximandro podía explicar tanto por qué las estrellas no se caían del cielo como su movimiento a lo largo de la noche, además de las trayectorias del Sol y la Luna. Anaximandro postuló la existencia de unas ruedas (unos *hula hoops*, más bien) que rodeaban la Tierra plana.

Como todos los puntos que forman una rueda se encontrarían a la misma distancia de la Tierra, según Anaximandro no tendrían necesidad de caer y eso explicaba por qué los cuerpos celestes permanecían fijos en el cielo: estos anillos estaban llenos de fuego y tenían agujeros a través de los cuales podía escapar la luz producida por la combustión. Las estrellas, entonces, aparecerían de la luz que se filtraba por pequeños agujeros en los aros que rodeaban la Tierra. Este sistema de aros estaría inclinado para explicar por qué el polo norte celeste, el punto alrededor del cual giran todas las estrellas, no se encontraba directamente sobre las cabezas de todo el mundo, como en la siguiente ilustración.

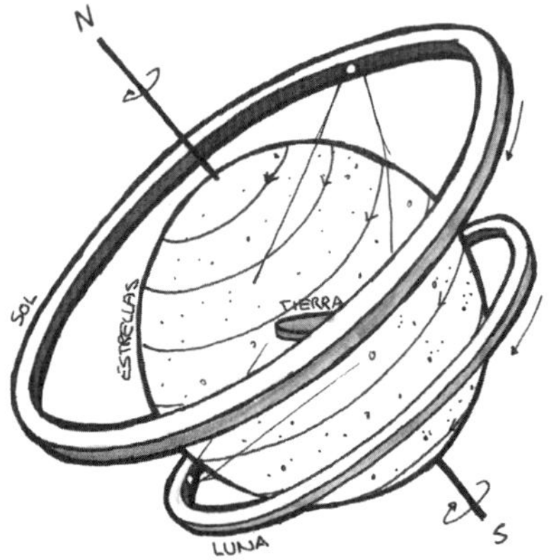

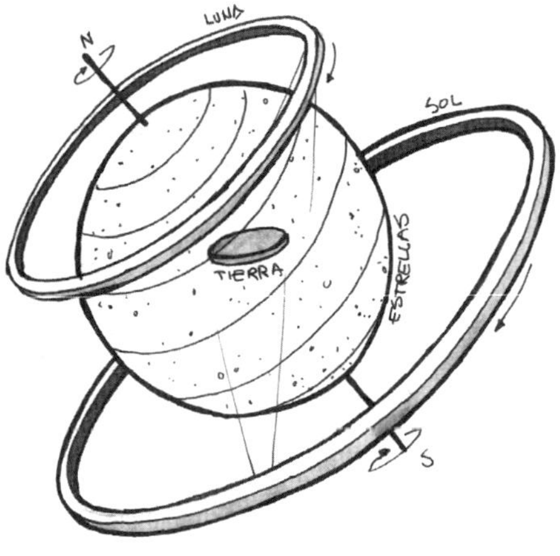

El Sol y la Luna aparecerían en dos aros más amplios que los que formaban las estrellas y estos irían cambiando su posición a lo largo del año, algo que intentaba explicar por qué estos cuerpos celestes van cambiando la altura de su órbita en el cielo a lo largo del año.

La Luna, concretamente, sería el resultado de la luz filtrándose a través de un agujero mucho más grande que era capaz de cambiar de forma… Lo que tampoco terminaba de explicar nada, pero Anaximandro ya estaba contento con eso.

Aunque muy equivocado, el revolucionario sistema propuesto por Anaximandro pudo servir de inspiración a los pitagóricos para desarrollar su propia visión del universo. ¿Y por qué digo *a los pitagóricos* en vez de *a Pitágoras*? Pues porque Pitágoras era un poco mafias.

LA SOCIEDAD SECRETA DE PITÁGORAS

Pitágoras montó una escuela en un pueblo llamado Crotona, en la parte baja de la bota italiana. Bueno, él lo llamaba escuela porque, en realidad, se trataba de una secta basada en la creencia de que todo es número. O sea, que las matemáticas están en el centro de todos los procesos naturales y que en los números está la clave para entender la naturaleza... Un planteamiento bastante cierto, en realidad, aunque sin el enfoque místico que Pitágoras le otorgó.

No se sabe exactamente de dónde sacó esta idea. Igual que ocurre con los anteriores filósofos, lo que sabemos de Pitágoras proviene de libros escritos por otros pensadores. Parece que el consenso entre ellos es que Pitágoras viajó mucho, intentando recoger la mayor cantidad de conocimiento posible, y que recibió gran parte de su educación en Egipto, donde, como Tales, aprendió matemáticas y geometría. Pero no hay nada en el simbolismo pitagórico que sugiera una influencia egipcia.

CRIMEN POR UN NÚMERO

Dejando de lado sus curiosas costumbres, Pitágoras se tomó las matemáticas muy en serio. Tanto que fue capaz de matar a un alumno por llevarle la contraria. Ya sé que esto no es

DATO CURIOSO

El hecho de que Pitágoras enfocara su «escuela» como una especie de sociedad secreta no ha ayudado mucho a que nos lleguen testimonios exactos sobre su figura y la de sus discípulos. Gracias a Jámblico de Calcis (ay, estos nombres griegos), un pensador que vivió setecientos cincuenta años más tarde, se pudieron recuperar unas cuantas normas que dictaban la vida dentro de la sociedad pitagórica. Según estas normas, los pitagóricos…

- Tenían que renunciar a la piel de animal como ropaje.
- Tenían que hacer libaciones (ofrendas de vino, miel o algo por el estilo) a los dioses durante la comida.
- Tenían prohibido incinerar a los muertos.
- Tenían prohibido asar lo hervido.
- Tenían prohibido cortarse las uñas o el pelo durante un festival (aunque el concepto de festival ha cambiado con los años, veréis que la gente sigue siendo muy pitagórica en este aspecto).
- Tenían prohibido hacer juramentos en el nombre de los dioses.
- Tenían que limpiar con oro o con agua salada cualquier rastro de sangre derramada involuntariamente en un santuario.

No sé si alguna vez habéis intentado limpiar líquido derramado con un folio, pero es realmente desquiciante. No quiero imaginar los desastres que montaron los discípulos en los santuarios por querer limpiar sangre usando un material tan poco absorbente como el oro.

astronomía pero, diablos, es que Pitágoras fue un tipo muy interesante. Juzgad vosotros mismos a partir de la siguiente historia.

Nuestra visión de los números hoy en día consiste en verlos como términos utilizados para describir una especie de sucesión abstracta de unidades. Por ejemplo, ¿qué es el 3? Bueno, pues el número que va después del 2 porque es un poco más grande. Y esta lógica es aplicable a cualquier número.

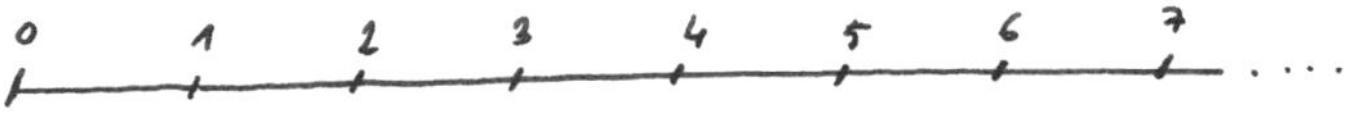

Pero Pitágoras no lo veía así. Para él no existía un número concreto entre el 6 y el 8. Él creía que lo que determinaba la naturaleza de los números era la proporción entre ellos. Por ejemplo, el 3 está relacionado con el 2 en una relación 3:2, que es la misma relación de proporcionalidad que hay entre el 6 y el 4 porque dividir 3 entre 2 equivale a 1,5, lo mismo que 6 entre 4. Las matemáticas no consistían en estudiar los números, sino las relaciones entre ellos.

Pero hay que tener en cuenta que los números que usamos hoy en día no fueron inventados hasta el siglo XII por los árabes y, aunque no seamos conscientes, lo cierto es que facilitan las matemáticas una barbaridad. Ni siquiera el concepto del *cero* existía en la época de los griegos.

En tiempos de Pitágoras, intentar desarrollar unas matemáticas como las actuales usando los signos griegos era una locura, así que la escuela pitagórica ideó una manera mucho más visual de desarrollar sus planteamientos matemáticos: estudiaban los números mediante la geometría.

Si tenéis presente algún vago recuerdo de las matemáticas que os enseñaron en el instituto, tal vez recordaréis el famoso teorema de Pitágoras: en un triángulo rectángulo, *la suma de los cuadrados de los catetos es igual al cuadrado de la hipotenusa*. O sea, que $a^2 + b^2 = c^2$.

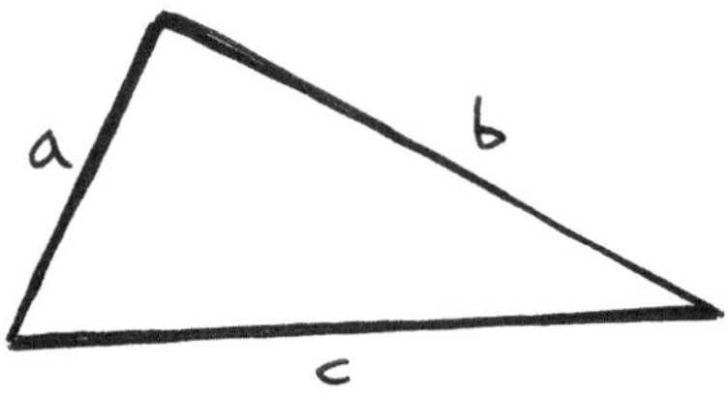

Para nosotros esto significa que, sabiendo la longitud de cada lado de un triángulo, simplemente elevamos los valores al cuadrado, los sumamos y obtenemos el valor del lado más largo, la hipotenusa. Y elevar algo al cuadrado, como todos sabemos, no es más que multiplicar un número por sí mismo. Todo bien, ¿no?

Pues los pitagóricos no lo veían así. Para ellos, elevar un número al cuadrado significaba *literalmente* construir un cuadrado con la longitud igual a ese número y contar el número de unidades que quedan en su interior.

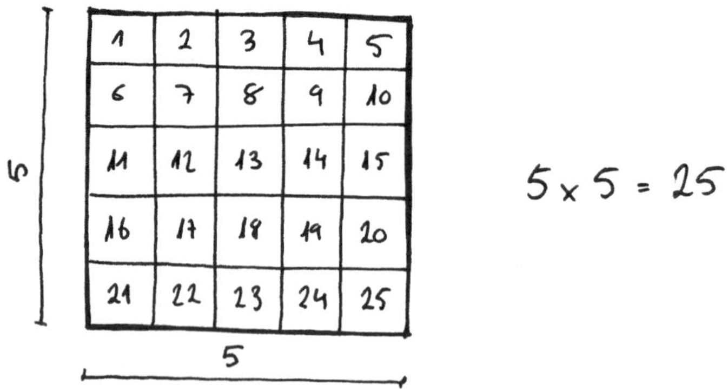

El teorema de Pitágoras (que, en realidad, no se sabe si fue postulado por el propio Pitágoras o por alguno de sus discípulos) es entonces una equivalencia geométrica, y enuncia que si formas tres cuadrados basados en la longitud de cada lado del triángulo, los dos cuadrados más pequeños tendrán la misma área que el cuadrado mayor.

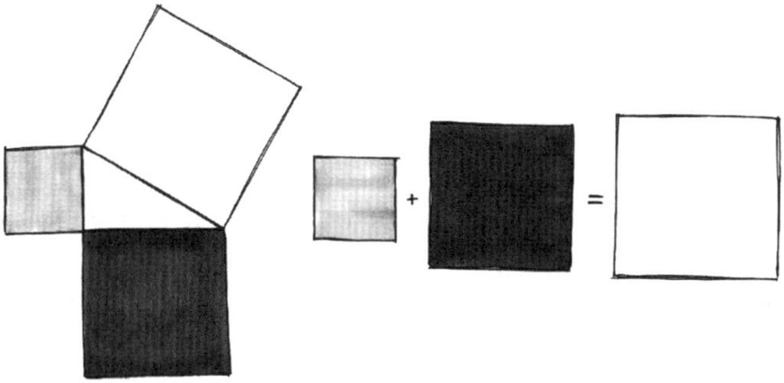

Esta teoría funciona estupendamente, pero tenía consecuencias que a Pitágoras no le gustaron demasiado.

La relación ofrece resultados muy bonitos cuando se aplica a triángulos rectángulos cuyos lados tienen medidas diferentes, pero las cosas empiezan a torcerse cuando los lados son iguales. Concretamente, cuando tenemos un triángulo de 1 unidad de lado... ¿Cuánto mide su hipotenusa? O, lo que es lo mismo, ¿cuánto mide la diagonal en un cuadrado de 1 unidad de lado?

Bueno, pues uno de los discípulos de Pitágoras, Hipaso de Metaponto, aplicó el famoso teorema en esta situación y vio que $1^2 + 1^2 = c^2$ y, por tanto, $c = \sqrt{2}$. Los pitagóricos no lo sabían, pero el resultado de la raíz cuadrada de 2 es un número irracional, lo que significa que tiene infinitos decimales que no se repiten. Equivale a 1,41421356... Y así hasta el infinito.

Pero volviendo al tema, a Pitágoras no le gustaban los números decimales, pero sabía que podían ser expresados como fracciones entre números enteros. Por ejemplo, 1,5 puede ser expresado como 3 dividido entre 2 o 0,1823 equivale a 1.823 entre 10.000.

«No hay problema —debió de pensar Pitágoras—, no es un número entero, pero seguro que puede ser expresado como la relación entre dos números enteros porque el orden del mundo está regido por ellos.» O sea, que Pitágoras asumió que debían existir dos números cuya fracción diera como resultado $\sqrt{2}$.

Pero no, Hipaso demostró *matemáticamente* (lo que, en aquella época, equivalía a *geométricamente*) que este número no puede ser expresado como la relación de dos números enteros. Tras montar en cólera, Pitágoras decidió que solo le quedaba una solución, que no es precisamente afín a la actitud científica: matar a aquel que le había llevado la contraria con argumentos sólidos. Y así, de una manera ciertamente drástica, ponía fin al problema.

DATO CURIOSO

Pitágoras y sus discípulos daban mucha importancia a la nutrición, tanto del cuerpo como del espíritu. Respecto a la dieta de Pitágoras se pueden leer muchas cosas dependiendo del filósofo antiguo que hable de él: unos dicen que era absolutamente vegetariano porque creía en la reencarnación y, por tanto, matar a un animal equivalía a estar cometiendo un posible asesinato; y otros, como Aristóteles, dicen que sus reglas prohibían simplemente comer ciertas partes del animal, como el corazón o la placenta (deliciosa placenta de animal, ¿eh?).

Pero todos parecen estar de acuerdo en que Pitágoras tenía un miedo irracional a las habas y que en su escuela estaba prohibido comerlas o, incluso, pasar a través de un campo sembrado de ellas.

No se sabe con certeza el porqué de esta manía hacia esta legumbre, pero Aristóteles explica algunas razones cuando habla de los pitagóricos, entre ellas:[1]

- *Son destructivas*, lo que seguramente se refiere a que el sonido y/u olor de las flatulencias puede romper la paz mental.
- *Porque son como genitales*, al parecer, por el olor que desprenden al ser masticadas y dejadas un rato al sol.
- *Porque son como las puertas del Hades*, pero sin bisagras, o, la joya de la corona, comer judías es lo mismo que comerse la cabeza de los padres. Esta última idea no puede ser explicada siguiendo ninguna lógica prudencial, así que sería el resultado de alguna extraña lógica pitagórica.

De hecho, la aversión de Pitágoras por las judías era tal que cuenta la leyenda que murió cuando, al ser perseguido por soldados que querían darle caza durante una invasión a Crotona, se negó a cruzar un campo de habas para huir.

Ahora ya me he quedado a gusto con el pobre Pitágoras y podemos seguir con la astronomía.

EL SOL, LA LUNA, LA TIERRA Y... LA *ANTI-TIERRA*

Filolao (voy a echar de menos los nombres griegos cuando acabe su apartado en el libro) era considerado la figura más prominente de la escuela pitagórica y probablemente desarrolló el modelo pitagórico que intentaba explicar la naturaleza del cosmos. Y digo *probablemente* porque, para variar, la gente que estudia los testimonios escritos con más de dos mil años de antigüedad se ha dado cuenta de que a veces no resultan particularmente fáciles de interpretar.

En el sistema cosmológico propuesto por Filolao existía un elemento extra de abstracción respecto a las teorías anteriores: no hablaba del Sol y la Luna orbitando la Tierra, sino del Sol, la Luna, la Tierra y una *anti-Tierra* dando vueltas alrededor de un fuego central.

Una anti-Tierra...

Sí, una anti-Tierra.

¿Y de dónde se sacaron esta anti-Tierra? ¿Es algún planeta que los griegos podían ver pero que ya ha desaparecido por algún motivo?

No, no. Era un concepto totalmente inventado con tal de intentar explicar las diferencias de velocidad de los planetas en el cielo a lo largo del año. Además también explicaba por qué no podemos ver el *fuego central* alrededor del cual gira todo.

¿Te refieres al Sol?

No, no, es otra cosa diferente.

No me está gustando mucho el tal Filolao.

Ahora lo aclaro todo, *voz cursiva*. El sistema vendría a ser algo así:

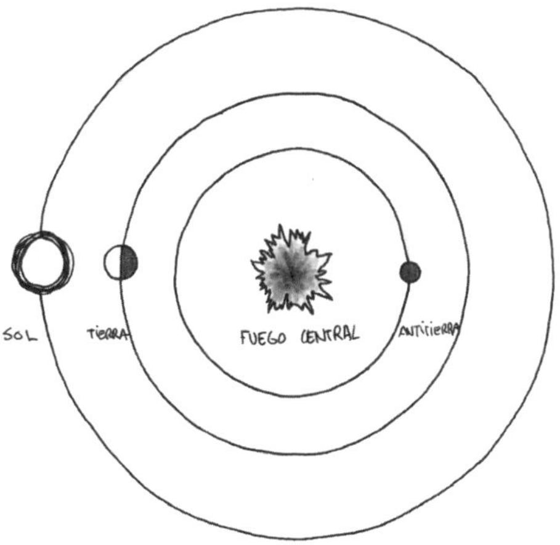

Y, aunque parezca que Filolao se había sacado una cosmología de la manga así porque sí, lo cierto es que su teoría representaba una gran innovación.

Si la Tierra fuera el centro del universo y todos los planetas dieran vueltas a su alrededor siguiendo órbitas circulares y velocidades uniformes, entonces, vistos desde la Tierra, se moverían a una velocidad constante a través del firmamento. Si observas el cielo durante unos cuantos meses en la vida real, verás que los planetas varían su velocidad a lo largo del año, así que ese planteamiento debía de ser incorrecto.

Pero Filolao llegó a la conclusión de que si todos los objetos del sistema solar, incluyendo la Tierra y el Sol, dieran vueltas alrededor de un centro común, aunque se movieran a velocidades constantes, desde la Tierra nos parecería que su velocidad va cambiando durante el año. Esto se debe a que, como cada planeta daría vueltas alrededor del fuego central a una velocidad distinta, la Tierra adelantaría a los que se mueven más lentos que ella durante su órbita o quedaría rezagada respecto a otros que se desplacen más rápido, de manera que, según el punto de nuestra órbita en el que nos encontráramos, veríamos los planetas moviéndose a mayor o menor velocidad a través de la eclíptica en la bóveda celeste.

O sea que, aunque su explicación no fuera correcta, el planteamiento de Filolao estaba muy bien pensado porque el concepto se ajustaba a las observaciones.

Ya, bueno, pero ¿cómo diablos explicaba la existencia de un fuego central?

Filolao podría haber dicho simplemente que todo gira alrededor de un centro común y quedarse tan ancho. Podría haber postulado que en ese centro común había alguna especie de entidad oscura y que, por tanto, no se puede ver a simple vista y su modelo hubiera estado completo. Pero no, decidió colocar un fuego central en el centro del sistema solar.

O sea, que había elegido un objeto que, de existir, debería ser brillante y fácilmente reconocible… Pero obviamente nadie lo había visto nunca en el cielo. Como Filolao suponía que la Tierra no rotaba y que tan solo una de sus caras estaba habitada, su planteamiento sugería que durante parte del día podríamos ver el fuego central si levantábamos la cabeza en determinadas épocas del año.

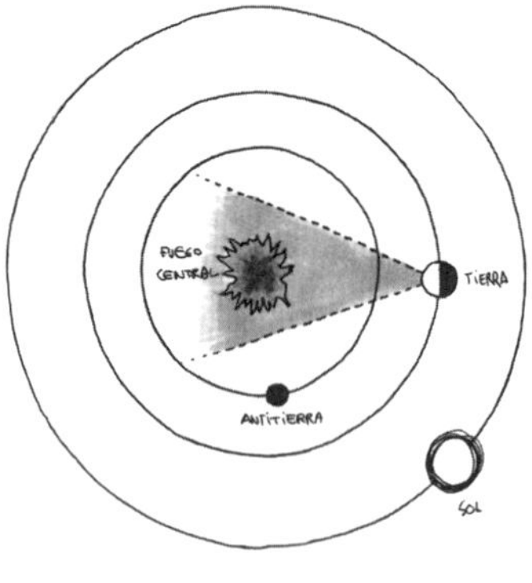

Y por eso inventó el concepto de una *anti-Tierra*, que daba vueltas alrededor del fuego central a un ritmo que le permitía eclipsarlo constantemente y ocultarlo de nuestra vista.[2]

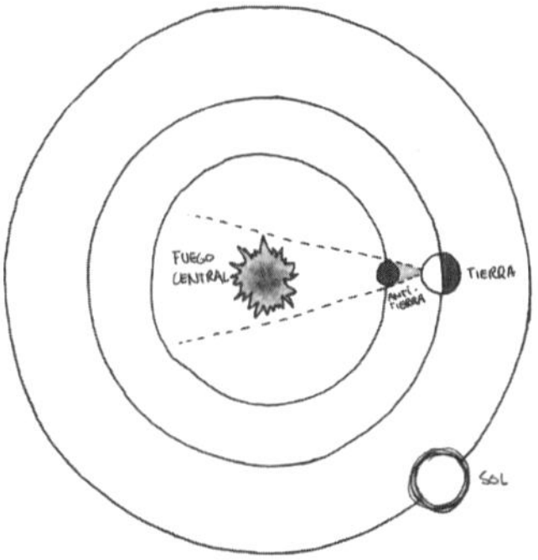

Otras fuentes sugieren que la anti-Tierra no servía para tapar el fuego central, ya que Filolao creería que la Tierra era plana y su única cara habitada es la que siempre apunta en dirección contraria al fuego central. En su lugar, este planeta inventado hubiera servido para explicar los eclipses.[3]

Y luego hay quien dice que la anti-Tierra era simplemente un cuerpo celeste que orbitaba siempre en el punto opuesto al de la Tierra alrededor del fuego central con la intención de actuar como una especie de contrapeso. Los griegos creían que los cuerpos celestes estaban hechos de una materia etérea y perfecta sin densidad pero, claro, nuestro mundo está compuesto por elementos pesados, como agua y tierra, así que necesitaría un contrapeso en el punto opuesto de su órbita para mantener el universo en equilibrio.[4]

En cualquier caso, la adición de una anti-Tierra les permitía a los pitagóricos añadirle una nueva dimensión de perfección al cosmos: alrededor del fuego central darían vueltas diez cuerpos celestes (la Luna, el Sol, los cinco planetas conocidos, la

Tierra, la anti-Tierra y el firmamento), y para ellos el número 10 representaba la perfección porque..., bueno, básicamente porque si se colocan tres filas de puntos, una con un punto, la siguiente con dos, la otra con tres y la última con cuatro y se unen todos los puntos, se obtiene una figura geométrica que los pitagóricos llamaron Tetraktys.

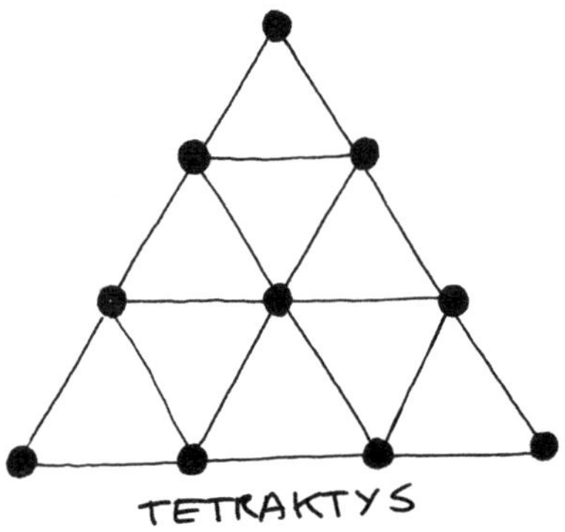

En total, la figura contenía diez puntos y, como tenía un especial significado metafísico para los pitagóricos, adoptaron el número como perfecto.[5] En fin, ensoñaciones abstractas pitagóricas.

Pero, bueno, aunque el modelo de Filolao fuera revolucionario por sugerir la idea de que tal vez no todo giraba alrededor de la Tierra, tampoco tuvo una gran influencia en pensadores posteriores.

PLATÓN, EL SABIO

La escuela pitagórica aportó algo que marcaría más profundamente el curso de la historia: sus ideas sirvieron de inspiración a Platón, un tipo cuya sabiduría era tan legendaria que fue un referente intelectual durante dos mil años y sus ideas se consideraban intocables. En realidad, Platón estaba mucho más interesado en la moral humana que en la filosofía natural, pero lo poco que aportó a la astronomía caló muy hondo debido precisamente a esta fama de sabelotodo que adquirió por todo el mundo antiguo.

De Pitágoras aprendió el orden geométrico que parecía trascender al mundo y cómo se debía pensar en ello de manera abstracta. Platón llegó a la conclusión de que la forma perfecta es la esfera y que la naturaleza del cielo tenía que seguir esta geometría. Ese principio básico era indiscutible y basó todas sus hipótesis en esta idea.

Para explicar el movimiento de las estrellas por la noche, Platón sugirió que se encontraban incrustadas en una gran esfera hecha de algún elemento etéreo y transparente que rotaba sobre sí misma una vez al día. Por supuesto, sostenía que la Tierra se encontraba en el centro del universo.

Pero cuando intentaba explicar los movimientos del Sol, la Luna y los planetas como cuerpos que se encuentran alojados en esferas giratorias, se dio cuenta de que este mismo principio no funcionaba porque, si el Sol seguía un movimiento perfectamente circular alrededor de la Tierra, siempre existirían la misma cantidad de días entre los equinoccios y los solsticios. Pero ese no es el caso: entre el equinoccio de primavera y el solsticio de verano hay 95 días, luego pasan 96 días más hasta el equinoccio de otoño, otros 88 hasta el solsticio de invierno y a partir de entonces faltan otros 86 días para volver al equinoccio de primavera. Esto se debe, precisamente, a que la Tierra da vueltas alrededor del Sol y en una órbita con forma ovalada, pero de eso hablaremos más adelante.

Además, si estas esferas eran perfectas y seguían movimientos uniformes, la teoría de Platón tampoco podía explicar por qué los planetas a veces cambian de velocidad y dirección en el cielo.

Platón tenía que dar una respuesta a estas irregularidades en las órbitas y, siguiendo su regla de que solo sus amadas esferas podían contener la solución al interrogante, tan solo quedó una opción: añadir más esferas. Introduciendo nuevos movimientos circulares en los movimientos circulares ya existentes, Platón podía simular un fenómeno más o menos parecido a lo que ocurría en realidad. A los movimientos circulares metidos dentro de las órbitas los llamó *epiciclos*.

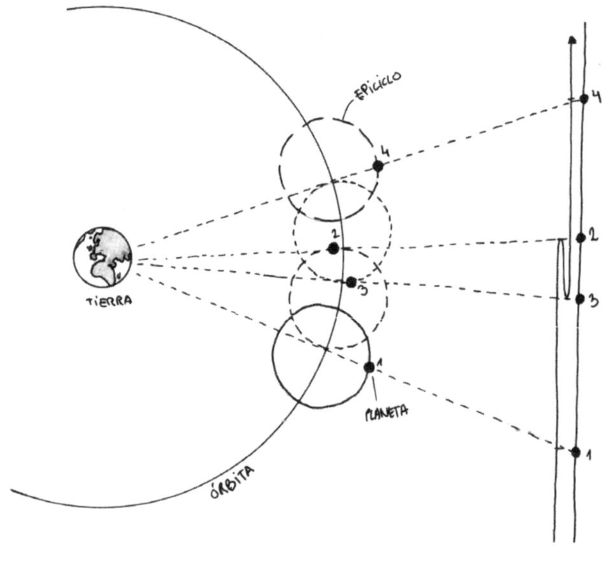

La idea parece un poco forzada, pero no es descabellada. De hecho, aunque este sistema estuviera más alejado de la realidad que el de los pitagóricos, funcionaba mucho mejor que cualquier otro cuando llegaba el momento de explicar el movimiento de los cuerpos celestes. Esto, unido a la fama de hombre sabio que Platón había labrado durante su carrera, ralentizó el progreso astronómico durante siglos, porque todo el mundo daba por sentado que sus ideas tenían que ser ciertas y pocos astrónomos posteriores se planteaban siquiera llevarle la contraria.

Platón también creía que los planetas estaban vivos y tenían alma porque, según él, no había manera de que pudieran seguir esos movimientos de manera tan regular cada año sin saber lo que estaban haciendo. Y no me parece raro que lo pensara: la naturaleza es caótica en la superficie de la Tierra y solo se pueden encontrar ejemplos evidentes de orden ahí donde ha intervenido la mente humana. Es normal que Platón pensara que, si los planetas describían círculos, significaba que tenían algún tipo de conocimiento que les indicaba que esa era la forma adecuada de hacerlo. Porque, eh, al fin y al cabo, los círculos molan bastante. Y eso lo saben hasta los planetas.

La palabra «planeta» viene de la expresión griega *asters planetai*, que significa «estrellas errantes», y era la manera en la que los griegos se referían a ellos, precisamente porque parecían estrellas pero no se movían como el resto del firmamento.[6]

La cuestión es que Platón no entró mucho en detalle en esta teoría porque estaba pendiente opinando sobre otras cosas. En realidad, retó a sus discípulos a demostrar su idea sobre el cosmos y, de hecho, fueron ellos los que la perfeccionaron. Cómo somos los tíos con esto de los retos, ¿eh?

Precisamente fue Eudoxo, uno de sus discípulos, quien construyó un modelo más exacto que contenía 27 esferas: una para las estrellas, tres para el Sol y para la Luna y cuatro para cada uno de los cinco planetas. Este nuevo modelo era bastante complicado, pero explicaba mucho mejor el movimiento de las estrellas que cualquier otro. Aunque, por supuesto, las predicciones hechas con este modelo seguían conteniendo errores.

LAS ESFERAS DE ARISTÓTELES

Otro discípulo de Platón perfeccionó el modelo de Eudoxo para que se adaptara un poco mejor a las observaciones. Tal vez os suene su nombre. Se llamaba Aristóteles.

Igual que Platón, Aristóteles fue un gran pensador, pero no hizo mucho por el mundo de la astronomía, aparte de mejorar el sistema de Eudoxo, al que añadió otras 28 esferas para sumar un total de 55.[7] Este sistema era algo más preciso que el anterior, pero no lograba predecir exactamente los movimientos de los planetas y, por tanto, no describía dichos movimientos a la perfección.

En realidad, el sistema que originalmente había propuesto Platón no era malo, aunque no se ajustara a la realidad que conocemos hoy en día. Su modelo había conseguido algo que ningún otro había logrado antes: dotar de cierta predictibilidad a los movimientos celestes, así que es normal que se diera por hecho que esta visión del universo era la correcta.

Aun así, el modelo mejorado de Aristóteles fallaba en el mismo punto que el pitagórico: asumía que las órbitas son círculos perfectos, cuando en realidad son elipses (no os preocupéis, hablaré de esto más adelante), por lo que constantemente se añadían «parches» a la teoría para poder explicar las variaciones. Esta acumulación de soluciones chapuceras alcanzó su punto álgido con Ptolomeo en el año 150 d.C. Pero para eso faltan cuatrocientos años, y durante ese tiempo pasaron algunas cosas interesantes, así que vamos a hablar de ellas antes.

LA TIERRA GIRA ALREDEDOR DEL SOL..., PERO NADIE SE LO CREE

Aristarco de Samos fue el primer astrónomo en colocar el Sol en el centro del universo, en lugar de la Tierra. Su modelo era similar al pitagórico, pero sustituía el «fuego central» directamente por el Sol porque, como a todos vosotros, queridos lectores, le debió de parecer que de esta manera todo tenía más sentido.

Su modelo incluía, además, la noción de que la Luna da vueltas alrededor de la Tierra. Este hecho lo pudo deducir porque, como postuló mucho antes Anaxágoras, asumió que la Luna no produce luz propia, sino que refleja la luz del Sol. Esta teoría explicaba por qué la porción iluminada de la Luna es siempre la que está apuntando hacia nuestra estrella.

De este hecho dedujo que los eclipses solares se producen cuando la Luna se interpone entre el Sol y nosotros y que los eclipses lunares tienen lugar cuando la Luna atraviesa la sombra proyectada por la Tierra (como verás en la ilustración siguiente).

Oye, pero durante un eclipse lunar la Luna se ve roja. Si pasa por la sombra de la Tierra, ¿no debería simplemente desaparecer de nuestra vista? ¡¿O será que te estás sacando todo esto de la manga?!

Innecesariamente inquisitivo planteamiento, *voz cursiva*, como de costumbre.

Ya nos sumergiremos en detalle en el tema de la luz cuando lleguemos al siglo XIX, pero de momento usaremos una explicación más simplificada.

La luz blanquecina que nos llega del Sol (no, no es amarilla) está compuesta por todos los colores del espectro electromagnético. Podemos ver cómo se descompone en el resto de los colores cuando atraviesa las gotas de lluvia y forma un arcoíris.

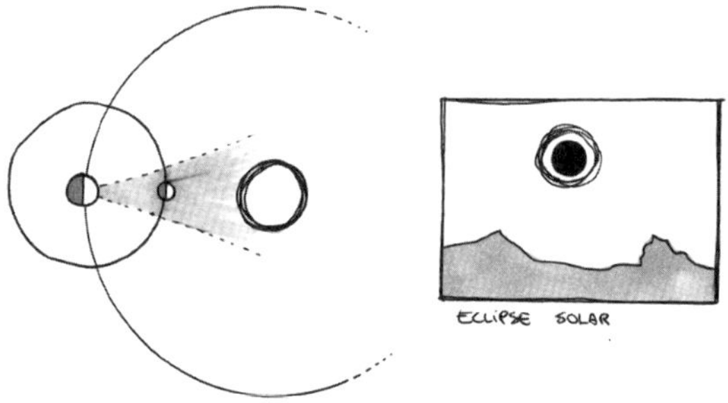

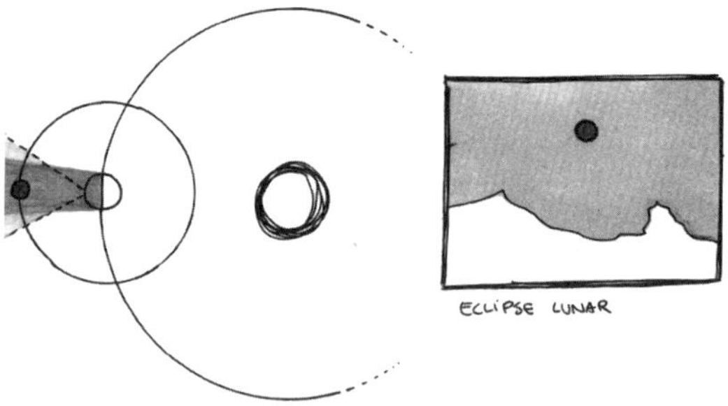

Pero ¿nunca os habéis preguntado por qué los colores del arcoíris aparecen tan ordenados uno encima de otro? ¿Por qué no quedan todos solapados, igual que el rayo de luz que entraba en la gota de agua para causarlo? Pues esto se debe a que la luz de cada color es refractada por el agua en un ángulo diferente: las longitudes de onda más largas (colores rojizos) son desviadas en ángulos mucho más cerrados que las longitudes de onda cortas (colores azulados).

En el caso de los eclipses lunares, el causante del color rojizo que adopta nuestro satélite es la propia atmósfera terrestre: la luz del Sol pasa a través de la atmósfera, que la separa en los colores fundamentales y desvía los tonos más rojizos hacia el interior de su sombra, mientras que los otros se dispersan por el resto del espacio.

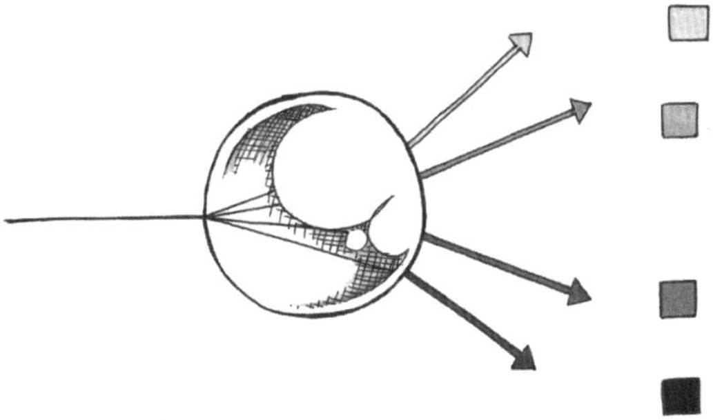

Cuando la Luna pasa a través de la sombra de la Tierra, el color rojizo desviado por la atmósfera ilumina su superficie, que refleja la luz roja de vuelta hacia nuestros ojos.

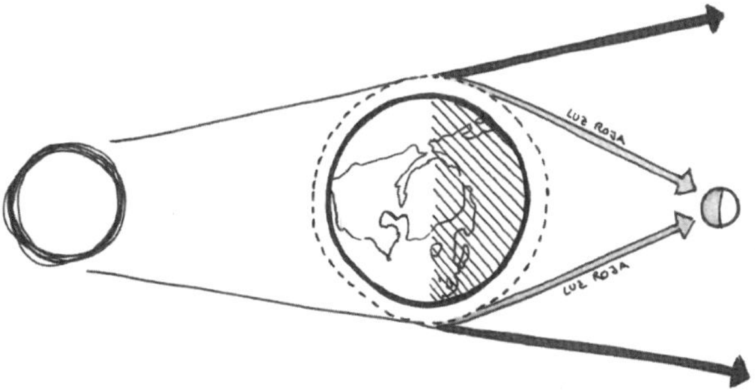

Aunque Aristarco no sabía que el color rojizo de la Luna durante un eclipse tenía este origen, su teoría era tan correcta y tan poco intuitiva para su época como el resto de sus ideas.

Aristarco defendía que las estrellas eran soles muy lejanos, exactamente iguales que el nuestro. Dedujo también que las estrellas no daban vueltas alrededor de la Tierra, sino que era la Tierra la que rotaba sobre sí misma mientras que las estrellas permanecían quietas, produciendo la ilusión de su movimiento a nuestro alrededor. Añadió que las estrellas no cambiaban de posición entre sí en el cielo porque estaban tan extremadamente lejos que la vista humana no podía apreciar su movimiento.

Por desgracia, no había manera de presentar evidencias a favor de las ideas de Aristarco sin un conocimiento más avanzado de física y nuevos instrumentos científicos, como el telescopio, que aún tardarían un par de milenios en ser inventados.

Sin pruebas que las respaldaran, sus ideas no fueron tenidas en cuenta en su época porque iban en contra de las enseñanzas establecidas. Y por *enseñanzas establecidas* entendemos las ideas del maravilloso e incuestionable Platón, que, entre otras cosas, aseguraba que la Tierra tenía que permanecer quietecita en el centro del universo. Hasta tal punto le tenían tirria a Aristarco que un autor contemporáneo de la misma época, Cleantes de Asos, escribió un tratado entero llamado *Contra Aristarco*, en el que, entre otras cosas, le acusaba de impío y alegaba que:

> Es el deber de los griegos llevar a juicio
> a Aristarco de Samos bajo la acusación de impiedad
> por mover el Hogar del Universo, siendo este su intento
> por explicar el fenómeno suponiendo que el cielo
> permanece en reposo y que la Tierra da vueltas
> a su alrededor en un círculo oblicuo, mientras rota,
> al mismo tiempo, alrededor de su propio eje.[8]

No se sabe si este juicio llegó a producirse nunca, aunque las pataletas del jurado más sabio de Grecia no hubieran convertido el Sol en nuestro satélite. El peloteo masivo al que estaban expuestas las ideas de Platón se puede notar en este texto de Dercylidas, otro filósofo de su corriente:

> Debemos imponer que la Tierra, el hogar
> de la casa de los Dioses, de acuerdo con Platón,
> está inmóvil, y los planetas y el cielo que los abraza
> se mueven, y rechazar la visión de aquellos que
> han puesto a descansar las cosas que se mueven y
> puesto en movimiento cosas que por su naturaleza
> y posición son inamovibles, siendo esta suposición
> contraria a las teorías de los matemáticos.[9]

Aristarco no tuvo ningún seguidor de su generación y ni siquiera de la generación siguiente porque, como podéis ver, aún había quien no terminaba de quitarse los dioses de la cabeza.

La verdad es que me gustaría tener una máquina del tiempo para ir a recoger a Aristarco junto con todos sus detractores, traerlos al presente, montarlos a todos en un transbordador espacial, ponerlo en órbita y restregarles en la cara a los platónicos (que, en aquella época, eran todos menos Aristarco) lo equivocados que estaban.

Incluso en el espacio, alguno de esos platónicos me diría: «Esto no demuestra nada, estamos dando vueltas alrededor de la Tierra, el geocentrismo es la leche». Y entonces habría llegado el momento de estrellar el transbordador espacial contra el Sol, aunque no sin antes escapar con Aristarco en la cápsula de salvamento.

EL CONOCIMIENTO ASTRONÓMICO SE ESTANCA..., PERO LLEGA LA FÍSICA MATEMÁTICA

Debido a la mala acogida que tuvo la idea de Aristarco, la noción de que la Tierra gira alrededor del Sol no volvería a aparecer hasta dos milenios después, de la mano de Copérnico.

A Aristarco le siguió Arquímedes, considerado por muchos el mejor matemático y científico de la Antigüedad y uno de los tres mayores matemáticos de la historia junto con Newton y

Gauss. Inventó el estudio de la hidrostática, la mecánica estática y la picometría, y se le suele apodar el *padre del cálculo integral* y el *padre de la física matemática*.

¿Y qué es esto de la *física matemática*?

De vez en cuando aparece alguien cuestionando por qué creemos tan ciegamente en las ecuaciones matemáticas y pone en duda su utilidad porque, al fin y al cabo, solo son números.

Las ecuaciones matemáticas que aplicamos a la realidad no consisten en meter unos cuantos números en una fórmula sacada de la manga, hacer una serie de operaciones y creerte lo que dicen. En realidad, estas ecuaciones que describen el comportamiento de las cosas son el resultado directo de observar un fenómeno físico y cuantificar el efecto de todas las variables que intervienen en su desarrollo.

Por ejemplo, imaginemos que tenemos una bola en el suelo y le damos una patada. Observaremos que llegará más o menos lejos en función de lo fuerte que la hayamos golpeado. Por algún motivo tenemos interés en saber anticipadamente a qué distancia va a desplazarse la bola, así que vamos a poner una en el suelo y empezar a darle puntapiés para ver lo que pasa.

Tras el primer empujón, medimos lo lejos que ha llegado. Apuntamos la distancia, la recogemos y volvemos a colocar la bola en la misma posición inicial. Ahora le imprimimos el doble de fuerza y vemos que llega el doble de lejos. Con este segundo intento podemos deducir que, al doble de fuerza, doble de distancia recorrida. Para comprobar nuestra hipótesis, empujamos la bola con la mitad de la fuerza del primer intento y vemos que se para a la mitad de la primera distancia. A falta de más experimentos, podemos concluir que la distancia a la que la bola se desplaza aumenta proporcionalmente con la fuerza del golpe.

Por supuesto, esta es una versión simplificada de las variables que intervienen en un experimento de verdad. Si quieres ser más exacto, hay que tener en cuenta cosas como la fricción del suelo con la superficie de la bola, el rozamiento con el aire, la pendiente del suelo, etcétera. ¿Que en vez de llegar el doble de lejos al empujarla con el doble de fuerza, la bola llega cuatro veces más lejos? Entonces la relación entre las dos variables hubiera sido proporcional al cuadrado del golpe inicial.

Y esta es la realidad tras las ecuaciones matemáticas que se usan en física. En el fondo, no son más que la manera de describir cómo se comporta el mundo después de observar en qué proporción afecta cada variable al resultado final.

La cuestión es que Arquímedes fue el primero en observar la realidad y cuantificarla de esta manera. Midiendo las relaciones entre varios fenómenos podía modelar matemáticamente cuánta agua desplazaba un barco al ser depositado sobre ella o la fuerza que iba a realizar una palanca. Una vez encontradas estas relaciones, la vida se ve facilitada bastante, ya que permiten ahorrar en esfuerzo y recursos al ser capaces de predecir con antelación lo que se necesitará para abordar un problema.

Por ejemplo, en el caso de las palancas, Arquímedes postuló que la relación entre las fuerzas aplicadas en cada extremo es igual a la relación entre las distancias del punto de aplicación de cada fuerza al pivote.

De esta manera, si tienes que mover una carga más pesada de lo que puedes desplazar con tus propias manos y conoces más o menos su peso, puedes calcular la longitud de la palanca que necesitarás para moverla o la fuerza que tendrás que aplicar para conseguirlo. Esto te permite saber, antes de empezar el trabajo, a cuántos amigos tendrás que llamar exactamente para que te ayuden y reduce la cantidad de gente a la que harías perder el tiempo porque al final su ayuda no hacía falta, así que podrán aprovechar ese rato para seguir haciendo cosas más productivas.

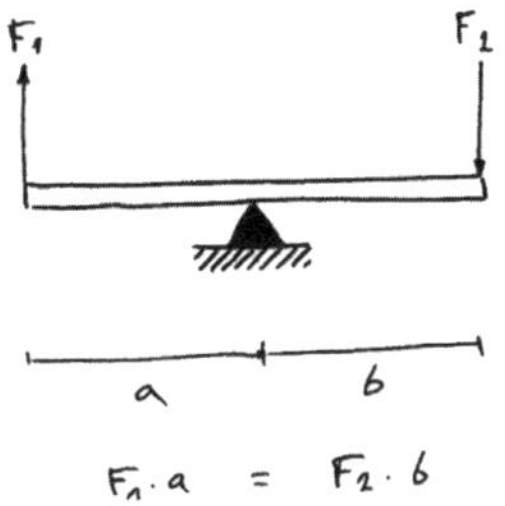

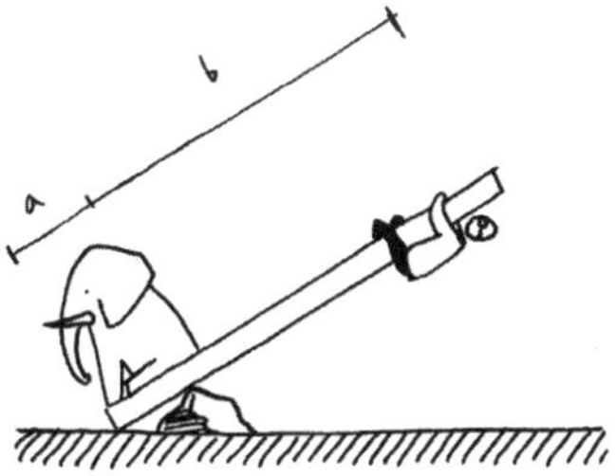

Arquímedes no aportó gran cosa a la astronomía. En sus escritos, solo se refiere al cielo para desaprobar la teoría de Aristarco, alegando que va en contra de todas las enseñanzas, para variar. Parece que, en particular, a Arquímedes no le gustaba la idea de que Aristarco colocara las estrellas tan lejos.

Sigamos con la historia y, más concretamente, con alguien que aportó más a la astronomía que el señor Arquímedes.

EL 29 DE FEBRERO

Un poco más tarde llegó Eratóstenes, quien demostró que la Tierra tiene forma de esfera e incluso hizo una aproximación de su diámetro. Por supuesto, la idea de que vivimos en un planeta esférico ya había surgido antes (¿recordáis a Aristar-

DATO CURIOSO

En su libro *El contador de arena*, Arquímedes proponía un sistema para enumerar cantidades inmensas. Como narrativa, en esta obra intentaba calcular cuántos granos de arena cabrían en el universo y para ello tenía que conocer el volumen que el universo ocupa. Por supuesto, nadie tenía ni idea en aquella época, pero existían varias teorías sobre el tamaño del universo, entre ellas la de Aristarco. Arquímedes comentó al respecto que:

> Sus hipótesis [las de Aristarco] son que las estrellas y el Sol permanecen quietas, que la Tierra da vueltas alrededor del Sol sobre la circunferencia de un círculo y que la esfera de las estrellas fijas, cuyo centro se encuentra también en el Sol, es tan grande que el círculo en el que supone que la Tierra da vueltas tiene la misma proporción respecto a la distancia a las estrellas fijas como el centro de la esfera tiene a su superficie.

Al final, llegó a la conclusión de que el universo mide 100 billones de estadios de diámetro y que se necesitarían 10^{63} granos de arena para llenarlo. 10^{63} equivale, simplemente, a un 10 seguido de 63 ceros. En unidades modernas, Arquímedes calculó que el universo tenía un tamaño de unos 2 años luz. Esa es, en realidad, la mitad de la distancia a la que se encuentra la estrella más cercana a la Tierra, a 4 años luz de distancia. De hecho, el universo observable mide entre 46 y 47 mil millones de años luz de diámetro… Un poco más grande de lo que Arquímedes podría haber imaginado.

¿Y por qué cuento todo esto, si en realidad tampoco tiene mucho que ver con la astronomía? Porque *El contador de arena* se la considera la primera publicación académica de investigación y exposición de la historia.

co?), pero por primera vez llegó alguien que aportó pruebas para respaldar su hipótesis.

Pero retomemos el asunto de demostrar que el planeta es esférico.

Eratóstenes vivía en Alejandría, pero había oído decir que en la ciudad egipcia de Swenet el Sol brillaba en el punto del cielo más alto posible, literalmente en el *cénit*, durante el mediodía del solsticio de verano. Por este motivo las cosas no proyectaban ninguna sombra en Swenet en ese preciso instante.

Pero Eratóstenes sabía que esto no ocurría en Alejandría el mismo día del año a la misma hora, así que observó la posición en la que se encontraba el Sol en su punto más alto, a mediodía, durante el solsticio de verano y descubrió que en Alejandría este quedaba 7° 12' al sur del cénit. La conclusión, para él, era obvia: la Tierra debía tener forma esférica.

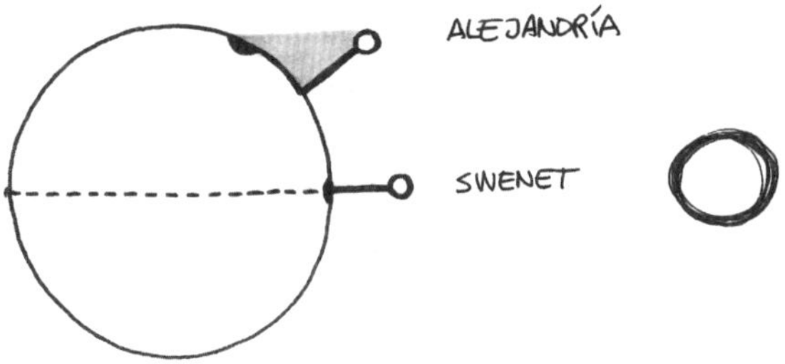

Eratóstenes también sabía que entre ambas ciudades existía una distancia de 5.000 estadios, una cifra obtenida a base de preguntar a mercaderes y viajeros cuánto tardaban en recorrer el camino entre ambas, así que con este dato ahora podría calcular las dimensiones del planeta.

Sabiendo que las dos ciudades estaban separadas por 7° 12' y que la circunferencia de la Tierra, por ser esférica, tiene 360°, se puede deducir con una simple división que el

DATO CURIOSO

Eratóstenes, además de inventar la disciplina de la geografía con su obra *Geographica*,[10] un tratado en el que describía todo el mundo habitado, llegó a ser el librero jefe de la biblioteca de Alejandría. Los funcionarios de esta biblioteca, la más importante de la Antigüedad, se tomaban tan en serio la misión de reunir la mayor cantidad de conocimiento posible que los barcos que llegaban a la ciudad tenían la obligación de dejarles los libros que trajeran consigo para que pudieran ser copiados. El resultado de tan concienzudo trabajo: una base de datos que se especula que albergaba entre 40.000 y 500.000 pergaminos en sus archivos.

Y digo albergaba porque, por desgracia para el futuro, la biblioteca fue consumida por el fuego. Las fuentes históricas que documentan su destrucción citan varias causas e incluso que no fue destruida en un solo incendio deliberado, sino en varios a lo largo de los años. La biblioteca pudo haber sido destruida por primera vez por Julio César en el año 48 a.C. y haber sufrido diversos destrozos hasta la conquista musulmana de Egipto en el año 642 d.C.

Si a veces nos cuesta recordar lo que hemos desayunado (el truco es desayunar siempre lo mismo), ya podéis ver lo difícil que es datar eventos que han tenido lugar hace más de un milenio y medio según los testimonios escritos por varias culturas. Todas ellas, probablemente, bastante poco imparciales.

ángulo entre Swenet y Alejandría representa una cincuentava parte de los 360° de la circunferencia terrestre. Por tanto, la circunferencia de la Tierra tenía que equivaler a 50 veces 5.000 estadios (la distancia entre ambas ciudades) o, lo que es lo mismo, 250.000 estadios.

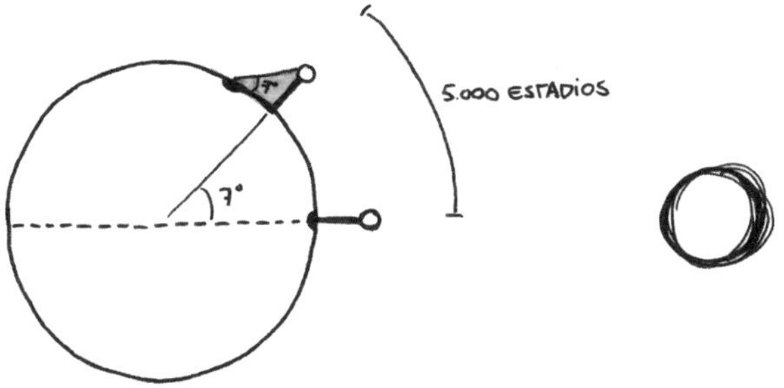

Si bien el problema es que no sabemos con exactitud cuánto se acercó a la medida real del perímetro de la Tierra (que es de 40.008 kilómetros en el Ecuador), porque la longitud de los estadios variaba entre distintas culturas y no sabemos cuál de ellas usó Eratóstenes en sus cálculos. El valor que calculó podría estar entre 39.690 km y 46.620 km, lo que implicaría un error respecto al valor real de entre el 1,6 y el 16,3 %.

En realidad, la aproximación a la cifra real es lo de menos. Incluso en el peor de los casos, su observación sirvió para demostrar definitivamente que la Tierra es esférica.

¡Eh! ¡No despaches el tema tan rápido, vaquero! ¡El Sol también proyectaría sombras con ángulos distintos en cada ciudad si la Tierra fuera plana!

Acompaño tu observación con una imagen, *voz cursiva*.

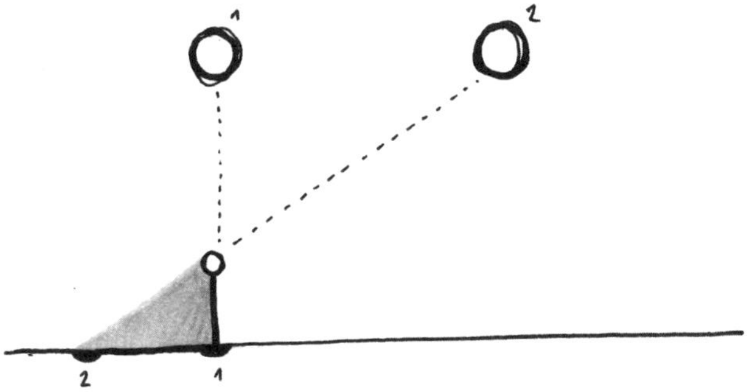

Sí, es verdad. No era suficiente basarse solo en el experimento de Eratóstenes para afirmar con total seguridad que la Tierra era redonda. Pero existían otros fenómenos que otros filósofos ya habían observado con anterioridad y que respaldaban la teoría de la Tierra esférica. Por ejemplo, cuando alguien viaja largas distancias entre el norte y el sur algunas estrellas dejan de ser visibles y otras nuevas aparecen por el horizonte, lo que demuestra que estás desplazándote por una superficie curvada. Por otro lado, los griegos ya habían notado que los cascos de los barcos desaparecen tras el horizonte antes que los mástiles, lo que solo puede ocurrir si se desplazan sobre una superficie curvada.

Dejando las curiosidades contemporáneas a un lado, volvamos a Grecia.

No contento con haber medido el diámetro de la Tierra, Eratóstenes se embarcó también en la misión de calcular la distancia a la que se encuentran la Luna y el Sol. De nuevo, sus cifras son polémicas porque no se sabe si la traducción original del texto en griego (σταδίων μυριάδας τετρακοσίας καί όκτωκισμνρίας, *stadios miríadas tetrakosias kai oktokismirias*) hace referencia a 400 estadios más 80.000 miríadas, que no es otra cosa que la manera que tenían los griegos de decir 10.000, lo que equivaldría a 4.080.000 estadios, o a 400 y 80.000 miríadas de estadios, es decir, 804.000.000 estadios.

Pero en cualquier caso, si la segunda interpretación fuera la correcta, entonces Eratóstenes de alguna manera habría predicho que la distancia al Sol es de unos 149 millones de kilómetros, una cifra que está sorprendentemente cerca del valor real de 149.597.870,7 kilómetros. Con la Luna no se acercó tanto, ya que calculó una distancia hasta ella de 780.000 estadios o 144.300 kilómetros, que es tres veces menos de lo que nos separa en realidad. También dijo que el Sol es 27 veces más grande que la Tierra, cuando la cifra real es 109 veces. La poca precisión de estos otros datos sugiere

DATO CURIOSO

En realidad, la idea de que hasta hace poco la gente creía que la Tierra era plana tiene su origen en una campaña de desprestigio contra la Iglesia católica por parte de la Iglesia protestante en el siglo XVII. Desde el punto de vista de los protestantes, mucho más abiertos a las nuevas ideas y la ciencia que la doctrina católica, era una especie de insulto del estilo «¿Ah, sí? ¡Pues tu gente aún se piensa que la Tierra es plana!». La intención era mostrar desprecio porque, por supuesto, hacía dos mil años que todo el mundo sabía que no era así.

Pero, bueno, eso no quiere decir que no existan ejemplos recientes de gente que haya defendido que la Tierra es plana.

En 1906, el evangelista William Glenn Voliva sustituyó al antiguo pastor del pueblo de Zion, en Illinois (Estados Unidos). A su llegada, prohibió terminantemente fumar, beber, bailar o decir tacos, pero lo más llamativo fue su imposición en los colegios del pueblo de su propia doctrina que... Bueno, mejor reproduzco sus propias palabras:

> La idea de un Sol de millones de millas de diámetro y a 91 millones de millas de distancia es ridícula. El Sol tiene un diámetro de 32 millas y no está a más de 3.000 millas de la Tierra. Es lógico pensar que sea así. Dios creó el Sol para iluminar la Tierra, y por tanto tiene que haberlo colocado cerca para cumplir la tarea para la que había sido diseñado. ¿Qué pensarías de un hombre que construye una casa en Zion y pone la lámpara para iluminarla en Kenosha, Winsconsin?

que también se equivocó con la distancia al Sol, dejándola en unos 22 millones de kilómetros.

Por otro lado, Eratóstenes fue el primero en dejar de lado los calendarios que dependían de la adición de meses al azar durante ciclos largos y complicados para que no se descuadraran las estaciones (os estoy mirando a vosotros, babilonios). Su gran innovación fue darse cuenta de que como cada año dura 365,25 días, bastaba con incluir un día extra cada cuatro años para paliar los efectos del día de retraso. Te damos las gracias, Eratóstenes, por habernos librado del sistema babilonio. ¡Hoy en día nuestros líderes no desatan el caos en los calendarios metiendo meses bisiestos cada dos por tres!

TODO GIRA EN TORNO A LA TIERRA, DE ESO NO HAY DUDA

Pese a que Eratóstenes pudo demostrar que la Tierra era esférica y calculó con bastante precisión su tamaño, no dejó de creer, al igual que el resto de los griegos en aquella época, que esta era el centro del universo y que todo daba vueltas a su alrededor.

En tiempos de Erastótenes la teoría de que la Tierra se hallaba en el centro del universo estaba muy bien cimentada, sobre todo porque lo había dicho Platón, pero aun así la idea no quedó grabada con fuego en la conciencia de la gente hasta la llegada de Ptolomeo.

Ptolomeo vivió de los años 90 a 168 d. C., así que ya hemos superado la barrera del *antes de Cristo*.

En fin, Ptolomeo revolucionó el mundo de la astronomía escribiendo el *Almagesto*, un extenso tratado sobre el movimiento de los planetas y las estrellas en el cielo... Siempre desde la perspectiva geocéntrica, por supuesto. Sus postulados giraban alrededor de cinco principios básicos:

1. El reino celestial es esférico y se mueve como una esfera.
2. La Tierra es una esfera.
3. La Tierra está en el centro del cosmos, pero no en el centro exacto (como explicaré en un momento).

4. La Tierra, en comparación con la esfera de las estrellas, no tiene un tamaño apreciable y debe tratarse como un punto matemático.
5. La Tierra no se mueve.

En su modelo, basado en la idea de los *epiciclos*, los planetas, el Sol, la Luna y el firmamento se movían cada uno en su propia esfera, que a su vez contenía otra esfera alrededor de la cual también giraban. Esto explicaba fácilmente cómo algunos planetas podían cambiar de dirección durante su camino por el cielo. Hasta ahí puede parecer que no sugirió nada que Platón y Aristóteles no hubieran dicho ya, pero Ptolomeo añadió un pequeño detalle que mejoró mucho el sistema: no colocó la Tierra en el centro exacto del cosmos, sino un poco alejada de él.

Esta «solución» tan simple tenía su explicación. En el modelo geocéntrico en el que el Sol da vueltas alrededor de la Tierra en una órbita perfectamente circular, nuestra estrella se encuentra siempre a la misma distancia. El resultado de esto es que a lo largo del año todos los días deberían durar lo mismo y, bajo el punto de vista de los griegos, no debería haber cambios de estaciones porque la Tierra siempre recibiría la misma cantidad de calor. Podían solucionar este problema planteando que el Sol seguía una órbita elíptica alrededor de la Tierra en vez de circular, pero, claro, eso sería ir en contra de los círculos perfectos de Platón. Y todo lo que no eran círculos perfectos era impuro y no merecía la pena plantearlo.

Separando la Tierra del centro del cosmos, Ptolomeo consiguió el mismo efecto que conseguiría otorgando al Sol una órbita elíptica. El Sol no se encontraría siempre a la misma distancia que la Tierra y podría conservar su órbita circular.

Esto le servía de excusa para arreglar otro problema.

Las ideas de Platón obligaban a los astros no solo a moverse en órbitas circulares, sino también a velocidades constantes e invariables. Por supuesto, esto no es lo que pasa en la vida real.

Como he explicado cuando hablábamos de Filolao, si se sigue el movimiento de los planetas a lo largo del año, veremos que estos, además de ralentizarse y detenerse antes de cambiar de dirección, en ocasiones también aceleran repentinamente. Esto no solo se debe a que desde nuestra perspectiva a veces adelantamos a otros planetas o estos nos adelantan a nosotros, sino además a que se mueven a lo largo de órbitas elípticas. En el punto más cercano al Sol, los planetas son atraídos con más fuerza por su atracción gravitatoria y su velocidad se ve aumentada mientras que, a medida que se alejan, reducen la velocidad de nuevo.

Ptolomeo postuló que el movimiento de los planetas sí que es uniforme y perfecto, pero que lo es solo respecto al punto opuesto a la Tierra, al otro lado del centro del universo. De esta manera, conservaba el movimiento platónico ideal, pero tenía la excusa de que desde la Tierra no podíamos apreciarlo debido a nuestra posición.

A este punto alrededor de lo que todo gira de manera uniforme lo llamó *ecuante*.

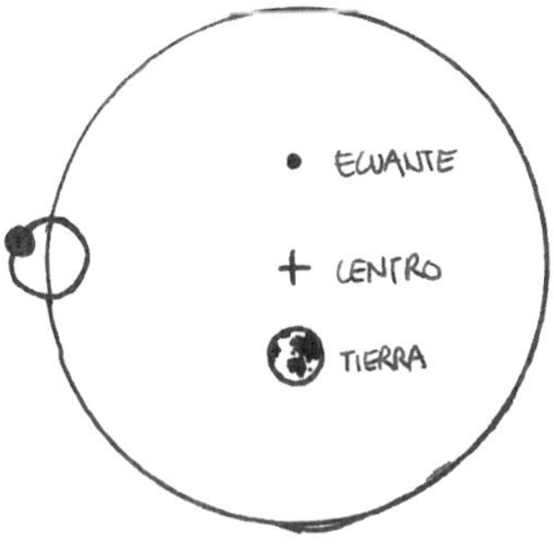

El sistema no era perfecto, pero podía predecir los movimientos de los planetas con una precisión muy respetable para la época y funcionaba mejor que cualquier otro modelo anterior.

Dejando de lado las limitaciones que suponía tener que trabajar solo con movimientos y formas perfectos a la hora de plantear una teoría, el concepto del movimiento uniforme de los astros respecto a un punto distinto a la Tierra para explicar sus cambios de velocidad era una manera muy inteligente de ajustar la teoría a las observaciones.

Usando las ideas de Platón y construyendo su modelo sobre el de Aristóteles (que, recordemos, era un berenjenal de 55 esferas celestiales), el sistema de Ptolomeo fue aceptado como verdad absoluta durante los siguientes doce siglos no solo en Europa, sino también en el mundo musulmán.

La única pega de este sistema para explicar suficientemente bien las observaciones es que inducía a la gente a creer en la idea de que todo gira alrededor a la Tierra y, por tanto, de los seres humanos. Sobra decir que por aquel entonces mucha gente estaba demasiado cómoda con esta visión del universo y que frenaría cualquier intento por establecer un sistema distinto.

CAPÍTULO 5

EL SOL, POR FIN, EN SU SITIO.

El Renacimiento

La mayoría de nosotros no estamos muy familiarizados con el Renacimiento, pero este período histórico brindó al futuro mucho más que los nombres de las tortugas Ninja.

El Renacimiento empezó en Italia, donde la producción de bienes y el comercio propiciaron la aparición de clases «asquerosamente» ricas, especialmente en zonas que facilitaban el comercio como el puerto de Venecia o el de Génova. Este comercio se llevaba a cabo en gran medida con el mundo islámico o, más concretamente, con el Imperio otomano o, concretando aún más, con los tipos que llevaban siglos estudiando y traduciendo los textos griegos.

Por esta razón se produjo un redescubrimiento no solo de la arquitectura griega y romana, sino también de los valores intelectuales de la época, mucho más racionales que en la Edad Media. Esto no significa que de repente todo el mundo dijera «Pues ya no creemos en Dios» y cambiaran completamente su estilo de vida. La mayoría de los intelectuales del Renacimiento, como veréis, eran en mayor o menor grado creyentes y practicantes de la religión, básicamente porque la Iglesia era una de las pocas instituciones que podía ofrecer una educación y se caracterizaba por..., bueno, ya sabéis..., por tener cierto sesgo en sus líneas de pensamiento.

Y tampoco es que la gente «común» se diera cuenta de que estaba en el Renacimiento, ya que se trataba de un movimiento cultural que solo afectaba a un pequeño porcentaje de la población.

Tras esta brevísima introducción, sigamos con la astronomía.

INTENTANDO APARTAR LA TIERRA DEL CENTRO

Tras unos mil doscientos años de pensadores poniéndole parches a la teoría ptolemaica para mejorar su precisión cada vez más, a Nicolás Copérnico se le ocurrió que, a lo mejor, el sistema de Ptolomeo nunca llegaba a ofrecer resultados del todo correctos porque el planteamiento sobre el que se asentaba todo el sistema podría estar equivocado. Copérnico pensó que, tal vez, las observaciones tendrían más sentido si partíamos de la base de que es el Sol el que está en el centro del universo en vez de la Tierra.

Además, el modelo ptolemaico, con todos sus epiciclos, era una pesadilla matemática en una época en la que había que hacer los cálculos a mano. Una teoría heliocéntrica (del griego *helios*, «Sol» y *centros*..., «centro», por supuesto) tenía el potencial de ofrecer una explicación mucho más simple a lo que ocurría en el cielo, sacando de la ecuación el engorroso lastre matemático que representaban las decenas de epiciclos del sistema ptolemaico.

Copérnico vino al mundo durante el Renacimiento, el período comprendido entre la Edad Media y el mundo moderno. Después de siglos de oscuridad intelectual, en esta época se volvió al modelo griego de pensamiento, más abierto a la observación de la naturaleza que la mentalidad más dogmática de la Edad Media.

Además, se produjeron importantes avances como la invención de la imprenta, lo que facilitaba mucho la copia y difusión de textos. Pese a ello, Copérnico no se volvió loco y empezó a repartir panfletos por la calle anunciando sus hipótesis. Él era un tipo muy cauto con sus ideas, instruido en humanidades, física y astronomía, entre otras disciplinas; además era capaz de escribir tanto en griego como en latín. En aquella época no era común que alguien tuviera tanta cultura, a menos que fuera hijo de algún aristócrata o miembro de la Iglesia. Y Copérnico era lo segundo, un clérigo católico romano.

Al estar familiarizado con la Iglesia y el mundillo intelectual de la época, era consciente de que su teoría no iba a ser muy bien acogida, así que fue muy cauteloso al escribir la obra: *Sobre las revoluciones de las esferas celestes*, en la que postulaba su teoría heliocéntrica.

Para cubrirse un poco las espaldas, por un lado escribió sus textos en latín, de manera que solo los lectores con un cierto bagaje intelectual podían acceder a su información; y por otro, usó el condicional para desvincularse aún más de posibles polémicas, planteando cosas como «*si* la Tierra rotara, entonces el fenómeno que *resultaría*...». Exponiéndolo de esta manera, podía defenderse en caso de que le acusaran de ser un verdadero creyente en el heliocentrismo, lo que equivalía a ir en contra de la palabra de un Dios que nos había puesto en el centro del universo porque somos la *pera limonera*.

Pero hasta llegar a hacer público *Sobre las revoluciones de los cielos* en 1542, Copérnico hizo un prudente camino. En 1514 escribió un borrador sobre la teoría heliocéntrica en la que estaba trabajando. Un documento de unas cuarenta páginas llamado *Nicolai Copernici de hypothesibus motuum coelestium a se constitutis commentariolus*. Pero con llamarlo *Commentariolus* (o *Comentario*) ya nos entendemos.

Siguiendo su política de no llamar mucho la atención, distribuyó copias de este documento solo entre gente cercana y empezó a hacer observaciones del cielo para ver si las predicciones hechas por su modelo encajaban con ellas.

En 1532, Copérnico ya había terminado su manuscrito *De revolutionibus orbium cœlestium*, donde explicaba su tesis con detalle. Pese a que sus amigos le animaban a que enseñara públicamente esta visión del universo, el astrónomo se negó porque no quería arriesgarse a ser sometido al desdén que resultaría, según sus propias palabras, de la «novedad e incomprensibilidad de su tesis».[1]

Y lo de tratar sus ideas como meras elucubraciones le funcionó bastante bien: en 1533 el filósofo Johann Albrecht dio una serie de conferencias en Roma en las que explicó las ideas de Copérnico y consiguió interesar no solo a algunos cardenales, sino también al papa Clemente VII. Así lo demuestra una carta de 1536 del cardenal Nicholas Schönberg a Copérnico:

> Había oído decir que no solo habías dominado los descubrimientos de los antiguos astrónomos de manera poco usual, sino que además habías formulado una nueva cosmología. En ella sostienes que la Tierra se mueve; que el Sol ocupa el puesto más bajo y, por tanto, central en el universo, que los ocho cielos permanecen estacionarios y fijos de manera perpetua; y que, junto con los elementos incluidos en su esfera, la Luna, situada entre los cielos de Marte y Venus, da una vuelta alrededor del Sol en un período de un año. También he oído decir que has escrito una exposición de este sistema astronómico y computado los movimientos planetarios y los has anotado en tablas, para gran admiración de todos. Por lo tanto, con la mayor presteza te ruego que me mandes lo antes posible tus escritos sobre la esfera del universo junto con las tablas o lo que sea que poseas que sea relevante acerca de este asunto.[2]

Pero Copérnico era tan sumamente cauto que se negó a acceder a esta petición hecha por un cargo tan alto de la Iglesia.

Finalmente, el matemático Georg Joachim Rheticus consiguió convencer a Copérnico de que imprimiera su trabajo después de pasar tres años comiéndole la cabeza y, en 1542, el manuscrito fue impreso por el teólogo luterano Andreas Osiander. Para asegurarse de que el libro no fuera censurado ni que nadie cometiera ninguna barbaridad añadió un prefacio, sin la autorización de Copérnico, que defendía su teoría heliocéntrica contra cualquiera que pudiera sentirse ofendido por ella. En el prefacio dice así:

> [...] algunos escolares, no me cabe ninguna duda, están profundamente ofendidos y creen que las artes liberales, que fueron establecidas hace mucho tiempo sobre una base sólida, no deberían arrojarse a la confusión. Pero si estos hombres están dispuestos a examinar el asunto de cerca, se darán cuenta de que el autor de este trabajo no ha hecho nada censurable. Es el deber de un astrónomo componer la historia de los movimientos celestes a través de su estudio cuidadoso y experto. Luego debe concebir e idear las causas de estos movimientos o las hipótesis sobre ellos. Como él no puede de ninguna manera alcanzar las causas reales, adoptará las suposiciones necesarias que permitan que los movimientos sean computados correctamente con los principios de la geometría, tanto para el futuro como para el pasado. Este autor ha realizado su deber de manera excelente. Estas hipótesis no necesitan ser ciertas o ni siquiera probables. Al contrario, si aportan un cálculo coherente con las observaciones, eso es suficiente. [...].[3]

Este texto sirvió para proteger la obra de Copérnico en vez de al propio Copérnico porque, según cuenta la leyenda, la versión final del libro llegó a sus manos mientras estaba sumido en un estado comatoso, inducido por un infarto. Cuando por fin se le pudo comunicar que el libro estaba acabado, despertó, echó un último vistazo a su obra y murió.

LA TEORÍA DE COPÉRNICO: PRINCIPIOS BÁSICOS

- Los movimientos celestes son uniformes, eternos y circulares o compuestos de varios círculos (Platón y Ptolomeo haciendo de las suyas en el futuro con círculos y los epiciclos).
- El centro del universo está cerca del Sol.
- Alrededor del Sol, los planetas siguen este orden: Mercurio, Venus, la Tierra y la Luna, Marte, Júpiter y Saturno. Más allá, están las estrellas.
- La Tierra tiene tres tipos de movimiento: una rotación diaria, una revolución anual y la inclinación anual de su eje.
- El movimiento retrógrado de los planetas puede ser explicado por el movimiento de la Tierra.
- La distancia de la Tierra al Sol es pequeña comparada con la distancia a las estrellas.

Por desgracia, las evidencias observacionales de la época aún no eran lo suficientemente precisas como para ofrecer un gran apoyo a las ideas de Copérnico.

Uno de los puntos fuertes del heliocentrismo era su capacidad para explicar por qué Mercurio y Venus no hacen bucles en el cielo a lo largo del año: al estar más cerca del Sol que nosotros y moverse más rápido, nunca los «adelantamos».

Por desgracia, el modelo seguía siendo bastante complicado. Copérnico no se había podido deshacer por completo de los epiciclos de Ptolomeo y su sistema no presentaba ventajas matemáticas respecto al modelo ptolemaico a la hora de calcular la posición de los planetas. Para empeorar las cosas, tampoco ofrecía una precisión mayor. O sea que, aunque existiera rechazo por la teoría porque contradecía la espiritualidad de la época, el hecho de que el planteamiento heliocéntrico del sistema solar no resultara particularmente útil tampoco ayudó a su aceptación.

UN NUEVO ASTRÓNOMO UN TANTO... ESPECIAL

Podría parecer que Copérnico acababa de poner el primer ladrillo de los cimientos de la astronomía moderna y que, llegados a este punto, si aparecía una teoría nueva se acercaría cada vez más a la realidad que conocemos en nuestros días. Pues para demostrarnos lo contrario está Tycho Brahe, un tipo con un nombre tan extravagante como su vida.

La existencia de Tycho Brahe empezó fuerte. Nacido de una familia noble, fue secuestrado por su tío Jørgen para que se convirtiera en un erudito.

«Vaya, qué familia más extraña», debe de estar pensando la *voz cursiva*. Pero esta historia tiene matices aún más siniestros, al menos para los estándares de nuestra época: Jørgen y su mujer no eran capaces de concebir hijos propios, así que los padres de Tycho les prometieron que les entregarían a uno de los suyos. Pero, llegado el momento, no cumplieron con su promesa y Jørgen se tomó la «justicia» por su mano vía *rapto de su sobrino*. Lo curioso es que los padres no se lo debieron de tomar muy mal porque tampoco intentaron recuperar a su hijo, que terminaría creciendo con su tío.

Tycho estuvo aprendiendo latín de los seis a los doce años y después empezó a estudiar derecho en la Universidad de Copenhagen, según los deseos de Jørgen. Por suerte para la historia, en aquella época las carreras no estaban muy definidas y el joven Tycho recibió clases de otras disciplinas. Entre ellas, de astronomía.

El 21 de agosto de 1560 tuvo lugar un eclipse solar. El fenómeno fascinó a Tycho pero, en realidad, más que el espectáculo celeste en sí le impresionó el hecho de que la fecha del eclipse hubiera sido predicha por los astrónomos. Tras presenciar el eclipse, Tycho decidió que quería estudiar astronomía. Esto no hizo mucha gracia a su tío, que quería que fuera funcionario, así que le envió un tiempo a estudiar por Europa bajo la tutela de un mentor de diecinueve años a quien terminó convenciendo para que le dejara estudiar astronomía.

Tycho se dio cuenta de que el progreso astronómico requería observar el cielo de manera sistemática cada noche con el mayor rigor posible y con los mejores instrumentos disponibles para asegurar la máxima precisión en sus medidas. Este programa se convirtió en el trabajo de su vida, que dedicaría a observar el firmamento mientras mejoraba y aumentaba el tamaño de algunos instrumentos e inventaba otros totalmente nuevos.

Pero sigamos con la astronomía.

En 1572, Tycho Brahe presenció un fenómeno sin precedentes: la aparición de una nueva estrella en la constelación de Cassiopeia. A día de hoy sabemos que lo que Tycho vio era una supernova, la explosión con la que una estrella mucho mayor que nuestro Sol termina su vida y que puede llegar a brillar más que el resto de la galaxia que la alberga. Tycho no sabía nada de supernovas, pero sabía que este fenómeno acababa de romper con todos los esquemas arrastrados durante miles de años en la astronomía. La idea aristotélica de que más allá de la órbita de la Luna el cielo es eterno e inalterable acababa de ser destronada.

Tycho observó que este nuevo punto luminoso en el cielo no era un nuevo planeta, ya que su posición respecto al resto del firmamento no cambiaba y decidió escribir un pequeño libro sobre ella llamado *De stella nova (Sobre la estrella nueva)*.

El descubrimiento de esta nueva estrella impulsó con fuerza su carrera en la astronomía y el rey Federico II de Dinamar-

DATO CURIOSO

Siguiendo con la línea de prensa rosa renacentista, es interesante señalar que Tycho perdió un pedazo de su nariz durante su juventud, en 1566, al batirse en duelo con otro noble después de una acalorada discusión sobre la validez de una fórmula matemática en la que ninguno fue capaz de demostrar sus argumentos. En aquella época había buenos escultores que eran capaces de imitar las formas humanas con gran precisión... Pero los materiales que tenían a su disposición no eran muy variados, así que Tycho se pasó la vida con una nariz postiza de metal en medio de la cara.

Se decía que la prótesis del acaudalado astrónomo era de oro y plata, pero este rumor resultó ser una leyenda urbana porque, tras exhumar sus restos recientemente y someterlos a análisis, los investigadores descubrieron que su nariz postiza era mucho más modesta, al estar moldeada en latón. Luego volveremos al tema de la exhumación de su cadáver, que aún depara alguna sorpresa.

Pero la extravagancia de Tycho no terminaba con la anécdota de su nariz.[4] En su castillo vivía su juglar personal, Jepp, un hombre con enanismo al que creía poseedor de poderes psíquicos y obligaba a cenar debajo de la mesa. Como mascota tenía un alce que vivía con él dentro del castillo. Amante de montar banquetes y fiestas, Tycho estaba encantado de enseñar el animal a sus invitados durante esas ocasiones en las que el alcohol y la comida eran abundantes. En este contexto, tampoco es de extrañar que el pobre animal muriera al caer por las escaleras, borracho como una cuba.

ca, queriendo tener al mejor de sus astrónomos contento y equipado con los mejores instrumentos, le entregó a este la isla de Hven, sobre la que construyó un observatorio en 1576.

A este observatorio le llamó Uraniborg, un nombre mezcla de griego y danés que vendría a significar «Castillo de Urania», la musa griega de la astronomía y la astrología.

Este observatorio, tengámoslo presente, carecía de telescopios porque aún no se habían inventado. De hecho, Tycho fue el último gran astrónomo en hacer sus observaciones con sus propios ojos. Tengamos también presente que la construcción de Uraniborg costó a Dinamarca el 1 % del PIB del país ese año.[5]

No lo entiendo. Quiero decir, estudiar el cielo y descubrir la forma que tiene el universo está bien y todo eso..., pero ¿Dinamarca no tenía otras cosas más útiles en las que invertir el dinero que montar un observatorio astronómico? No digo que me parezca mal, pero me extraña.

Dinamarca era un país con un potente mercado naval. Y, en aquella época, la mejor manera de navegar por la noche era orientándose con las estrellas. El rey entendía que disponer de observaciones más precisas mejoraría la capacidad de orientación de los barcos y minimizaría los retrasos y las pérdidas, lo que conllevaría un beneficio económico.

Así fue como durante veintitrés años, noche tras noche, Tycho midió meticulosamente las posiciones de los astros y las apuntó con una precisión sin precedentes en la historia. Por suerte, no tenía que realizar esta titánica tarea él solo. Uraniborg se convirtió en un centro de investigación en el que trabajaban cien estudiantes y artesanos, lo que permitió a Tycho poder montar también un laboratorio de alquimia (no eras nadie en aquella época si no practicabas la alquimia), un interés que había despertado en él desde el incidente de la nariz.

Un año después de montar Uraniborg, Tycho fue el primero en observar y documentar el Gran Cometa de 1577, registrado en los manuales astronómicos actuales con el romántico nombre oficial de C/1577 V1. Con sus privilegiadas instalaciones, el astrónomo pudo dejar un registro de miles de observaciones muy precisas sobre su trayectoria por el cielo a lo largo de los días en los que fue visible.

ALGUNOS COMENTARIOS SOBRE LOS COMETAS

Antes de seguir, quiero aclarar un par de cosas sobre los cometas porque parece que, en general, la gente piensa en los cometas como si fueran estrellas fugaces grandes: una especie de chorro de luz que pasa volando por el cielo a toda leche y que lo cruza de punta a punta sin llegar a caer al suelo. Esta concepción es completamente errónea y pondría la mano en el fuego a que está, en parte, motivada por las ilustraciones de los Reyes Magos y la estrella de Belén que vemos desde pequeños:

Los objetos que llegan a penetrar la atmósfera terrestre y que vemos durante las lluvias de estrellas son los meteoritos, cuerpos rocosos pequeños que entran en la atmósfera a velocidades de entre 35 y 72 km/s.[6] Al contrario de lo que mucha gente piensa, no es la fricción con la atmósfera lo que hace brillar los meteoritos, sino la compresión del propio aire frente a ellos. La intuición sirve de poco en este tema porque el aire es invisible y es muy difícil concebir velocidades tan altas, pero vamos a intentar visualizar la situación.

Cuando un objeto que viaja a una velocidad tan alta entra en la atmósfera no se zambulle entre el gas que la compone y pasa a través de él. El objeto se desplaza tan deprisa que las moléculas del aire no tienen tiempo de apartarse de su camino y se acumulan frente a él. Esta acumulación de aire forma un frente de alta presión y, como todos los que hemos estado alguna vez hinchando vigorosamente las ruedas de nuestra bicicleta con una mancha sabemos, el aumento de presión va acompañado de un aumento de temperatura.

Cuando las cosas se calientan, emiten luz. Si acercamos un soplete a un pedazo de hierro, veremos que a medida que se caliente irá emitiendo un brillo rojizo y, cuanto más aumente su temperatura, más intenso se volverá ese brillo e irá adquiriendo un tono más claro. Y eso mismo es lo que pasa frente a un meteorito: el aire comprimido transfiere el calor a la superficie del meteorito y su superficie se calienta y empieza a brillar.[7]

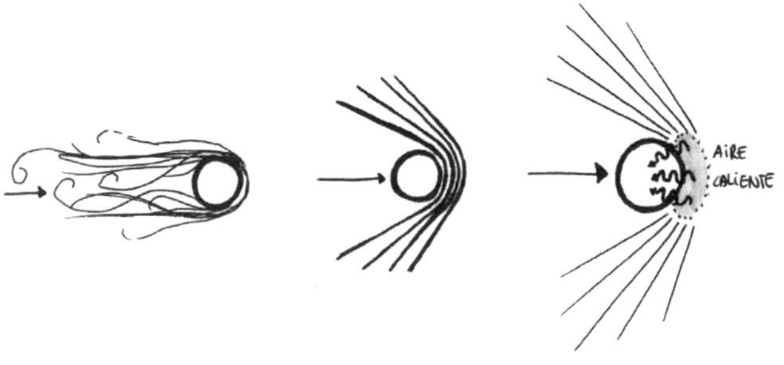

El brillo de los cometas, en cambio, no tiene nada que ver con este proceso. Los cometas pasan a cientos de miles o millones de kilómetros de nuestro planeta, de manera que es imposible que lleguen a interactuar con la atmósfera terrestre.

Y entonces, ¿de dónde proviene su brillo y esa cola que arrastran, si el espacio está vacío?

Los cometas vienen de los fríos confines del sistema solar y están compuestos por hielo y roca. Básicamente, son bolas de nieve sucias. Todo el hielo que contienen se evapora fácilmente cuando es alcanzado por la radiación solar y eso es, de hecho, lo que provoca tanto su brillo como su larga cola, llamada coma, que no es más que el rastro de gas que va dejando a su paso.

Pero, como los cometas pasan tan lejos de la Tierra, su vista no es tan espectacular como la pintan normalmente los artistas o como nos muestran las películas. En el cielo, simplemente aparecen como lejanos puntos brillantes acompañados de una cola difusa y, aunque se mueven más deprisa que los planetas, su movimiento no se aprecia a menos que sea observado durante horas.

Las órbitas de los cometas no tienen nada que ver con las del resto de los planetas, que, aunque tengan una forma un poco ovalada, no se alejan demasiado de una forma circular. Los cometas, en cambio, dan vueltas alrededor del Sol siguiendo grandes elipses que los llevan hasta los confines del sistema solar para luego volver hacia el interior. Por eso los cometas pueden estar días o meses en el firmamento, cambiando de posición lentamente entre noche y noche hasta que el calor del Sol los desintegra o vuelven a perderse de nuevo en los confines del sistema solar.

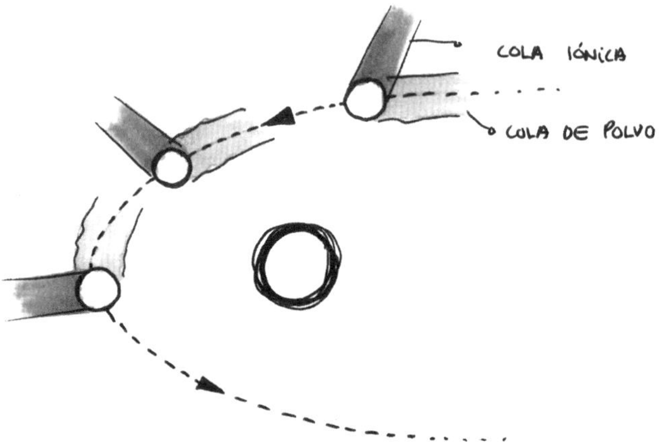

ALGUNOS CONCEPTOS

- **Asteroide**: es un cuerpo relativamente pequeño hecho de metales y materiales rocosos que orbita alrededor del Sol.
- **Cometa**: es un cuerpo pequeño constituido por hielo, polvo y material rocoso. La luz del Sol suele vaporizar el hielo del objeto, formándose así su cola de polvo y gas.
- **Estrella fugaz**: es el nombre con el que se designa el fenómeno de luz que ocurre cuando una pequeña partícula de un cometa o un asteroide atraviesa la atmósfera y se evapora.
- **Meteorito**: es una pequeña partícula de un cometa o un asteroide que sobrevive a su paso por la atmósfera e impacta contra la superficie de la Tierra.

Y todo este cuento sobre los cometas viene al caso de las observaciones de Tycho sobre la forma de la órbita del cometa. Dichas observaciones se revelarían extremadamente importantes porque serían el testimonio perfecto para demostrar que en el cielo se pueden encontrar objetos que siguen trayectorias que no son ni remotamente circulares. Y eso podría desbancar, por fin, las ideas platónicas.

Seguro que ahora estaréis pensando: «Bueno, si Tycho Brahe era un observador tan minucioso del cielo y conocía tan bien las posiciones de los cuerpos celestes, entonces debería haber conseguido desarrollar una teoría del universo que por fin se ajustara a la realidad».

Pues resulta que no.

Tycho desarrolló el modelo tychoniano, que colocaba de nuevo la Tierra en el centro del universo mientras el Sol y la Luna daban vueltas a su alrededor. Pero había una diferencia: según su teoría, los planetas a su vez daban vueltas alrededor del Sol, no de la Tierra.

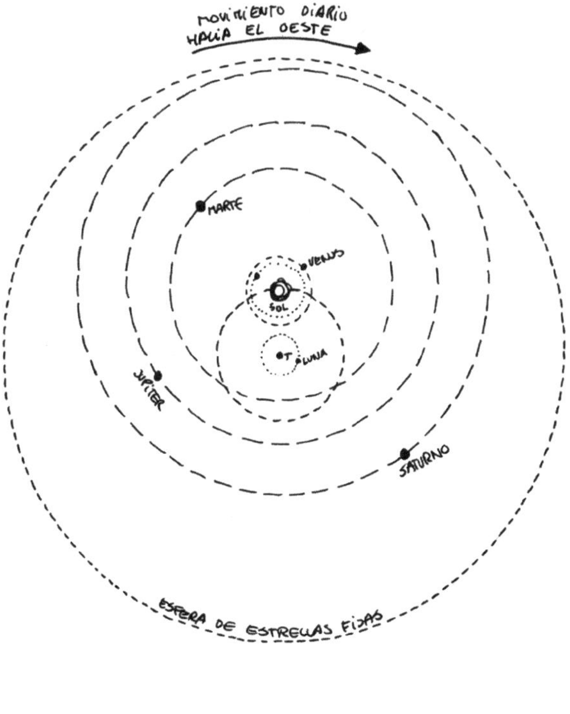

Tycho propuso este sistema porque, pese a que le atraía el modelo heliocéntrico de Copérnico, pensaba que:

> Esta innovación elude de manera experta y elegante todo lo que es superfluo o discordante en el sistema de Ptolomeo. En ningún punto ofende el principio de las matemáticas. Aun así atribuye a la Tierra, ese cuerpo pesado y vago, no apto para el movimiento, un movimiento tan rápido como el de las antorchas etéreas.

Con esta parrafada, Tycho se refería a que, según la física aristotélica, el cosmos estaba compuesto por éter o quintaesencia, una sustancia ligera, fuerte e inmutable que tendería a moverse siempre en caminos con forma de círculo. Esta sustancia no podría encontrarse en la Tierra, ya que obviamente está compuesta por algo mucho más pesado e impuro que el material del que está hecho el firmamento. Tycho creía en la existencia del éter, de modo que para él no tenía ningún sentido que nuestro planeta se moviera por el espacio. ¿Cómo no iba a estar en el centro algo tan pesado y torpe como la Tierra? Lógica pura y dura.

Tycho admitía que la rotación diaria de la Tierra sobre su eje explicaría correctamente el movimiento del Sol y las estrellas, como decía Copérnico, pero le seguía pareciendo que ese movimiento era demasiado rápido para un cuerpo tan «pesado, denso y opaco» como nuestro planeta.

El sistema tychoniano tuvo una mejor acogida que el modelo de Copérnico, probablemente porque no representaba un cambio tan grande como el que supone pasar del geocentrismo al heliocentrismo. Además, desde el punto de vista filosófico, las ideas de Tycho eran mucho más fáciles de aceptar. ¡Vale, no todo daría vueltas directamente alrededor de la Tierra, pero al menos seguiríamos siendo el centro del universo!

Tampoco penséis que el sistema tychoniano era una chapuza. Ya hemos visto que un sistema totalmente erróneo puede encajar más o menos bien con la realidad si se plantea correctamente. De hecho, el modelo cosmológico de Tycho funcionaba bastante bien para predecir las posiciones de los cuerpos celestes..., excepto la de Marte.

La cuestión es que Federico II (el rey que le costeó el observatorio) murió en 1588 y le sucedió su hijo, de once años. Las discrepancias entre Tycho y el joven monarca le obligaron a abandonar Uraniborg en 1597.

En 1599 se mudó a Praga, «patrocinado» por Rodolfo II, el santo emperador romano en aquella época. Allí, Tycho hacía cartas astrológicas para los nobles a cambio de la financiación económica. Y fue en Praga donde, en febrero de 1600, Tycho Brahe conoció a Johannes Kepler, el tipo que aportaría suficientes pruebas de que el Sol está en el centro del universo como para ahuyentar a los espectros de Aristóteles, Platón y Ptolomeo, que llevaban siglos acosando a los astrónomos.

VOLVAMOS A CAMBIAR EL SOL DE LUGAR

Kepler ya había mostrado una gran habilidad para las matemáticas desde que era pequeño y desarrolló un profundo interés por la astronomía, acentuado a los seis años por la visión del Gran Cometa de 1577. Desafortunadamente, su capacidad para manejar los instrumentos astronómicos quedó mermada cuando contrajo la viruela durante su infancia, de la que salió con una vista muy desmejorada y las manos tullidas.

En la universidad aprendió tanto el modelo ptolemaico como el copernicano, y a Kepler le atrajo la idea de que el Sol, en vez de la Tierra, podría estar en el centro del universo. El libro *Mysterium Cosmographicum (El misterio cosmográfico)* fue su primera defensa del heliocentrismo, y en él postulaba que las distancias entre los planetas podían ser explicadas si se tenía en cuenta que entre la esfera que ocupaba cada planeta había *inscrito* y *circunscrito* uno de los sólidos platónicos regulares.

No sé qué mosca te ha picado de repente, pero me gusta más cuando no usas tecnicismos extraños.

Ahora lo entenderás, *voz cursiva*.

Además de ser grandes admiradores de los círculos y esferas, Platón y sus discípulos demostraron que tan solo existen cinco sólidos perfectos, cinco figuras geométricas tridimensionales construidas a partir de un solo tipo de polígono. Por ejemplo, un tetraedro está hecho con cuatro triángulos, y un cubo está compuesto por seis cuadrados.

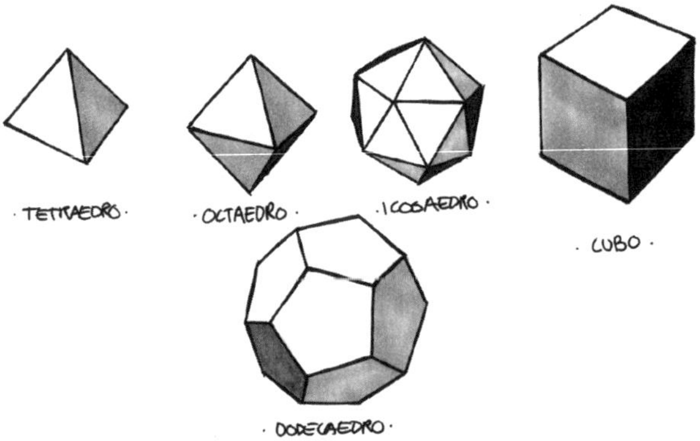

Desde el punto de vista platónico, la belleza y simetría de estos objetos los convertía en los candidatos ideales para formar parte de alguna teoría que intentara explicar la naturaleza de las cosas. Siendo católico protestante, Kepler tenía fe en que Dios habría construido el universo de manera sabia y, según la mentalidad platónica, estos polígonos deberían ser la máxima expresión de la sabiduría. Kepler llegó a la conclusión de que Dios había usado estos polígonos para desarrollar el sistema solar y escribió un libro entero explicando cómo lo habría conseguido encajando las esferas celestes entre estos volúmenes perfectos. Aquí tenéis representado el sistema en 3D, porque en 2D es mucho más fácil hacerse una idea.

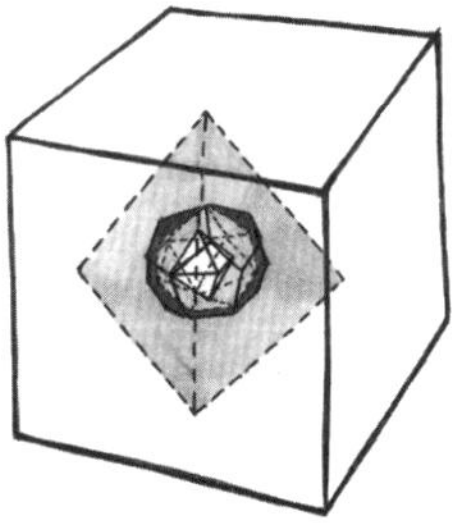

Partiendo de la base de que Kepler era un tipo religioso, esta idea tenía mucho sentido para él y complementaba muy bien su modelo heliocéntrico. Hasta el momento solo se conocían seis de los planetas que forman nuestro sistema solar. Esto le venía de perlas a Kepler para fundamentar su teoría. ¿Por qué había seis planetas? Porque si solo existían cinco sólidos platónicos estupendos y maravillosos, al ser colocados en orden ascendente en el sistema solar, delimitaban seis esferas entre ellos y, como cada esfera alojaba un planeta, daba como resultado un sistema solar que contiene seis planetas. Una fantástica prueba a favor de su teoría.

De todas maneras, Kepler era consciente de que, pese a su belleza, este modelo no predecía las distancias correctas entre los planetas y tenía una mente suficientemente científica como para terminar abandonando la idea si esta no se ajustaba a la realidad.[8] Aunque el sistema estuviera equivocado, la aportación de Kepler podía facilitar la aceptación de un sistema heliocéntrico al dotar de cierto tinte religioso su modelo. En aquella época, el trasfondo filosófico de una idea tenía cierta relevancia si tu intención era dotarla de credibilidad.

Pero, bueno, Kepler tardó años en darse cuenta de la invalidez del modelo que describía en su *Mysterium Cosmographicum*. En el momento de terminar la obra estaba convencido de que tenía un gran potencial y mandó copias del libro a varios astrónomos, entre ellos a Tycho Brahe.

UNA AMISTAD COMPLICADA, UNA MUERTE Y UN GRAN DESCUBRIMIENTO

A Tycho no le gustaron sus ideas y se lo hizo saber a Kepler a través de una carta en la que criticaba su sistema de una manera algo brusca, pero fundamentada. Entre los dos astrónomos se estableció una relación por correo en la que debatían sobre el nuevo sistema de Kepler, aunque este no podía responder a muchas de las preguntas de Tycho porque a su sistema le faltaba un elemento muy importante: contrastarlo con observaciones muy detalladas. Y, en aquella época, Tycho era la persona a la que acudir para obtenerlas.

A finales del año 1599, Tycho envió una invitación a Kepler para que visitara el nuevo observatorio que estaba construyendo cerca de Praga. Kepler llegó en febrero y pasó dos meses estudiando las observaciones que Tycho le prestó sobre el planeta Marte. Las cosas empezaron a torcerse: Kepler necesitaba una gran cantidad de observaciones de todos los cuerpos celestes para poder realizar su trabajo, pero Tycho, que le veía más como un rival que un compañero, no estaba dispuesto a facilitárselas.

Las discordancias entre los dos hombres fueron la fuente de muchas peleas. Kepler llegó incluso a abandonar el observatorio para luego volver de nuevo, consciente de que necesitaba las observaciones para completar el trabajo de su vida. Por «suerte» para Kepler, esta situación duraría poco, ya que Tycho moriría en el año 1601.

DATO CURIOSO

La muerte de Tycho en unas circunstancias poco usuales sembraría la desconfianza ante la figura de Kepler tres siglos después.

Kepler dejó escrito que, el 13 de octubre del año 1601, Tycho estaba en un banquete organizado por el rey y que se negó a excusarse para ir al baño porque la costumbre dictaba que era una ofensa hacerlo en presencia de un noble. Explicó que cuando Tycho volvió a casa, en vez de soltar una de las meadas más placenteras de la historia, solo fue capaz de orinar en pequeñas cantidades y con dolor. Tycho moriría once días después, el 24 de octubre, y el médico de turno diagnosticó que la causa habían sido piedras en el riñón.

Sin embargo, una exhumación del cuerpo llevada a cabo trescientos años después, en el año 1901, no encontró señales de cálculos renales, así que se supuso que el culpable había sido una infección de la vejiga o un fallo renal.[9] Pero aún faltaba otra sorpresa: tras analizar el bigote de Tycho, se descubrió que en él había restos de mercurio, un metal pesado muy tóxico.

Se supuso, entonces, que Tycho pudo haber sido envenenado, ya fuera involuntariamente durante sus experimentos alquímicos o de manera deliberada por alguien a quien Tycho le resultara más útil muerto que vivo... Tal vez alguien que necesitara sus observaciones con desesperación para poder terminar su trabajo. Posiblemente su asist... Sí, vale, durante el siglo XX se sospechó que Kepler podía haberle envenenado.

Pero, en 2010, científicos de las universidades de Aarhus y Rostock repitieron los análisis con equipamiento moderno mucho más sensible y descubrieron que, en realidad, los niveles de mercurio a los que había estado expuesto Tycho durante los últimos diez años de su vida (el tiempo que podían conocer por la longitud de su barba) nunca fueron lo suficientemente altos como para matarle.[10]

Así que las sospechas sobre Kepler desaparecieron de nuevo y la teoría de la vejiga reventada por educación ha vuelto a ser la explicación más plausible.

Cuando Tycho murió, dejó tras de sí una fortuna inmensa. Kepler sabía que los herederos de Tycho estaban ansiosos por repartirse las posesiones del extravagante astrónomo, así que tuvo que actuar con rapidez para llevarse las observaciones antes de que empezaran los problemas. Como él mismo escribió en una carta de 1605:

> Confieso que cuando Tycho murió, rápidamente tomé ventaja de la ausencia, o falta de prudencia, de los herederos, tomando las observaciones bajo mi cuidado, o quizá usurpándolas.[11]

Y nunca una usurpación fue tan beneficiosa para la humanidad: gracias a las observaciones de Tycho, Kepler pudo llegar a la conclusión de que el planteamiento usado para explicar el movimiento de los planetas basado en círculos perfectos, tan estudiado y defendido durante milenios, era completamente erróneo porque, en realidad, *los planetas dan vueltas alrededor del Sol en órbitas con forma de elipse*.

Esto no solo significa que las órbitas tienen una forma ovalada en vez de circular, sino que el Sol está situado en uno de los *focos* de la elipse (y no en el centro). O sea, que Kepler descubrió que las órbitas planetarias tienen esta pinta:

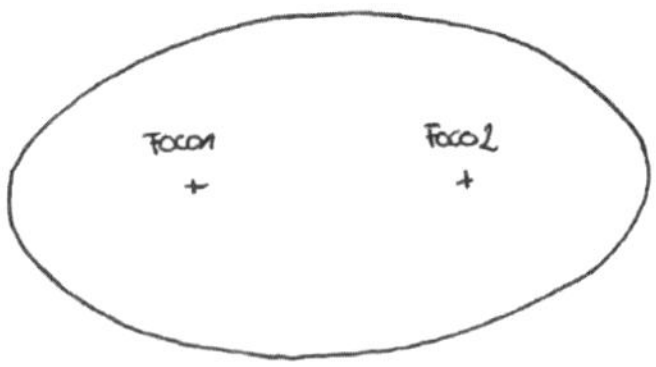

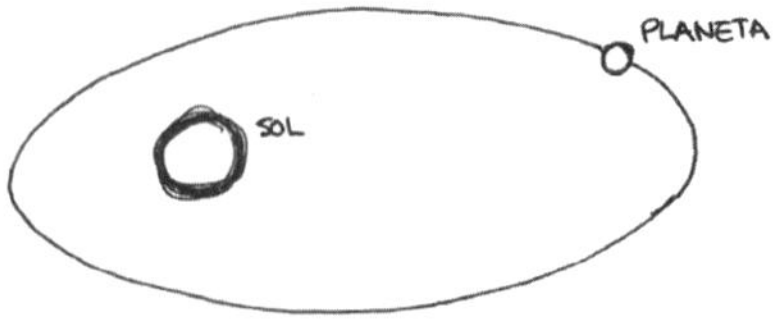

Este hecho explicaba por qué Marte, teniendo la órbita más elíptica de todas, era la más complicada de modelar asumiendo un modelo geocéntrico y órbitas circulares. En el punto de su órbita más alejado del Sol se encuentra a 249 millones de kilómetros de la estrella y, en el punto más cercano, a casi 207 millones de kilómetros. Para poner otros ejemplos, la distancia a la que la Tierra se encuentra del Sol oscila entre los 147 y los 152 millones de kilómetros, algo mucho más parecido a un círculo que la órbita de Marte.

Kepler también se dio cuenta de que las variaciones de velocidad que los planetas experimentaban en el firmamento podían explicarse si estos se desplazan más deprisa cuando se aproximan al Sol y más despacio a medida que se alejan. Por eso los planetas con las órbitas más elípticas presentaban unos mayores cambios de velocidad durante su camino en el cielo.

Esto echaba por tierra la idea platónica de que los planetas se mueven a una velocidad uniforme a lo largo de sus órbitas.

Y, por último, como la velocidad de los planetas depende de la distancia a la que se encuentran del Sol y sus órbitas tienen forma de elipse, la relación entre el tamaño de la órbita y el tiempo que tarda un planeta en completar una vuelta a su alrededor no es lineal. Es decir, que la relación entre el «año» del planeta y el tamaño de su órbita no sigue un patrón del estilo «Un planeta cuya órbita es el doble de larga tarda el doble de tiempo en recorrerla».

De hecho, Kepler observó que el cuadrado del tiempo que tarda un planeta en dar una vuelta es proporcional al cubo de la sección más larga de la elipse. O sea que, sabiendo cuánto tardaba cada planeta en completar su órbita, se podía saber más o menos cuál era la proporción del sistema solar.

Con estas tres premisas, conocidas como las *leyes de Kepler*, ya no eran necesarios epiciclos adheridos a órbitas perfectamente circulares para explicar el movimiento retrógrado de los planetas en el firmamento, ni un punto como la *ecuante* que justificara que los planetas no se mueven a velocidades uniformes en el cielo. Había descubierto un sistema mucho más simple y elegante que, en definitiva, solo era posible si la Tierra no era el centro del universo.

Y las predicciones que se hacían con el nuevo modelo de Kepler se ajustaban mejor a la realidad que las hechas con cualquier otro sistema. Por fin, gracias al sistema heliocéntrico propuesto por Copérnico, las observaciones de Tycho y el ingenio teórico de Kepler, el Sol fue colocado en su sitio de una vez por todas.

Aun así, las ideas de Kepler no calaron hondo en la sociedad de la noche a la mañana. Una idea de la magnitud de que la Tierra está en el centro del universo, sostenida durante más de un milenio, no desaparece de la noche a la mañana y se necesitan una gran cantidad de pruebas que la respalden para que la gente esté dispuesta a cambiar de opinión. El mundo necesitaba otro tipo revolucionario que terminara de aportar pruebas que dieran sustento a la teoría heliocéntrica.

Y este otro tipo fue Galileo Galilei.

CAPÍTULO 6

ACERCANDO EL CIELO A NUESTROS OJOS: Galileo Galilei

A principios del siglo XVI se vivía un clima algo turbio en la Iglesia católica, ya que las prácticas llevadas a cabo desde Roma no eran bien vistas en el resto de Europa.

En Alemania, Martín Lutero estaba harto de observar el comportamiento impropio de la Iglesia, una institución religiosa que, en teoría, debía promover la virtud de una vida sin pecado según las enseñanzas de la Biblia. Una de las cosas que más le indignaba era la venta de indulgencias, un papel que decía que estabas perdonado de tus pecados.

Con la invención de la imprenta y la traducción de la Biblia al alemán por parte del propio Lutero, mucha más gente tuvo acceso a los textos bíblicos y pudo comprobar lo feo que era eso que estaba haciendo la Iglesia católica. Sus protestas contra el sistema católico establecido les valieron el apodo de «protestantes» por parte de los católicos y, en un clima de creciente tensión entre las dos facciones cristianas, al final los protestantes terminaron por imponerse en el país.

Para que tanto los católicos como los protestantes tuvieran claras sus doctrinas se celebró un concilio (una reunión de obispos y autoridades de la Iglesia católica) en la ciudad italiana de Trento que acabó separando a ambos grupos.

En este clima de inestabilidad religiosa, la Iglesia era especialmente susceptible a las ideas protestantes o, en realidad, a cualquier pensamiento que contradijera las Escrituras. Para protegerse de estas ideas peligrosas en 1542 se creó en Italia la Inquisición, una institución encargada de condenar acciones que consideraran heréticas.

Viendo el panorama, podemos concluir que Galileo Galilei nació en uno de los peores momentos posibles para desarrollar su trabajo.

Al contrario que los astrónomos de los que hemos estado hablando hasta ahora, Galileo no mostró una vocación especial por la astronomía o las matemáticas desde joven. De pequeño mostró interés por convertirse en clérigo, pero su padre le convenció para que estudiara medicina o, mejor dicho, el equivalente a la medicina actual de esa época, en la Universidad de Pisa.

Sentía cierto interés por las matemáticas, pero no fue hasta que asistió por equivocación a una clase de geometría en la universidad cuando decidió convencer a su padre para que le dejara cambiar la medicina por las matemáticas y la filosofía natural.[1]

La jugada le salió bien. En 1589, con veintisiete años, obtuvo el puesto de catedrático de matemáticas en la Universidad de Pisa y, tras la muerte de su padre en 1591, quedó a cargo de su hermano pequeño con quien se mudó a Padua, donde ejerció como profesor de geometría, mecánica y astronomía hasta 1610.

Además durante ese tiempo inventó el telescopio, ¿no?

Bueno..., esto..., ¿cómo decirlo? Eh... En realidad Galileo no inventó el telescopio sino que..., eh..., tomó la idea prestada, por decirlo de alguna manera.

¿EL PADRE DEL TELESCOPIO?

En 1608, los holandeses Hans Lippershey y Jacob Metius presentaron en el gobierno de La Haya dos patentes distintas en las que describían un «dispositivo para ver objetos lejanos como si estuvieran cerca».[2] Consistía en un tubo que contenía lentes cóncavas y convexas, y la combinación de estas proporcionaba una magnificación de los objetos de tres o cuatro veces su tamaño real.

Las autoridades consideraron que esta invención no «merecía» una patente porque era demasiado fácil de copiar, pero dieron una compensación económica a Metius y emplearon a Lippershey para que desarrollara una versión con binoculares a cambio de una buena suma de dinero.

Las noticias sobre la invención de estos aparatos se extendieron rápidamente por Europa y, a principios de 1609, basándose en descripciones inciertas del invento, Galileo construyó un telescopio con una magnificación de tres aumentos, lo que significa que era capaz de ampliar tres veces la imagen de aquello a lo que estuviera apuntando. A mediados de año había conseguido fabricar un telescopio de ocho aumentos y a finales, uno de veinte.

Este último telescopio, mucho más potente, es el que Galileo apuntaría hacia la Luna, el planeta Júpiter y algunos parches nebulosos en el firmamento. Un año más tarde, en 1610, publicó los resultados de sus observaciones en su tratado corto *Sidereus nuncius*, un título que se podría traducir como *Mensajero sideral* o *Mensaje sideral.* La traducción correcta sería la segunda opción, ya que, consciente de que podía parecer que intentaba darse aires de importancia, Galileo dejó claro en varios borradores que la intención del libro era «simplemente informar de las noticias sobre los últimos desarrollos en astronomía, no hacerse pasar solemnemente por un embajador del cielo».[3]

VEO VEO, GALILEO

Pudiendo ver los cuerpos celestes aumentados 20 veces, Galileo describió en su libro cosas inauditas en las que nadie había podido reparar hasta la fecha.

Observó, por ejemplo, que a medida que la Luna crece o mengua, la frontera que separa la zona iluminada de la oscura no es uniforme, sino que está plagada de irregularidades.

Este hecho le permitió deducir que la superficie lunar tiene montañas, lo que contradecía la visión aristotélica de que todos los cuerpos celestes son lisos y perfectos. Pues no, al menos uno de ellos era tan «impuro» como nuestro propio planeta.

A través de su telescopio, Galileo también reportó que veía 10 veces más estrellas que a simple vista y que algunos cuerpos nebulosos que se veían en el cielo eran en realidad cúmulos de estrellas. De la misma manera, pudo observar que la gran franja difusa que recorre el cielo, la Vía Láctea, está en realidad compuesta por «montones de innumerables estrellas agrupados en cúmulos».

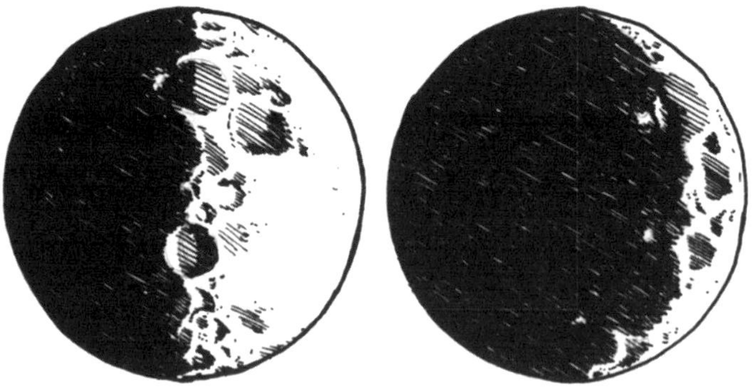

Con esta información, Galileo redibujó algunas constelaciones, marcando tanto las estrellas visibles a simple vista como las que no lo son.

Desde la Antigüedad, muchos astrónomos habían notado la presencia de estrellas nebulosas en el cielo, puntos luminosos que aparecían como difuminados y borrosos en el firmamento. Galileo pudo observar estos objetos con su telescopio y se dio cuenta de que no eran algún tipo extraño de estrellas difusas, sino cúmulos de estrellas.[4] En realidad, algunas de esas estrellas difusas son realmente gigantescas nubes de gas esparcidas por el espacio que reflejan la luz de las estrellas que las rodean y por eso parecen tener brillo propio, como es el caso de la nebulosa de Orión, pero no vamos a recriminar a Galileo por que no se diera cuenta de esto; para él era imposible con los medios de que disponía. Bastante tenía la gente de aquella época con aceptar que la Luna tenía montañas como para hablar de nubes de gas brillante en medio del espacio.

De los descubrimientos que menciona en el libro, el más notable son sus observaciones de cuatro «estrellas» alineadas alrededor de Júpiter. Después de pasar varias noches observándolas, Galileo notó que estas cuatro estrellas se mantenían siempre en línea con el Ecuador del planeta (porque las veía de lado, claro), y su movimiento era tan rápido que sus cambios de posición alrededor de Júpiter se podían observar incluso entre hora y hora.

Como estas «estrellas», además, acompañaban a Júpiter a lo largo de todo su camino por el cielo cada día, Galileo llegó a la correcta conclusión de que estaban dando vueltas alrededor del planeta.

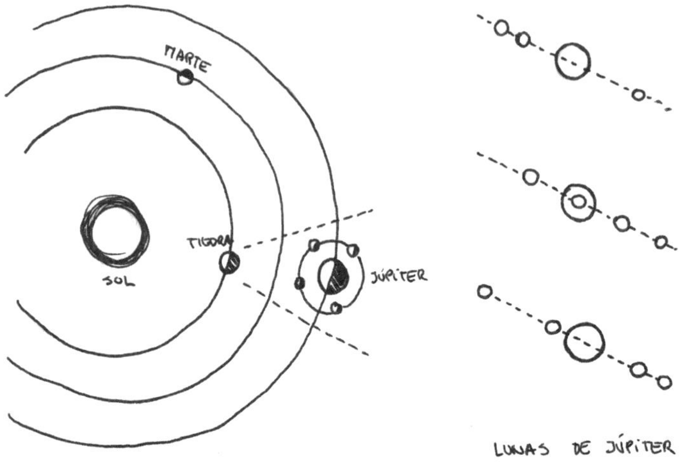

Galileo acababa de demostrar la existencia de cuerpos celestes dando vueltas alrededor de otro cuerpo que no era la Tierra. Enseguida otros astrónomos alrededor de Europa se apresuraron a corroborar este hecho con sus propios telescopios. Y esto, que parece una tontería, fue el principio de una de las bases del método científico: la que afirma que para que una observación pueda ser considerada válida debe poder ser repetida y probada por investigadores independientes.

Las observaciones documentas por Galileo en su *Sidereus nuncius* provocaron reacciones que abarcaban todo el espectro de emociones, desde la estima hasta la hostilidad y la incredulidad. El trabajo se esparció como la pólvora por Italia e Inglaterra e incluso aparecieron obras de arte basadas en él como la *Asunción de la Virgen*, de Ludovico Cigoli, en la que la virgen María aparece de pie sobre una Luna en cuarto creciente medio aplastada y llena de cráteres[5] o *La divina sabiduría* de Andrea Sacchi, donde está representado un globo terráqueo apartado del Sol, lo que simboliza que la Tierra da vueltas a su alrededor.[6]

DATO CURIOSO

Los cuatro satélites de Júpiter —Ío, Calisto, Europa y Ganímedes— fueron bautizados con los nombres de las cuatro amantes del dios Zeus (Júpiter, para los romanos) por un tal Marius, un astrónomo que había sido discípulo de Tycho Brahe. Decía que tenía el derecho de ponerles el nombre porque los había descubierto antes que Galileo, aunque más tarde se demostró que se trataba de un malentendido porque Marius utilizaba el calendario juliano, mientras que en la Iglesia se utilizaba el calendario gregoriano. Las fechas eran ligeramente distintas y, tras tener esto en cuenta, se llegó a la conclusión de que Galileo los había descubierto en primer lugar. Aun así, los nombres propuestos por Marius calaron hondo y nadie los quiso cambiar (hay que reconocer que son buenos).

No es de extrañar que el trabajo de Galileo tuviera tal impacto. Las teorías de Copérnico y Kepler eran capaces de dar una explicación matemática a los fenómenos celestes, pero la gran mayoría de la población no estaba familiarizada con las observaciones astronómicas ni con el planteamiento matemático de cada modelo cosmológico y seguía pensando que la Tierra era el centro del cosmos y que todo daba vueltas a su alrededor.

En aquel tiempo, quedaba en manos de unos cuantos eruditos valorar si el heliocentrismo tenía alguna validez o si por el contrario el geocentrismo tenía más sentido. Y, por supuesto, la mayoría de los eruditos habían sido aleccionados por la Iglesia, la única institución que impartía educación en aquella época.

Pero Galileo acababa de demostrar que las cosas no eran tan perfectas como pensábamos en el reino de los cielos con una herramienta tan simple como el telescopio, un artefacto que (dentro de lo que cabe) estaba al alcance de cualquier mercader. Ya no necesitabas ser un erudito altamente educado para estudiar el cielo: bastaba con comprar uno de esos rudimentarios telescopios y apuntarlo hacia la Luna para llegar a la misma conclusión que Galileo: la frontera entre la cara iluminada y la oscura de nuestro satélite no es uniforme y, por tanto, los cuerpos celestes no están exentos de imperfecciones como se había defendido durante toda la vida.

Pero el recién inventado telescopio aún iba a deparar más sorpresas y Galileo siguió descubriendo cosas raras en el cielo después de la publicación de su *Mensaje sideral*. El astrónomo quedó especialmente desconcertado cuando dirigió la vista hacia el planeta Saturno.

Hoy en día, todos sabemos que Saturno tiene un estupendo sistema de anillos a su alrededor compuesto por miles de millones de fragmentos de hielo y roca. Estos fragmentos varían en tamaño, desde motas de polvo hasta pedruscos grandes como autobuses, todos ellos dando vueltas alrededor del planeta y formando un disco que se extiende desde 7.000 hasta 80.000 kilómetros por encima de su superficie, pero que tiene un grosor de tan solo 10 metros.[7] El problema de Galileo es que no contaba con telescopios suficientemente potentes para poder distinguir los anillos de Saturno.

Después de apuntar su telescopio hacia el planeta durante unos años… Bueno, esto es lo que dibujó intentando plasmar lo que veía:[8]

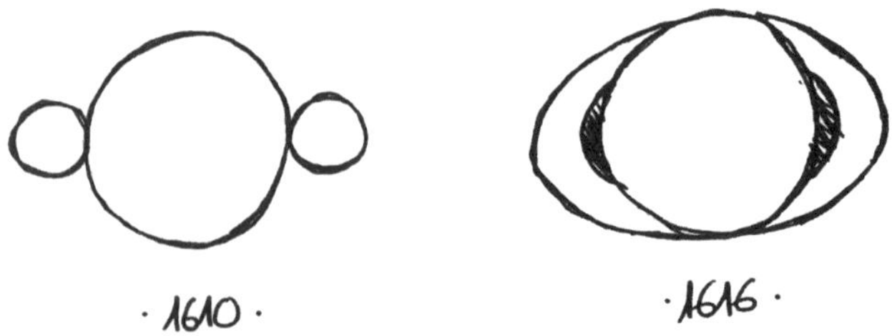

En una carta a sus patrones, los Medici, Galileo comentaba sus observaciones:

> El planeta Saturno no está solo, sino compuesto por tres, los cuales casi se tocan entre sí y nunca se mueven o cambian de posición entre ellos. Se encuentran sobre una línea paralela al zodíaco, y el de en medio [el propio Saturno] tiene un tamaño tres veces mayor que los laterales [los bordes de los anillos].[9]

En años posteriores, Galileo vería cómo estos cuerpos aparecían y desaparecían. El fenómeno responsable de este efecto óptico, como descubriría el astrónomo Christiaan Huygens en 1659, es la inclinación de casi 27° del eje de Saturno. En distintos puntos de nuestra órbita, la perspectiva desde la que vemos el sistema de anillos es diferente, de manera que cuando Saturno está de lado respecto a nosotros los anillos se convierten en una fina línea invisible (recordemos que solo tienen un grosor de unos 10 metros). Pasado este punto, el sistema de anillos se vuelve visible a medida que los dos planetas se «encaran» mientras dan vueltas alrededor del Sol.

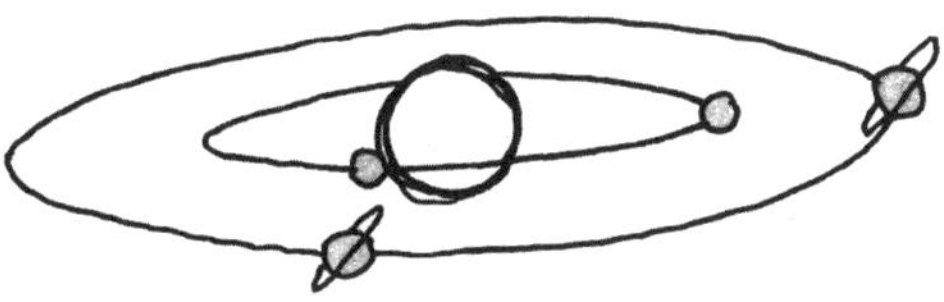

SATURNO

SATURNO

DATO CURIOSO

Sin poder hallar explicación al fenómeno que estaba observando, Galileo quedó especialmente confundido cuando esos dos «cuerpos que acompañan a Saturno» desaparecieron por primera vez de su vista. Casualmente, según la mitología, Saturno es el nombre romano del dios griego Cronos, señor del tiempo, que se comió a sus hijos para evitar que estos le hicieran la competencia. Así que no es de extrañar la confusión de Galileo. Una coincidencia con bastante mala leche, la verdad.

ADIÓS AL SISTEMA PTOLEMAICO

Hasta ese momento, las observaciones de Galileo probaban que el cielo estaba compuesto de cuerpos celestes tan imperfectos como la Tierra y que algunos de esos cuerpos ni siquiera dan vueltas a nuestro alrededor, sino alrededor de otros planetas. Pero, aunque estas observaciones servían para mermar las persistentes ideas platónicas que llevábamos siglos arrastrando, ninguna de ellas probaba definitivamente que el Sol estaba en el centro del sistema solar... Y los eruditos más obstinados eran conscientes de ello.

De hecho, Galileo mostraba su frustración en una carta a Kepler en agosto de 1610 en la que le explicaba que había filósofos que ponían en duda sus descubrimientos y, cuando les invitaba a echar un vistazo a través de su telescopio, se negaban a ello.

> Mi querido Kepler:
>
> Deseo que nos riéramos de la notable estupidez del rebaño común. ¿Qué tienes que decir de los principales filósofos de esta academia que están llenos de la terquedad de un áspid [un tipo de serpiente europea] y no quieren mirar a los planetas, la Luna o el telescopio, aun después de que les haya ofrecido libre y deliberadamente la oportunidad mil veces? Realmente, así como un áspid detiene sus orejas, de la misma manera estos filósofos cierran los ojos ante la luz de la verdad.

Galileo se quejaba también de que los astrónomos «deseaban no tener que levantar nunca sus ojos de esas páginas, como si el gran libro del universo hubiera sido escrito para no ser leído por nadie que no fuera Aristóteles y sus ojos hubieran sido destinados a dejar su interpretación para la posteridad».[10]

Pero la prueba definitiva e indiscutible a favor del heliocentrismo la descubrió a finales de 1610, cuando se dio cuenta de que, igual que la Luna, el planeta Venus también presenta fases de crecimiento y menguado.

Dependiendo de la posición de Venus en su órbita y de la posición desde la que lo observamos nosotros, veremos iluminada una parte del planeta u otra. Galileo se dio cuenta de que Venus solo puede aparecer en todas sus fases si: a) da vueltas alrededor del Sol, y b) se encuentra más cerca del

Sol que nosotros. En el universo ptolemaico observaríamos Venus solo en fase creciente, como queda plasmado en la siguiente ilustración:

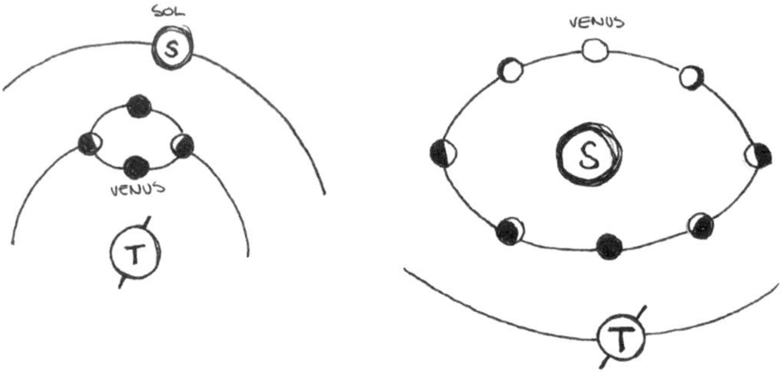

Este detalle tan simple desmoronaba de una vez por todas el sistema ptolemaico, ya que habría sido imposible observar las fases de Venus si la Tierra hubiese sido el centro del universo y todo hubiese girado a su alrededor, por muchos epiciclos que se hubieran añadido. Aun así, eso no significa que todo el mundo dijera «Vaya, qué evidencia más incuestionable» y se pasara a la teoría heliocéntrica. Muchos astrónomos dirigieron su atención entonces a modelos en los que Venus daba vueltas alrededor del Sol, como el sistema tychoniano en el que el Sol seguía dando vueltas alrededor de la Tierra.

En parte, es comprensible. No debe de ser fácil que la sociedad cambie de parecer cuando la mayoría de los intelectuales están convencidos de que la Biblia es la palabra de Dios, y, como de ella se puede interpretar que Dios dijo que la Tierra es el centro del universo, preferirán cualquier teoría que apoye esta noción a una que la contradiga. Al menos, las observaciones de Galileo ayudarían a que la idea del heliocentrismo cogiera impulso de verdad..., aunque a él le metieran en un berenjenal considerable.

En el mundo cristiano, la mayoría de la gente educada creía en el modelo geocéntrico ptolemaico no solo porque era una herramienta que había demostrado ser muy eficaz a la hora de predecir los movimientos de los planetas, sino porque además coincidía con la interpretación de algunas partes de las Sagradas Escrituras como, por ejemplo:

Tiemble ante su presencia toda la Tierra.
Ciertamente ha afirmado el mundo, y no será movido
(Crónicas 16,30).

El Sol sale, y el Sol se pone.
Vuelve a su lugar y allí sale de nuevo
(Eclesiastés 1,5).

Él fundó la tierra sobre sus bases;
no se moverá por ningún siglo
(Salmos 104,5).

Aunque, por supuesto, luego hay partes de la Biblia que se pueden interpretar de manera que parecen contradecir esta idea. Por ejemplo:

Él extiende el norte sobre el vacío
y cuelga la Tierra sobre la nada
(Job 26,7).

Todos estamos familiarizados con las contradicciones bíblicas, así que tampoco ahondaremos más en el tema. La idea básica es que la Iglesia estaba bastante satisfecha con la teoría geocéntrica y, de pronto, apareció esta idea nueva que sostenía que el Sol estaba en el centro y que explicaba mejor los movimientos de los cuerpos celestes suponiendo que las órbitas no eran círculos perfectos.

El modelo ptolemaico ya no era su mejor herramienta y ya no podían atribuir su validez a la precisión de sus observaciones porque existía un modelo mejor. Pero, claro, el heliocentrismo iba en contra de las Escrituras y no podía ser cierto. La Iglesia estaba en una encrucijada de la que se salió haciendo lo único razonable: siguieron defendiendo el modelo ptolemaico como verdadero, pero reconocieron que el heliocentrismo tenía utilidad práctica y lo utilizaron, por ejemplo, para ajustar sus calendarios en 1582.

Sin embargo, la teoría heliocéntrica no permaneció en este limbo de la aceptación para siempre. En 1616, la Iglesia no estaba para bromas. La agresiva campaña de Galileo en defensa del heliocentrismo le había hecho ganar bastantes enemigos entre los creyentes y, eventualmente, su condescendencia y arrogancia durante los debates le valieron una denuncia al tribunal de la Inquisición por parte de sus detractores, que le habían cogido bastante manía.

Entre 1545 y 1563 había tenido lugar el Concilio de Trento, que, recordemos, redefinió lo que la Iglesia católica aceptaba y lo que no para diferenciarse de los protestantes. Entre las cosas que se habían aprobado estaba la norma de que la Iglesia sería el intérprete definitivo de las Escrituras y, según estas interpretaciones, la Biblia decía que la Tierra está en el centro del universo.

En un país católico, como Italia, esto significaba que la primera teoría heliocéntrica propuesta por Nicolás Copérnico y publicada en 1543 era una obra herética, aunque en el libro se expusiera solo como una hipótesis. Teniendo en cuenta que metieron el cauteloso trabajo de Copérnico en la lista de libros prohibidos y lo reeditaron con las correcciones oportunas, es sorprendente que Galileo se las apañara para no terminar quemado en una hoguera.

Total, que el 26 de febrero de 1616 el papa Pablo V sentenció que Galileo debía abandonar sus opiniones copernicanas y, si se resistía a la sentencia, serían llevadas a cabo acciones mayores. Más específicamente, su condena fue:

Abstenerse completamente de enseñar o defender esta doctrina y opinión o de debatirla. Abandonar completamente la opinión de que el Sol permanece inmóvil en el centro del universo y que la Tierra se mueve, y por tanto no enseñar o defenderla de ningún modo, de manera oral o escrita.[11]

Después del juicio de Galileo decidieron que, ya de paso, iban a prohibir el libro de Copérnico hasta «que fuera corregido». Ni siquiera la sutilidad y la precaución que Copérnico había mostrado en su libro habían servido para librarse de la censura. Y la obra de Kepler también había sido censurada en Alemania. Como podéis ver, el ambiente no estaba demasiado abierto a las nuevas ideas, pero Galileo no se iba a quedar de brazos cruzados.

Creo que solo puedo expresar lo molesta que es esta sentencia con una viñeta.

LA FUERTE PERSONALIDAD DE GALILEO

Mientras Copérnico se había distanciado en sus escritos de su propia teoría para defenderse de posibles acusaciones de herejía, Galileo no se mostró tan cauto. De hecho, era conocido por su arrogancia y por tratar a los demás de estúpidos cuando estaba convencido de que él tenía la razón.

La egolatría le cegaba incluso cuando era obvio que sus ideas no eran correctas. En 1616 se sacó de la manga una teoría que, según él, explicaba el vaivén de las mareas.[12] Decía que el agua se veía atraída hacia el Sol cuando este aparecía en el cielo y que por eso la arrastraba. La teoría era claramente errónea porque cada día se producen dos subidas y bajadas de las mareas, y si su idea fuera acertada, tan solo subiría una vez a lo largo del día y bajaría de nuevo durante la noche. Pero pese a esta incapacidad de explicar las observaciones a un nivel tan fundamental, Galileo siguió defendiendo su validez.

Y aunque a Galileo se le daba bien mirar por el telescopio, el aspecto matemático de la astronomía parecía escapársele de las manos. Por ejemplo, aunque él mismo había descubierto que la Luna y el Sol no son los orbes perfectos descritos por Aristóteles, le resultaba inconcebible que las órbitas de los planetas fueran elípticas como defendía Kepler. Sin duda Galileo tenía un buen cacao mental encima.

En un contexto religioso tan delicado como el de la época, a Galileo le dio por escribir el *Diálogo sobre los dos máximos sistemas del mundo*. Este libro consistía en un debate entre tres personajes ficticios: un científico copernicano llamado Salvati, un erudito imparcial llamado Sagredo y un defensor de la teoría aristotélica llamado Simplicio. Creo que no hace falta destacar lo curioso que es el nombre de este último personaje, que interpretaría el papel de defensor del modelo geocéntrico.

Pero eso no es, ni de lejos, lo más descabellado de la idea que tuvo Galileo. Cuando el papa Urbano VIII, uno de los hombres más poderosos del mundo en aquella época, se enteró de que Galileo estaba escribiendo esta obra, le pidió que también incluyera sus propios argumentos.

Y a Galileo no se le ocurrió otra cosa que poner los argumentos del papa en boca de *Simplicio*.

Teniendo en cuenta que durante el transcurso del libro Salvati y Sagredo ridiculizan las ideas de Simplicio y se aseguran de hacerle quedar como un inepto, no es de extrañar que la impresión del libro fuera interrumpida de manera casi inmediata nada más ser terminado, en 1632, y que el texto pasara a disposición de una comisión especial de la Iglesia para ser sometido a examen.

Galileo fue juzgado por la Inquisición en 1633 y condenado a arresto domiciliario para el resto de su vida. También se vio obligado a abjurar de sus descabelladas opiniones acerca de que el Sol estaba en el centro del universo porque eran consideradas una muestra de herejía. Para asegurarse de que no volvía a poner en peligro la palabra de Dios, su *Diálogo* fue prohibido y se le impidió publicar más obras a partir de ese momento.

Considerando el poco sentido común que había demostrado, su castigo no fue tan bárbaro. Y más si se tiene en cuenta que su condena iba a durar solo ocho años, ya que a esas alturas, Galileo ya tenía sesenta y nueve años y murió a los setenta y siete.

Durante su vida, Galileo no solo desafió la visión aristotélica del mundo con su telescopio. Ya había comentado un par de veces que los pensadores clásicos defendían que el universo estaba lleno de una sustancia llamada éter o quintaesencia que se extendía más allá de la esfera terrestre. Este elemento puro y ligero no estaría sujeto a las leyes de la física que gobernaban el resto de los elementos, así que no era un material caliente ni frío, ni seco ni mojado. Y su movimiento natural eran, cómo no, los círculos.

En aquella época, la física dictaba que, para que un objeto permanezca en movimiento, una fuerza debe estar actuando sobre él. Parece algo muy lógico: una bola se detendrá después de un rato rodando por el suelo y una mecedora dejará de mecerse a menos que sigas empujándola. Es una idea muy razonable basada en la observación de la naturaleza que nos rodea sobre la superficie terrestre, así que ¿cómo iba a ser incorrecta?

Pero Galileo había estado trabajando con canicas y planos inclinados. Y nunca hay que subestimar a alguien que hace experimentos con canicas y planos inclinados.

Galileo hizo varios montajes con superficies en forma de «U» en los que dejaba caer las canicas desde cierta altura en uno de los extremos para ver qué altura conseguía alcanzar en el otro. Cuando se dio cuenta de que una bola nunca llegaba a alcanzar su altura original en el otro extremo de la «U», hizo pruebas con distintos tipos de superficies. No tardó en darse cuenta de que cuando modificaba la superficie de una rampa para que fuera más áspera, las bolas perdían mucha más altura.

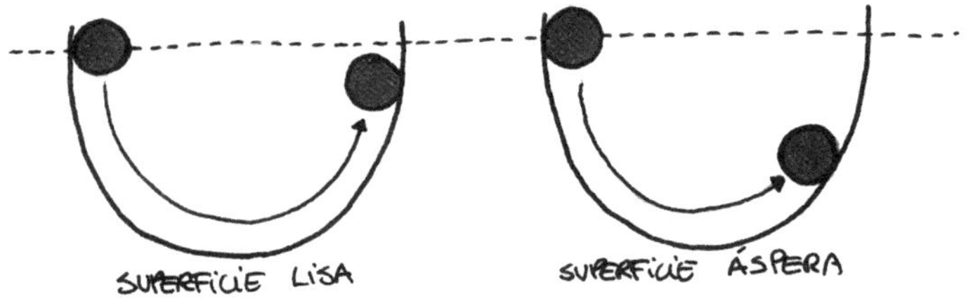

Estos experimentos le llevaron a la conclusión de que existe una fuerza, a la que llamó *fricción*, generada por la propia materia y que frena las cosas mientras se desplazan a través de o sobre ella. El suelo y el propio aire, acertó, ejercerían esta fuerza contra cualquier objeto en movimiento y por eso, sobre la Tierra, las cosas tienden a quedarse en reposo.

Pero si el espacio estuviera lleno de éter, por muy puro que este fuera, seguiría estando lleno de algo. Y el movimiento de los planetas debería estar siendo ralentizado por la fricción con ese algo. Con miles de años de observaciones a nuestras espaldas, hasta el momento nadie había encontrado ninguna señal de que esto estuviera ocurriendo. Dicho de manera más simple: si el universo estuviera inundado de éter, cada año sería más largo que el anterior porque la Tierra estaría perdiendo velocidad por la fricción ejercida por el éter y, por tanto, tardaría más en completar una vuelta alrededor del Sol.

A Galileo se le ocurrió que en ausencia de un medio material no habría fricción y cuando a un objeto se le aplicara una fuerza, este permanecería en movimiento eternamente hasta que apareciera alguna otra fuerza para frenarlo. Esta explicación permitiría que la Tierra diera vueltas indefinidamente alrededor del Sol sin ningún problema, y, una vez más, Galileo había dado en el clavo.

Aunque de concretar los detalles de este asunto ya se encargaría Isaac Newton.

CAPÍTULO 7

ENCONTRANDO LA CAUSA DEL MOVIMIENTO:
Isaac Newton

Sigamos con la historia donde Galileo la dejó. Y lo digo de manera literal porque, curiosamente, Newton nació el mismo día en que Galileo murió.

Newton pasó su infancia en una Inglaterra con un estricto gobierno puritano, que era la rama dura de los protestantes. Los puritanos eran especialmente devotos de la Biblia y defendían la infalibilidad de las Escrituras y su rol como fuente de verdad absoluta. Y además se les había metido en la cabeza que el fin del mundo estaba a la vuelta de la esquina.

Estas creencias les llevaron a intentar purificar (de ahí el nombre de «puritanos») Inglaterra del pecado. Veían el vicio y la vanidad por todas partes, así que se pusieron manos a la obra e impusieron su código de austeridad por todo el país: cerraron teatros y otras formas de entretenimiento y veían mal toda la música que no fuera eclesiástica porque decían que promovía la pereza.

En este contexto, no es de extrañar que Newton creciera y se convirtiera en un tipo..., digamos, curioso.

Era un hombre profundamente religioso, aunque a su manera. Mientras que la existencia de un único Dios le parecía absolutamente razonable, era básicamente un hereje para los estándares de la época porque consideraba idolatría la adoración a Dios a través de la figura de Jesucristo.

DATO CURIOSO

En aquella época, la Corona inglesa penalizaba las prácticas alquímicas, en parte porque había un gran número de estafadores que tomaban el pelo a los incautos, pero, sobre todo, porque temían que el oro se devaluara si alguien conseguía de verdad desarrollar la piedra filosofal.[1]

Newton estudiaba alquimia, algo que, como ya hemos visto, no era raro para la época. Más concretamente estaba interesado en la obtención de la piedra filosofal, un material capaz de convertir en oro cualquier cosa con la que entrara en contacto.

Entre sus creencias más pintorescas destacaba su convicción de que los antiguos pensadores del mundo clásico habían alcanzado el verdadero conocimiento de la realidad, pero que su conocimiento había sido codificado en las obras de filósofos posteriores de manera secreta. Newton desarrolló un especial interés por la geometría del templo de Salomón, creyendo que había sido construido bajo la guía de Dios por el rey del mismo nombre en tiempos bíblicos.

En general, Newton era bastante fan de los mensajes ocultos. Pasó también bastante tiempo buscando códigos secretos en la Biblia y, en un manuscrito de 1704, explica cómo había llegado a la conclusión de que el fin del mundo no llegaría antes del año 2060, según había podido calcular.[2] Pero el objetivo de este estudio no era simplemente ponerle una fecha de caducidad al planeta. En sus propias palabras, lo había hecho para «detener las conjeturas de hombres caprichosos que frecuentemente predicen el tiempo del final y, haciéndolo, someten las profecías sagradas a descrédito tan a menudo como sus predicciones fallan».

Pero, pese a estar tan condicionado por la religión y las Escrituras, Newton era muy empirista cuando se trataba de estudiar la naturaleza. De hecho, lo era tanto que llegó a introducirse una varilla de metal entre la parte inferior del ojo y el cráneo, solo para ver los efectos que tenía eso sobre su visión. Luego lo detalló en un manuscrito con un título muy directo: *Un experimento para poner presión en el ojo.*[3]

Hijo de granjeros iletrados, su padre había muerto antes de que él naciera. Cuando Newton cumplió los tres años, su madre se casó con otro hombre y dejó a su hijo al cuidado de su abuela.

Estuvo yendo al colegio hasta los doce años y luego se mudó a un pueblo 11 kilómetros al norte a vivir con un boticario (los farmacéuticos de la época), con quien desarrollaría interés por la «química» mientras asistía a la escuela de gramática, donde aprendió latín, griego y algo de hebreo. Cuatro años después tuvo que volver a la granja a ayudar a su madre, pero su tío, Henry Stokes, se dio cuenta de que era un granjero terrible.

Por suerte, Stokes, que había sido profesor, logró convencer a la madre de Newton de que dejara volver a su hijo al colegio para que pudiera prepararse para ingresar en Cambridge. En los apuntes tomados durante estas clases, que han sobrevivido al paso del tiempo, descubrimos que Stokes le estaba enseñando a Newton unas matemáticas que iban mucho más allá del temario impartido en cualquier universidad durante ese período.[4]

Newton accedió a la Universidad de Cambridge, donde ni siquiera terminó muchos de los libros que mandaban leer en el programa, la mayoría de los cuales trataban la filosofía aristotélica. Newton no se quedó con las ideas de Aristóteles sobre el universo, pero se familiarizó con el método aristotélico de pensar, basado en la cuidadosa observación de la naturaleza y en sacar conclusiones basadas en las evidencias.

Al parecer, los profesores de la universidad estaban más motivados por los salarios que les reportaban sus puestos de trabajo que por sus clases, así que en general Cambridge era una institución educativa bastante laxa, donde los alumnos campaban a sus anchas y aprendían más o menos lo que más les apetecía, así que Newton se dedicó a estudiar matemáticas y en 1665 recibió su título.

Aunque Newton no era astrónomo, su obra influenció profundamente en la astronomía y ayudó a despejar cualquier mínima duda que pudiera quedar sobre el modelo heliocéntrico. Estudiando meticulosamente su entorno, consiguió describir las leyes que rigen el movimiento de los objetos, además de encontrar la manera de cuantificar la misteriosa fuerza que lo atrae todo hacia el suelo y descubrió que esa misma fuerza es la responsable de mantener a los planetas en órbita. Publicó sus resultados en su trabajo *Philosophiae Naturalis Principia Mathematica*, considerada una de las obras científicas más importantes de la historia (por no decir la más importante).

LA GRAVEDAD DEL ASUNTO

A todos os sonará la historia de Newton y la manzana: sentado bajo un árbol, le cayó una fruta en la cabeza y «descubrió» la gravedad. Este es uno de los casos en los que una historia romántica resulta ser cierta... Más o menos.

Según el testimonio de William Stukeley,[5] un arqueólogo de aquella época que pudo hablar con él en persona, Newton fue a tomar un té a la sombra de un manzano después de comer y vio caer una manzana. No le cayó encima, pero lo hizo muy cerca de él. Teniendo en cuenta que han pasado trescientos años desde entonces, y lo mucho que puede llegar a ser distorsionada una historia al pasar de boca en boca, la leyenda se acerca bastante a lo que ocurrió en realidad.

La cuestión es que Newton vio caer una manzana y eso hizo que se preguntara por qué los objetos siempre caen de manera perpendicular al suelo. Pero, más importante aún, se le ocurrió preguntarse si esa fuerza invisible que hace caer las manzanas al suelo podría actuar más allá de las copas de los árboles. ¿Y si esta fuerza ejercía su influencia a cualquier altura? ¿Y si, incluso, llegaba hasta el cielo?

Una vez modelada matemáticamente (algo para lo que tuvo que inventar el cálculo integral, abriendo así una nueva rama de las matemáticas), Newton llamó a esta fuerza *gravitas*, que es la palabra en latín para «pesadez». Y, en efecto, afecta a los cuerpos celestes. De hecho, es la causa de que la Luna esté cayendo hacia la Tierra.

¡¿QUÉ?!

¿Eh? ¡Ah, no! ¡Perdón! ¡Que no cunda el pánico! ¡La Luna se está alejando de nosotros a un ritmo de 4 centímetros por año! Lo que quería decir es que la Luna se está precipitando permanentemente hacia la Tierra pero nunca acierta a caer sobre la superficie.

¿Pero...? ¿Qué diablos? ¡Esta aclaración me ha confundido aún más!

Vale, espera. Vamos por partes.

Newton había modelado matemáticamente las leyes del movimiento que otra gente, como Galileo, había deducido sin poder llegar a demostrarlas. La primera ley que gobierna el movimiento de los objetos que formuló fue: «... todo cuerpo persevera en su estado de reposo o movimiento uniforme y rectilíneo a no ser que se vea obligado a cambiar su estado por fuerzas impresas sobre él».[6]

O sea, que una cosa que se esté moviendo en línea recta seguirá haciéndolo a menos que alguna otra fuerza la desvíe.

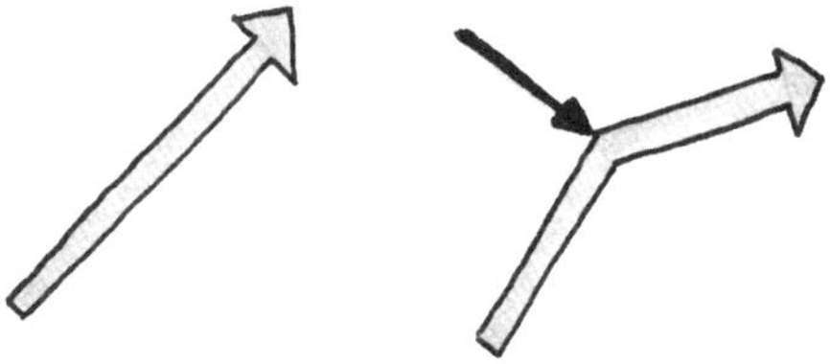

Pero la gravedad es una fuerza radial, lo que significa que no afecta a la dirección del movimiento de los objetos de la manera en que lo hace un golpe seco. La fuerza gravitatoria que sufre un objeto es constante a lo largo de su trayectoria y depende de la distancia a la que ese objeto se encuentre del origen del campo gravitatorio. Por tanto, la gravedad *curva* las trayectorias de los objetos.

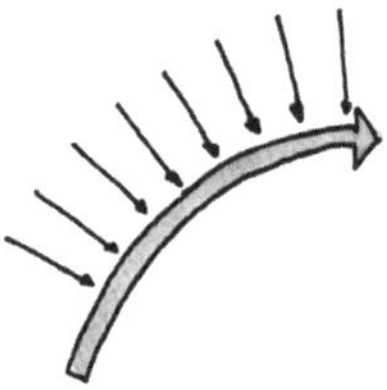

Para visualizar mejor la situación, salgamos a jugar al patio. Imaginad que tenemos agarrado entre nuestras manos el extremo de una cuerda larga que está atada a la cintura de algún amigo nuestro al que hemos instruido para que salga corriendo en diagonal en línea recta y no se detenga por nada del mundo. Es probable que le hayamos tenido que retar a algún tipo de apuesta, ya que las probabilidades de que no le interese nuestro experimento son muy altas.

El amigo sale corriendo en línea recta. Cuando llega lo suficientemente lejos y la cuerda se tensa, tiramos de ella con fuerza. Él sigue corriendo con todas sus fuerzas pero, incapaz de seguir avanzando, su trayectoria se desviará de manera que empezará a dar vueltas en círculos a nuestro alrededor. Si nuestro amigo deja de correr o disminuye su velocidad, entonces la fuerza con la que tiramos de él le atraerá hacia nosotros. Si tanto él como nosotros tuviéramos una fuerza sobrehumana y él corriera lo suficientemente rápido, entonces conseguiríamos desviar y curvar un poco su trayectoria antes de que la cuerda se partiera, y nuestro amigo saldría corriendo en línea recta hasta estamparse contra alguna pared.

A grandes rasgos, esto es lo que hace la gravedad cuando tira de los objetos que están en movimiento: una piedra, una bala, una pelota... Cualquier objeto que lancemos sobre la superficie terrestre es desviado por la fuerza de la gravedad a lo largo de su trayectoria y, si no va suficientemente deprisa, caerá al suelo.

¿Quieres decir que puedo tirar una piedra tan rápido que nunca caiga al suelo?

Por supuesto... Si tus bíceps tuvieran la potencia de un cohete. Y, bueno, si no existiera la atmósfera.

Cuando disparamos una pistola horizontalmente la bala no cae directa al suelo nada más salir del cañón, sino que parece seguir una trayectoria recta y horizontal. Pero si intentamos lanzar la bala *a mano* también en horizontal, veremos que nuestro proyectil no tarda en desviarse hacia el suelo describiendo una parábola. ¿Cuál es la diferencia? Pues que al ser disparadas con una pistola, las balas van endiabladamente deprisa.

Los proyectiles disparados por una pistola de 9 mm se desplazan a alrededor de 300 metros por segundo,[7] un poco por debajo de la velocidad del sonido. Los rifles grandes pueden propulsar sus balas a unos 900 metros por segundo, más del doble de la velocidad del sonido. Esto significa que las balas también describen una parábola antes de tocar el suelo, pero es demasiado amplia como para que notemos su curvatura en distancias cortas.

Total, que cuanta más velocidad le imprimamos a un proyectil más larga será la parábola que describirá antes de tocar el suelo y, por tanto, menor será la curvatura de su trayectoria.

¡Un momento! Como la superficie de la Tierra está curvada, ¿significa eso que podrías disparar una bala tan deprisa que la curva que describe fuera paralela a la curvatura de la Tierra?

Has dado en el clavo, *voz cursiva*. Si consigues hacer que un objeto se mueva suficientemente deprisa, la parábola que describirá será tan amplia que nunca llegará a tocar el suelo porque su trayectoria se curvará al mismo ritmo que la Tierra se curva frente a él.

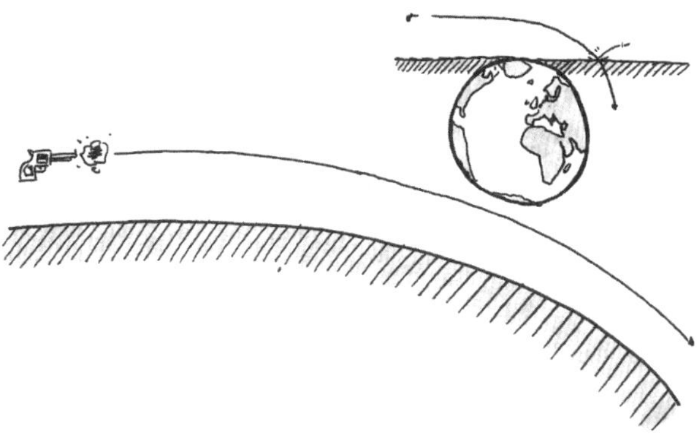

Por supuesto, es imposible que esto ocurra cerca de la superficie terrestre. Para que un objeto quede en órbita a la altura del nivel del mar debe moverse a unos 7,9 km/s o, lo que es lo mismo, 23 veces la velocidad del sonido. La interacción con el aire en este escenario ralentizaría el objeto a un ritmo elevadísimo y, para compensarlo, el objeto necesitaría una cantidad tremenda de combustible para mantener su velocidad y no estrellarse contra el suelo.

Por ese motivo los satélites dan vueltas al planeta más allá de la atmósfera y no a la altura de nuestra cintura: la ausencia de rozamiento con el aire en el espacio permite que cualquier objeto siga en movimiento indefinidamente dándole solo un empujón inicial.

NEWTON Y LAS BALAS DE CAÑÓN

Pero, bueno, la cuestión es que Newton ya se había hecho una idea de todo esto antes de que contáramos con la tecnología necesaria para mandar cosas al espacio.

Así lo ilustró en un caso imaginario que escribió en su *Principia* y en el que analizaba qué ocurriría si disparaba un cañón

DATO CURIOSO

Y, ya que estamos hablando de satélites, querría aclarar dos conceptos erróneos que las películas de Hollywood nos venden sobre los viajes al espacio.

1) Poner un cohete en órbita no es tan simple como apuntar hacia arriba, encender los motores y dejar que la gravedad haga el resto. No existe una especie de fuerza que, una vez superada la atmósfera, desvíe los satélites en una trayectoria alrededor de la Tierra por arte de magia.

Para poner algo en órbita alrededor de la Tierra hay que conseguir que la nave que queremos mandar al espacio caiga hacia el suelo al mismo ritmo que la curvatura del planeta aleja la superficie terrestre de ella. Esto solo se puede conseguir dándole una trayectoria parabólica a la nave e imprimiéndole una velocidad de 7,8 km/s. Se les suelen impartir entre 9,3 y 10 km/s para ponerlas en órbita.

Según la amplitud de la órbita que queramos que siga el satélite, la velocidad necesaria para mantenerlo dando vueltas alrededor de la Tierra cambiará. Los satélites que dan vueltas más cerca de la superficie, como la Estación Espacial Internacional (ISS), a 400 kilómetros por encima de nuestras cabezas, necesitan desplazarse a mayores velocidades porque la fuerza gravitatoria que sienten es mayor. Los satélites que dan vueltas más lejos no necesitan ir tan deprisa porque la gravedad no tira de ellos con tanta fuerza. Como ejemplo, la ISS da vueltas alrededor del planeta a 7,66 km/s, mientras que a los satélites de GPS, a 20.000 kilómetros de altura, les basta con 3,88 km/s.

2) Otro error que está muy extendido es el concepto de que los astronautas flotan en el espacio porque allí no hay gravedad.

A unos 400 kilómetros de altura, en la Estación Espacial Internacional, los astronautas sienten prácticamente la misma fuerza gravitatoria que nosotros en tierra firme. La diferencia es que ellos están cayendo permanentemente hacia la superficie sin llegar a tocarla. Es decir que, más que la ausencia de una fuerza gravitatoria, lo que experimentan es una caída libre eterna.

desde la cima de una montaña muy alta, en un lugar donde no existiera fricción con el aire. Este experimento mental pasaría a la posteridad como *la bala de cañón de Newton*.

Teniendo en cuenta que la Tierra es una esfera rodeada por un campo de fuerza que lo atrae todo, Newton planteó distintos escenarios en los que la bala de cañón salía despedida a velocidades diferentes.

A velocidades bajas, la bala describirá una parábola demasiado cerrada y caerá de nuevo hacia la superficie. Si, por el contrario, la velocidad de la bala es extremadamente alta (más de 11 km/s), entonces su trayectoria parabólica será demasiado abierta y escapará al campo gravitatorio del planeta.

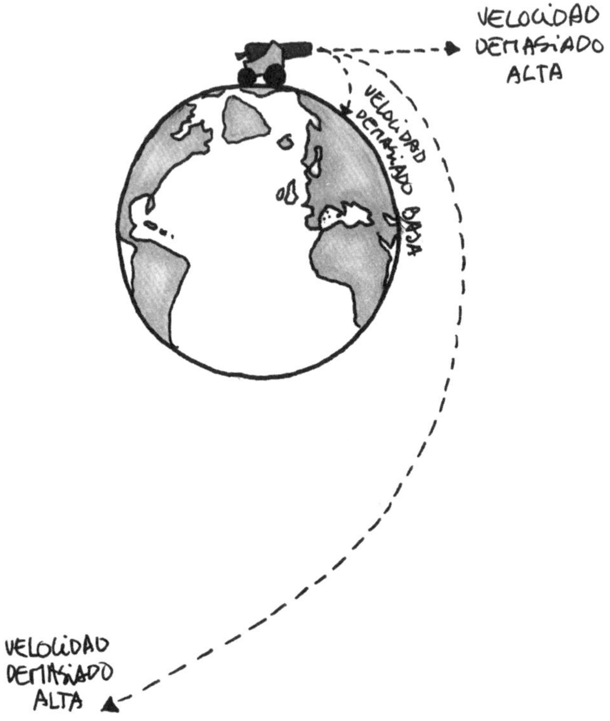

Pero, según Newton, existiría un rango de valores en el que la velocidad sería suficiente como para que la parábola descrita por el proyectil tuviera una curva similar a la del planeta y, por tanto, quedaría atrapado dando vueltas a su alrededor. En el extremo más bajo de este rango, un objeto seguiría una órbita circular alrededor del planeta y, por encima de este, la órbita se iría volviendo paulatinamente elíptica.

Estos mismos principios siguen usándose hoy en día para mandar satélites al espacio (con algunas correcciones hechas por Einstein, claro) y ponerlos en órbita alrededor de otros planetas. Y eso por no hablar de su ley de acción y reacción, que es básicamente el principio que hace despegar a los cohetes.

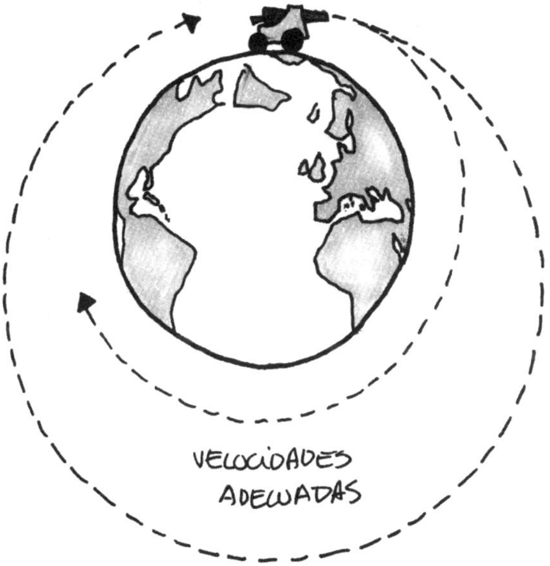

Pero, antes de seguir, aclaremos otra cosa sobre la gravedad.

Aunque Newton admitía que no fue el primero al que se le ocurrió que la intensidad de la fuerza gravitatoria entre dos objetos depende del cuadrado de la distancia por la que estén separados, sí que fue el primero en darle una magnitud con una fórmula matemática.

$$F \propto \frac{m_1 \cdot m_2}{d^2}$$

Esto significa que la fuerza gravitatoria (F) es directamente proporcional a la masa de los dos cuerpos que se están atrayendo entre sí (m_1 y m_2) e inversamente proporcional al cuadrado de la distancia que las separa (d^2). ¿Y eso qué quiere decir? Que la fuerza gravitatoria varía de manera que si duplicamos la distancia entre las cosas que se están atrayendo, notamos cuatro veces menos fuerza en vez de la mitad. Puesto de otra manera, jugando con las distancias y las masas de dos objetos, podemos ver cómo varía la fuerza gravitatoria generada entre ellos:

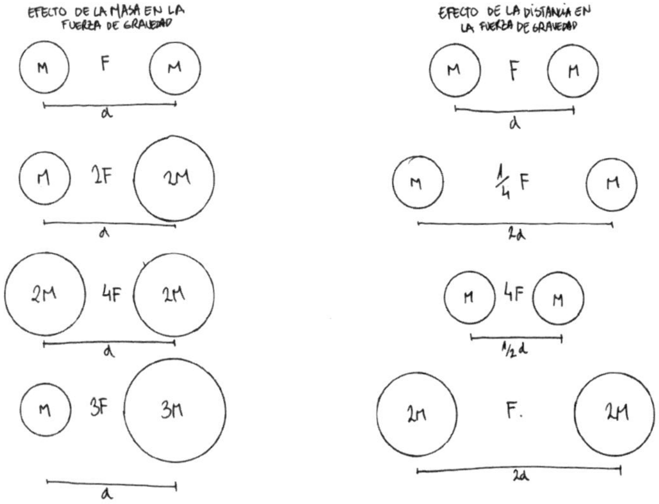

Espera, espera. ¿Has dicho que la fuerza gravitatoria depende de dos objetos? ¿Eso significa que alguien que pesa más que yo se ve atraído con una fuerza mayor hacia el suelo?

Sí… En parte.

Si aplicamos la misma fórmula a cada uno de nosotros, las masas involucradas en la «producción» de la atracción gravitatoria serán nuestro propio cuerpo y el planeta Tierra…, ¡que tiene una masa de casi seis mil trillones de kilos! Aunque dos personas tengan pesos muy dispares, la masa del planeta es tan abrumadoramente grande comparada con el peso de cada una de ellas que la fuerza gravitatoria extra que pueda notar alguien más pesado es tan insignificante que se puede considerar inexistente. Ni siquiera los edificios o las montañas tienen una masa lo suficientemente grande para provocar una diferencia perceptible.

Lo que Newton no pudo descubrir es qué magnitud tiene la fuerza gravitatoria que nos mantiene a todos pegados al suelo. Dicha fuerza fue descubierta experimentalmente en 1797 por el físico Henry Cavendish, quien demostró que en la superficie de la Tierra (y cercanías) todo objeto se ve atraído hacia el centro del planeta por una fuerza que lo acelera a un ritmo de 9,8 metros por segundo cada segundo.

Pero ya me he vuelto a ir por las ramas. Volvamos a la historia.

Todo esto puede explicarse a partir del trabajo de Newton, que por fin había dado respuesta a la incógnita de qué era lo que mantenía los planetas dando vueltas alrededor del Sol y por qué lo hacían de la manera en la que lo hacen.

Curiosamente, Newton llegó a la conclusión de que el Sol es el objeto dominante en el sistema solar y todo da vueltas a su alrededor, pero, a su vez, los planetas también tienen influencia sobre el Sol y lo desplazan un poco. Por tanto, Newton notó que la posición del centro del universo no correspondería a la Tierra o al Sol, sino el punto alrededor del cual todo gira por efecto de la gravedad.

Y tenía razón. En realidad, dependiendo de la posición de los planetas, el baricentro del sistema solar puede llegar a estar hasta a 700.000 kilómetros de la superficie solar.[8] Como consecuencia de ello, en un sistema donde varios cuerpos se orbitan entre sí, el más masivo tiene que estar en el centro o, al menos, más cerca de él que el resto.

Aunque el término «baricentro» se usa en geometría para designar el punto de intersección de las medianas de un triángulo, en física hace referencia al centro de gravedad.

En realidad, las leyes de Newton predicen que dos objetos darán vueltas alrededor del centro masa común, no que el más pequeño se pondrá a dar vueltas directamente alrededor del grande. Normalmente es difícil notar este fenómeno porque los satélites de los planetas son demasiado pequeños en comparación con los planetas alrededor de los que dan vueltas como para que el centro de gravedad del sistema quede visiblemente separado. En el caso de la Tierra y la Luna, por ejemplo, el centro de gravedad común está dentro de nuestro propio planeta a 1.707 kilómetros por debajo de la superficie. En consecuencia, el sistema Tierra-Luna se mueve así:

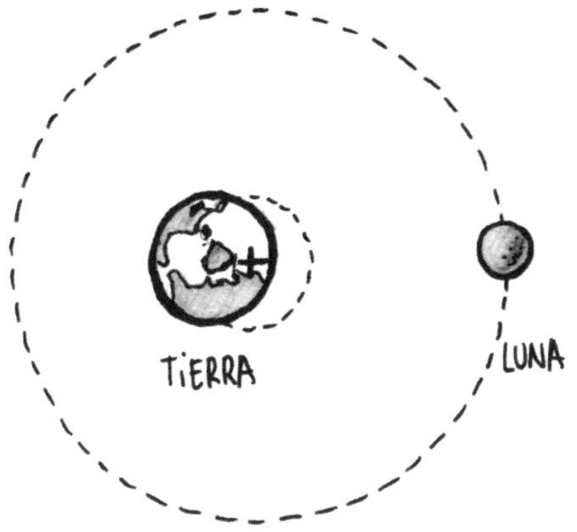

El efecto no se nota mucho, pero por suerte hay un caso en el sistema solar mucho más explícito. Este es el caso de Plutón y Caronte, el planeta enano y su satélite, que tienen masas tan similares y están tan cerca entre sí que, en realidad, ninguno de los dos da vueltas alrededor del otro. En su lugar, los dos giran alrededor de un punto que se encuentra a 19.571 kilómetros del centro de Plutón.

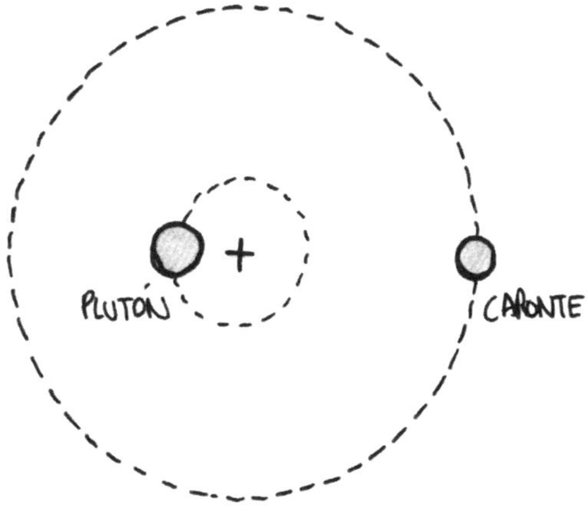

Volviendo al caso.

Que Newton se diera cuenta de que la interacción gravitatoria depende de las masas de dos cuerpos y que disminuye con el cuadrado de la distancia sirvió para demostrar que con las órbitas elípticas propuestas por Copérnico se podían explicar los cambios de velocidad de los planetas en el cielo: a medida que se acercan a los puntos de su órbita más cercanos al Sol, su velocidad aumenta y, cuando se alejan de nuevo, vuelven a decelerar.

Esto, en el fondo, ya lo apuntó Kepler con su tercera ley, cuando afirmaba que los planetas barren la misma área de sus órbitas en períodos de tiempo iguales, pero Newton le puso proporciones al planteamiento. Se puede decir que, con Newton, quedó consolidada la teoría del heliocentrismo de una vez por todas.

OTROS DESCUBRIMIENTOS DE NEWTON

Un descubrimiento poco conocido de Newton que está relacionado con romper los esquemas platónicos de geometrías perfectas fue su descubrimiento de que la Tierra no tiene forma esférica, sino *oblonga*. Es decir, achatada por los polos y con un diámetro más grande en el Ecuador.

De esto se dio cuenta al enterarse de que los relojes de péndulo con los que los marineros medían el tiempo tendían a ralentizarse un poco cerca de los polos y acelerarse en el Ecuador. Este fenómeno, que en un principio se atribuyó al clima, tiene su origen en las leves variaciones de la fuerza gravitatoria que notamos cerca del Ecuador terrestre: como el diámetro del planeta es mayor en ese punto debido a la fuerza centrífuga provocada por la rotación, hay más masa bajo nuestros pies, y una persona que se encuentre sobre él notará una mayor atracción gravitatoria. Será una cantidad imperceptible para un ser humano, por supuesto, pero los instrumentos de medición pueden llegar a verse afectados por ella.

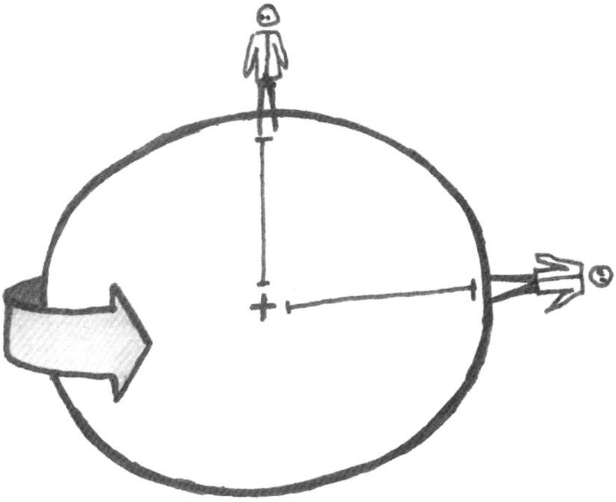

Y, bueno, como la intensidad de la gravedad determina el tiempo que un péndulo tarda en oscilar... Ya me entendéis.

Newton estaba también muy interesado en el campo de la óptica, concretamente en qué diablos ocurre cuando la luz blanca pasa a través de un prisma que provoca que esta se descomponga en todos los colores del arcoíris. En aquella época, la gente pensaba que eran, de hecho, los prismas los que coloreaban la luz.

En una sala en la que la luz solar solo podía entrar a través de una pequeña abertura en la pared, Newton estuvo probando cómo distintas configuraciones de prismas afectaban al color del rayo de luz resultante. Descubrió, por ejemplo, que la luz blanca está compuesta por todos los colores y que superponiendo la luz de distintos colores proveniente de varios prismas se podían obtener colores nuevos: luz verde a partir de azul y amarilla o violeta a partir de la roja y la amarilla.[9] También se fijó en que los colores que salen de un prisma aparecen en orden inverso a si los observamos directamente... Lo que probablemente tuvo algo que ver en la decisión que le llevó a hurgarse los ojos con agujas.

Mientras analizaba el problema, se dio cuenta de que las lentes de los telescopios causaban un fenómeno similar llamado *aberración cromática*. Su origen es similar a lo que hace que la Luna se vea de color rojo durante un eclipse: distintos colores se ven refractados en el interior de las lentes en ángulos distintos y, al final, lo que se ve por el otro lado del telescopio son dos polos rojos y azules alrededor del objeto que estamos observando.

Estos defectos de la imagen son un fastidio, así que Newton desarrolló un nuevo tipo de telescopio que funciona en realidad más bien como un microscopio. Tiene un espejo en el fondo y, a través de una lente, se puede ampliar la imagen que está reflejada en el espejo.

En fin.

La cuestión es que la idea de la gravedad como fuerza invisible que mantiene el universo en orden no calaría hondo inmediatamente porque competía con otras teorías propuestas en el momento, como la de René Descartes, que sostenía que un objeto solo podía influenciar a otro si lo tocaba. Según esta lógica, las órbitas de los planetas solo podían explicarse si el universo estaba inundado por algún tipo de fluido en movimiento que generaba remolinos (estaba usando el comodín del éter, si os dais cuenta) y en esos vórtices estarían atrapados los planetas dando vueltas. Esta idea resultaba más fácil de aceptar que la presencia de una fuerza invisible y atractiva que aparece entre dos cuerpos, por supuesto.

DATO CURIOSO

Dada su firme convicción en la existencia de un creador, Newton creía en la universalidad de la gravedad. Es decir, que esta fuerza gobierna todo lo que existe en el universo porque habría sido puesta ahí por Dios para poner orden a todo el asunto este que se le había ido de las manos. Pero, claro, al tener a Dios tan presente en la cabeza, Newton llegó a afirmar que tanto el espacio como el tiempo tenían que estar construidos a su semejanza. Es decir, viviríamos en un universo con una extensión infinita y que ha existido y existirá para siempre. En este escenario, Newton creía también que las estrellas siempre habrían estado brillando y seguirían brillando para siempre.

En 1720, el astrónomo Edmund Halley cuestionó este punto de vista. Al fin y al cabo, si el universo fuera infinitamente grande, contendría un número infinito de estrellas. Si, además, el brillo de las estrellas fuera eterno, no existiría la noche en la Tierra, ya que desde cada punto del cielo nos llegaría la luz de al menos una estrella y el cielo entero estaría iluminado de manera permanente. Como este no es el caso, la idea de Newton no podía ser correcta. Este planteamiento lo popularizaría un siglo después el astrónomo alemán Heinrich Olbers, que se llevaría el mérito porque la gente empezó a conocerlo como la *paradoja de Olbers*.

EL PASO DEL COMETA HALLEY

Aunque Newton murió en 1724, su teoría no fue aceptada hasta mucho más tarde. A pesar de que sus ecuaciones fueron utilizadas por casi todos los astrónomos para sus investigaciones gracias a la precisión que ofrecían, la validez de las leyes newtonianas no sería demostrada al público de manera definitiva hasta el año 1759, cuando el astrónomo

Alexis Clairaut utilizó sus ecuaciones para predecir el mes en el que el cometa Halley volvería a pasar.

Psss... Eso es fácil. El cometa pasa una vez cada setenta y seis años; le bastaba con ver cuándo fue la última vez que pasó y listos.

Pues no, una vez más la realidad no es tan sencilla.

La órbita extremadamente elíptica del cometa Halley lo lleva hasta la altura de la órbita de Neptuno antes de volver hacia la Tierra. Por el camino, dependiendo de la posición del resto de los planetas mientras el cometa se adentra en el sistema solar, la velocidad del cometa puede aumentar o disminuir un poco. Pero, dadas las grandes distancias y períodos de tiempo que están relacionados con la órbita del cometa Halley, ese *un poco* puede significar que llegará meses antes o después de lo esperado basado en observaciones anteriores.

Bueno, vale, pido perdón a los astrónomos históricos por infravalorarlos.

Así me gusta.

Clairaut y dos de sus discípulos, madame Lepaute y Joseph Lalande, tardaron seis meses en calcular que el cometa tardaría 618 días más en volver que en su período anterior, una predicción que anunciaron en 1758. Pero el proceso de cálculo era tan largo que temían que el cometa llegara antes de que pudieran hacer pública su predicción, así que tuvieron que hacer algunas simplificaciones y anunciaron que su cálculo podría contener un error de hasta 27 días.[10]

Finalmente el cometa Halley se dejó ver en el cielo a mediados de mayo de 1759, casi exactamente un mes después de la fecha que habían predicho, de acuerdo con el margen de error que habían previsto. Hay que pensar que en esta época aún no se conocía la existencia de Urano y Neptuno, y sin calcular los efectos de la gravedad de estos dos planetas era imposible realizar una predicción mucho más precisa.

El resultado demostraba por fin la validez de la física newtoniana. Teniendo en cuenta que Kepler había postulado que las cosas que dan vueltas alrededor del Sol tienen órbitas elípticas y que los cometas tienen las órbitas más elípticas del sistema solar, la predicción del paso del cometa Halley era la confirmación definitiva de que el sistema heliocéntrico inicialmente propuesto por Copérnico era correcto y que el Sol era el centro del sistema solar.

O sea que ya lo teníamos. Habíamos tardado cinco mil años en conseguirlo, pero por fin habíamos conseguido poner el Sol en el centro del sistema solar, donde le corresponde, y al resto de los planetas dando vueltas a su alrededor en el orden correcto. La física de Newton funcionaba tan bien que hasta el siglo XX no se produciría ninguna otra revolución en el mundo de la astronomía que nos obligara a replantearnos el lugar del sistema solar en el universo y la verdadera naturaleza del espacio.

Pero eso no significa que, mientras tanto, no ocurrieran cosas importantes.

CAPÍTULO 8

ENCONTRANDO LAS PIEZAS QUE FALTAN EN EL SISTEMA SOLAR

En 1781, cuando ya se daba por hecho que el Sol estaba en el centro del universo y que a su alrededor orbitaban seis cuerpos celestes (Mercurio, Venus, la Tierra, Marte, Júpiter y Saturno), William Herschel pudo añadir Urano a esa lista gracias al uso de telescopios cada vez más potentes.

Herschel se diferenciaba del resto de los astrónomos que hemos visto hasta el momento en que no se interesó por la observación del cielo hasta poco antes de cumplir cuarenta años. Durante toda su vida había sido músico y vivió de ello hasta que, diez años después de empezar con su nueva afición, descubrió un planeta. Algo que se dice rápido... Hay que mencionar también la inestimable ayuda que Herschel recibió de su hermana, Caroline, quien durante sus observaciones terminaría por descubrir varios cometas y se convertiría en 1828 en la primera mujer en recibir la medalla de oro de la Royal Astronomical Society por su trabajo.

En realidad, Urano ya había sido observado otras veces, pero su brillo es tan débil en el firmamento, su órbita es tan grande y se mueve tan despacio que nadie había notado sus cambios de posición respecto al resto de las estrellas, así que siempre había sido confundido con una de ellas.

Herschel pudo distinguir que lo que estaba observando no era una estrella al comparar la visión de ese cuerpo celeste con diferentes lentes que magnificaban la imagen 460 y 932 veces (recordemos que el telescopio de Galileo tan solo era capaz de producir 30 aumentos en el siglo anterior). Gracias a esto, pudo ver que cuanto mayores eran los aumentos más grande se veía el objeto que estaba mirando, lo que significaba que este se hallaba muchísimo más cerca que las estrellas del fondo, tan lejanas que no mostraban ninguna diferencia al aumentar la magnificación del telescopio (como vemos en la ilustración siguiente).

Aunque no había podido distinguir su *coma* (el envoltorio gaseoso de un cometa), Herschel pensó que había encontrado un cometa y comunicó sus coordenadas al astrónomo real. La información sobre este nuevo descubrimiento se propagó rápidamente por Europa, y otros astrónomos dirigieron sus telescopios hacia el lugar que había apuntado Herschel. Pero los demás no veían un cometa.

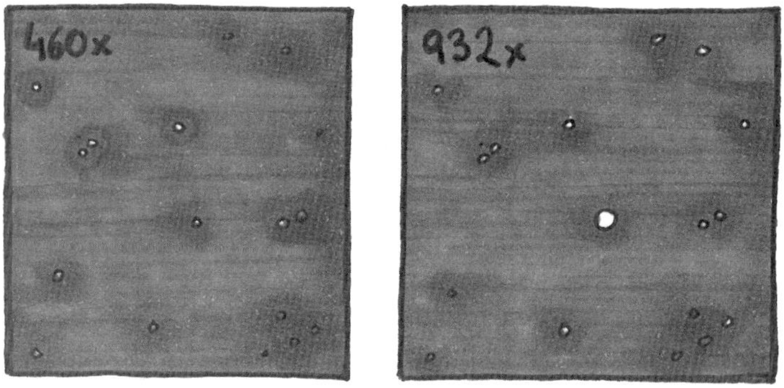

Las observaciones del astrónomo ruso Anders Johan Lexell y el alemán Johan Elert Bode mostraron que la órbita de este nuevo objeto era prácticamente circular y que se encontraba más allá de Saturno, así que descartaron que fuera un cometa, porque como hemos visto, estos dan vueltas alrededor del Sol siguiendo órbitas muy elípticas.

DATO CURIOSO

Hacía miles de años que nadie ponía un nombre a un planeta, así que el nuevo cuerpo celeste merecía uno que estuviera a la altura. Debía ser bautizado con un nombre que mostrara la magnanimidad del cosmos y que plasmara la magnitud del trabajo realizado durante miles de años que había culminado en su descubrimiento... Pero Herschel decidió fastidiarlo todo llamándole Jorge. Según él:

En los fabulosos tiempos antiguos, los nombres de Mercurio, Venus, Marte, Júpiter y Saturno fueron otorgados a los planetas porque eran los nombres de sus principales héroes o divinidades. En la presente era más filosófica sería escasamente permisible recurrir al mismo método y escoger Juno, Palas, Apolo o Minerva como el nombre de un nuevo cuerpo celeste. La primera consideración de cualquier evento en particular o incidente remarcable parece ser su cronología: si en una época futura alguien se preguntara «¿Cuándo fue descubierto este planeta?», sería satisfactorio responder: «Durante el reino del rey Jorge III».

Lo que, como apreciación personal, me parece una excusa para hacerle la pelota al rey, que acababa de ofrecerle un sueldo de 200 libras anuales (una cantidad más que respetable en aquella época) a cambio de que se mudara a Windsor para que la familia real pudiera ir de vez en cuando a mirar por sus telescopios.

Por suerte, el nombre de «la estrella de Jorge» o el «planeta de Jorge» no caló entre el público, especialmente fuera de Gran Bretaña.

Ante el descontento general se hicieron propuestas alternativas para renombrar el planeta. Se barajaban nombres como Herschel o Neptuno, aunque había quien seguía empeñado en meter la patria en el asunto y aparecieron nuevas propuestas del estilo Neptuno Jorge III y Neptuno Gran Bretaña. Finalmente, al astrónomo alemán que había colaborado en la verificación de que el nuevo objeto era un planeta se le ocurrió llamarlo Urano, dios griego del cielo e hijo de Saturno, y a todo el mundo le gustó la idea.

Así que en 1783 Herschel envió una carta al presidente de la Royal Society diciendo que «gracias a la observación de los astrónomos más eminentes de Europa parece que la nueva estrella, la cual tuve el honor de indicarles en marzo de 1781, es un Planeta Primario de nuestro Sistema solar».[1]

Años más tarde, en 1787, Herschel fue capaz de descubrir dos satélites de Urano y hubo algo que le llamó poderosamente la atención. Le pareció que las lunas «formaban un ángulo considerable con la eclíptica»,[2] pero no tenía manera de saber a qué se debía este fenómeno. Hasta 1912 no se descubriría que Urano está «tumbado» y las lunas dan vueltas a su alrededor siguiendo la dirección de su rotación.[3]

¿Cómo que Urano está tumbado?

Como hemos visto al principio, el eje de la Tierra está inclinado 23° y esto es lo que provoca los cambios de estaciones. Algunos planetas están más inclinados y otros menos. Mercurio, Venus y Júpiter dan vueltas alrededor del Sol de manera casi vertical y el resto tienen el eje inclinado alrededor de 25°.

Pero Urano no sigue a las masas. Es un planeta que transgrede las reglas dando vueltas alrededor del Sol con su eje de rotación inclinado casi 98°. Esto significa que si los planetas fueran bailarinas trazando círculos alrededor de un centro mientras giran grácilmente sobre sí mismas, Urano iría haciendo la croqueta por el suelo.

ALGO ESTABA PERTURBANDO A URANO

Croquetas y bailarinas aparte, el siguiente gran paso astronómico fue el descubrimiento de Neptuno en 1846.

Bueno, venga, te lo resumo con lo que he aprendido en este libro hasta ahora: alguien vio un punto brillante que se movía en relación con las estrellas. Fin.

Menuda impertinencia, *voz cursiva*. Además, esta vez has metido la pata hasta el fondo.

Los astrónomos que habían estado observando la órbita de Urano desde su descubrimiento, en 1781, habían notado que presentaba irregularidades que no podían ser explicadas por la teoría gravitatoria de Newton. En otras palabras, las tablas en las que aparecían calculadas las posiciones que ocuparía el planeta en el futuro no encajaban con las observaciones.

Bueno... ¿Ya estamos cambiando de modelo otra vez?

No, no, la teoría heliocéntrica estaba ahí para quedarse.

Lo que se observó es que el planeta parecía sufrir pequeños empujones y tirones a lo largo de su órbita que lo aceleraban o ralentizaban durante breves períodos de tiempo. Los astrónomos propusieron una serie de hipótesis, como que tal vez la física newtoniana dejaba de funcionar a distancias tan grandes o que simplemente se trataba de errores observacionales. Pero una de las posibles explicaciones era especialmente emocionante: había un planeta más allá de Urano que perturbaba su órbita con su campo gravitatorio (como se ve en la ilustración siguiente).

El astrónomo francés Urbain Le Verrier se puso manos a la obra y calculó la masa del supuesto objeto que estaría tirando de Urano, así como la posición en la que debería encontrarse. Como no consiguió que el gobierno francés se interesara por el asunto, mandó su predicción al observatorio de Berlín, donde apuntaron un telescopio fabricado por Fraunhofer (el tío además de descubrir líneas en el espectro luminoso, como veremos más adelante, hacía unas lentes muy buenas) hacia la zona indicada y, en menos de una hora, los alemanes encontraron el planeta a menos de 1° de la zona donde Le Verrier había predicho.

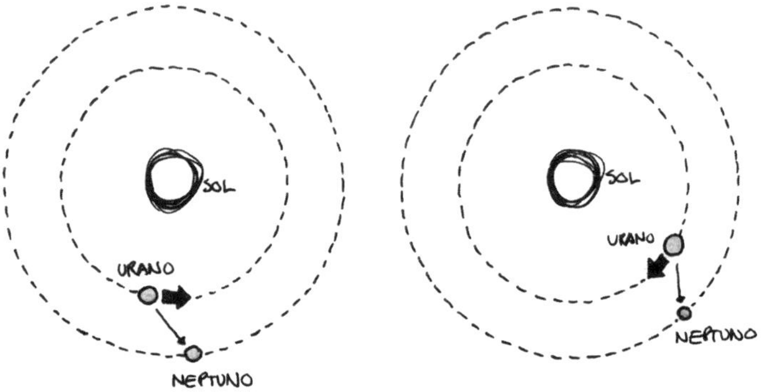

Pero el descubrimiento enseguida generó polémica.

Otro astrónomo inglés, John Couch Adams, sostenía que él había conseguido predecir la posición del nuevo planeta antes que Le Verrier y que la prueba estaba en sus cálculos. Según él, había conseguido predecir varias veces la posición en la que se debía encontrar el planeta antes que el astrónomo francés.

Podemos comparar la precisión de las seis predicciones de Adams con la única predicción que hizo Le Verrier para que vosotros mismos juzguéis quién merecía el título de descubridor de Neptuno.

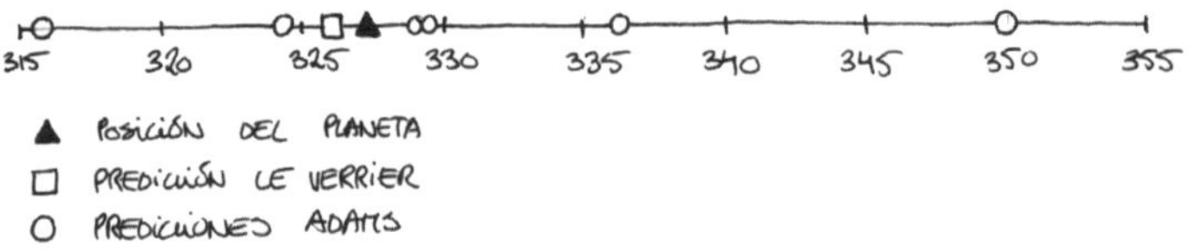

Pero, claro, en aquella época Francia y Gran Bretaña no eran los mejores amigos del mundo y este tipo de recelos no eran tratados de manera totalmente objetiva, así que la «polémica» perduró.

Para variar, había que bautizar el nuevo planeta con un nombre digno. Se sugirió llamarle Le Verrier en honor a su descubridor pero, como el nombre no encajaba en absoluto con el resto del sistema solar, la comunidad científica no tardó en cambiárselo por Neptuno para seguir con la tradición de los nombres de los dioses griegos y porque el color azul del nuevo planeta recordaba al mar.

A su vez, este descubrimiento terminó de confirmar la validez de las leyes de Newton, así que, si aún quedaba alguien que dudara de su validez y la del modelo heliocéntrico, ahora ya no tenía motivos para no cambiar de opinión.

CAPÍTULO 9

LA DIMENSIÓN DEL SISTEMA SOLAR.

Halley y sus expediciones alrededor del globo

Edmund Halley es una de esas figuras que no recibe todo el reconocimiento que se merece. Vale, es el tipo al que hace alusión el cometa Halley, pero hizo cosas más importantes durante su vida. De hecho, Halley fue uno de los primeros en respaldar el trabajo de Newton y, si no hubiera reconocido la genialidad de la obra e insistido para que la publicara, puede que al perfeccionista de Newton ni siquiera se le hubiera ocurrido publicar su *Principia*, el tratado científico más importante de la historia.

Halley se propuso medir la distancia que separa la Tierra del Sol porque, como no se conocían las distancias entre los planetas pero sí las relaciones entre el tamaño de sus órbitas, una vez obtenido ese valor se podría dimensionar fácilmente el resto del sistema solar. Y se dio cuenta de que podría medir esta distancia observando el *tránsito* de un planeta por delante del Sol.

Me explico. Cuando Venus se interpone entre nosotros y el Sol, podemos observar su silueta cruzando el disco solar. Por desgracia, es un acontecimiento muy infrecuente que tan solo tiene lugar un par de veces por siglo, y Halley calculó que los tránsitos previstos en esa época se producirían el 6 de junio de 1761 y el 3 de junio de 1769. Como había nacido en 1656, Halley supuso que lo más probable es que no viviera el tiempo suficiente (necesitaba llegar como mínimo a los ciento cinco años) para poder observarlos en persona y realizar su trabajo.

Pero aunque sabía que no podría realizar el descubrimiento él mismo, Halley propuso el método que la gente del futuro debería usar para calcular la distancia, y señaló algunos lugares desde donde el tránsito podría ser observado en su totalidad.

Para que el valor calculado de la distancia hasta el Sol tuviera alguna validez, sería necesario medir el tiempo que Venus tarda en cruzar el disco solar con un error máximo de 2 segundos en el lapso de las 6 horas y 40 minutos que dura el fenómeno. El evento tendría que ser observado desde diferentes puntos del globo para ver a Venus pasar frente a regiones de distinto diámetro del disco solar.

Además, el hecho de contar con muchos observadores pendientes del tránsito de Venus desde distintas partes del planeta minimizaba la probabilidad de que alguno de ellos se encontrara con el cielo nublado y no pudiera realizar ninguna observación.

La hazaña no estaba exenta de peligros. Algunos de los mejores lugares desde los que observar el tránsito estaban en los puntos más remotos de Siberia, Sudáfrica, Norteamérica, el océano Índico o el sur del Pacífico. El medio de transporte más eficaz de la época para llegar a lugares tan lejanos era el barco... Y las embarcaciones de aquella época no eran precisamente lujosos buques indestructibles. Por el contrario, eran navíos de madera cuyos tripulantes estaban expuestos a muchos peligros, desde el padecimiento de distintas enfermedades hasta la malnutrición o el naufragio. Y eso sin contar con que los viajes podían durar meses.

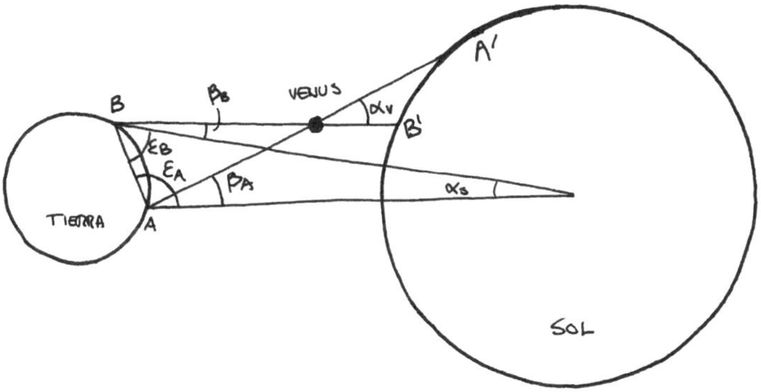

La imagen anterior es el planteamiento trigonométrico con el que se pretendía encontrar la distancia que separa la Tierra del Sol, pero no entraré en detalles porque es un berenjenal.

MANOS A LA OBRA

Total, que dieciocho años después de la muerte de Halley, astrónomos de Inglaterra, Francia y Austria empezaron a montar las seis expediciones que observarían el tránsito de 1761 y las otras cinco que partirían para observar el de 1769.

Volviendo a la astronomía, salvo por el infortunio de Le Gentil, en 1771 se reunieron todas las observaciones necesarias. El astrónomo francés Joseph Lalande contrastó todos los datos y llegó a la conclusión de que el Sol se encuentra a 153 millones de kilómetros de la Tierra, con un margen de error de un millón de kilómetros. El valor real es de 149.597.870 kilómetros, así que un error de un 1 % no está nada mal para la época.[1]

Conociendo esta distancia y sabiendo cuánto tiempo tarda cada planeta en completar una vuelta alrededor del Sol se puede calcular aproximadamente el radio de las órbitas.[2] Por ejemplo, teniendo en cuenta que Marte tarda dos años en completar una órbita alrededor de nuestra estrella y que Saturno tarda veintinueve años, las leyes del movimiento de Newton nos permiten deducir que Marte se encuentra 1,5 veces más lejos del Sol que la Tierra y Saturno 10 veces más lejos.

Como el trabajo organizado por Halley y completado por los aventureros de sus expediciones nos había dado un valor para la distancia de la Tierra al Sol, ya solo faltaba multiplicarla por el ratio al que cada planeta se encontraba para saber a qué distancia se encuentra cada uno.

Es solo entonces cuando se manifiesta la inmensidad del sistema solar, que se puede ver en la tabla inferior con los valores modernos para las distancias que separan los planetas del Sol.

Planeta	Tiempo que tarda en completar una órbita	Distancia al Sol en proporción a la Tierra
Tierra (referencia)	1 año	1 unidad astronómica (UA)
Mercurio	0,2 años	0,39 UA
Venus	0,6 años	0,72 UA
Marte	1,9 años	1,52 UA
Júpiter	11,9 años	5,20 UA
Saturno	29,5 años	9,52 UA
Urano	84 años	19,20 UA
Neptuno	164,8 años	30,08 UA

1 UA = 150.000.000 km

Esto no son valores exactos, por supuesto, porque suponen que las órbitas son círculos y que no tienen inclinaciones extrañas, pero son lo suficientemente aproximados como para

DATO CURIOSO

La historia del astrónomo francés Guillaume Le Gentil es digna de mención porque seguramente es una de las personas que ha pasado por una de las peores malas rachas de la historia. Si al pobre hombre se le hubiera ocurrido escribir un tratado humorístico con sus vivencias, a día de hoy estaríamos hablando de la «Ley de Le Gentil» en vez de la «Ley de Murphy».

Le Gentil se embarcó en una de las expediciones de 1760 hacia una isla de la India en posesión francesa, Pondicherry, para poder observar el tránsito de Venus de 1761. Vientos desfavorables retrasaron cinco semanas el viaje del barco, aunque parecía que de todas maneras iba a llegar a tiempo a la isla para observar el eclipse. Pero cuando por fin llegaron a Pondicherry fueron informados de que había estallado la guerra entre Francia y Gran Bretaña y los ingleses habían ocupado la isla, así que el barco de Le Gentil tuvo que retirarse hacia otra isla controlado por las autoridades francesas. Desafortunadamente no fueron capaces de llegar a tiempo y el tránsito de Venus le pilló en medio del mar, donde el movimiento del barco debido al oleaje imposibilitaba realizar mediciones precisas.

Como el siguiente tránsito iba a tener lugar «solo» ocho años más tarde y sabía que era la última oportunidad que se le presentaría en su vida para observarlo, Le Gentil decidió ir a lo seguro y quedarse por la zona hasta que llegara el momento. Estuvo dibujando mapas de la costa de Madagascar durante un tiempo y, llegado el día, decidió que podría seguir el tránsito desde las Filipinas, pero tuvo algunos problemas con las autoridades españolas y cambió de nuevo su destino por Pondicherry, que había sido recuperada por Francia. Consiguió desembarcar en la isla en marzo, lo que significaba que tenía tres meses por delante para montar su observatorio y esperar pacientemente a que llegara el día del tránsito de Venus. Parecía que ya nada podía salir mal, pero cuando llegó la hora el cielo estaba cubierto de nubes y, a pesar de tenerlo todo preparado, fue incapaz de ver nada.

Le Gentil estuvo al borde de la locura, pero pudo recomponerse y decidió poner rumbo de vuelta a Francia. El viaje no pudo ser más accidentado: cayó víctima de la disentería y de una tormenta que lo dejaría en la isla de Reunión, donde tuvo que esperar hasta que un barco español lo llevó a París, donde llegó dos años después de partir, en 1771. Una vez allí se enteró de que había sido declarado oficialmente muerto, que su mujer se había vuelto a casar y había dilapidado su fortuna y que su puesto en la Academia Real de las Ciencias había sido ocupado por otro astrónomo.

A pesar de todas las adversidades, Le Gentil acudió al rey y logró recuperar su antiguo puesto, volvió a casarse y, pese a parecer que la historia pretendía obligarle a saltar por un barranco, terminó viviendo felizmente otros veintiún años.

representar la escala real del sistema solar,[3] que quedaría más o menos así:

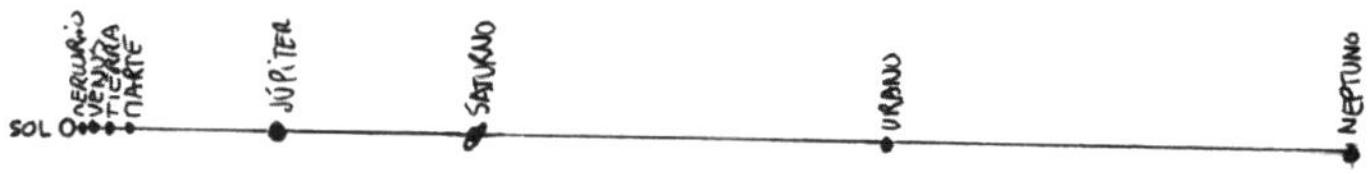

DIMENSIONANDO EL FIRMAMENTO

Como ya hemos visto cuando hemos hablado del descubrimiento de Urano, podemos distinguir los planetas en el cielo porque se encuentran mucho más cerca de nosotros que las estrellas y, por tanto, si observamos el mismo sector del cielo desde dos puntos distintos de nuestra órbita, veremos que algo se ha movido respecto a las estrellas que lo rodean.

Además, a partir del momento en el que conocimos la distancia precisa que nos separa del Sol, con este método se podía incluso calcular lo lejos que está ese objeto usando simple trigonometría.

Podéis simular este método si estiráis el brazo frente a vosotros, levantáis el pulgar y lo miráis alternando un ojo abierto y otro cerrado. Cuando cambiáis de ojo, el pulgar parece desplazarse respecto a lo que sea que tengáis de fondo. Conociendo la distancia que separa vuestros dos ojos y las dos posiciones finales de vuestro pulgar, podemos trazar dos líneas desde nuestros ojos hasta los puntos finales. En el punto donde se cruzan estará el objeto y, con simple trigonometría, podremos adivinar la distancia hasta ese objeto.

Por supuesto, nuestro cerebro hace los cálculos automáticamente y no tenemos que andar por ahí con los pulgares levantados como si le diéramos el visto bueno a todo lo que vemos. Pero esta analogía tenía una razón: el descubrimiento de la distancia que separa la Tierra del Sol nos permitía calcular la distancia que nos separa de las estrellas usando simple trigonometría.

Bastaba con medir la posición de una estrella desde dos extremos opuestos de nuestra órbita alrededor del Sol. Cada posición equivaldría a uno de nuestros ojos, y hacer una medición desde una de ellas sería como observar la estrella con el otro ojo cerrado. Sabiendo que el radio de nuestra órbita es de 150 millones de kilómetros, la distancia máxima entre los dos puntos de observación es de 300 millones de kilómetros, una cifra que se puede utilizar junto con el ángulo que parece desviarse la estrella en las dos posiciones para calcular su distancia.

Eso sí, hacen falta enormes telescopios para percibir el cambio de posición de una estrella entre un punto y otro de la órbita porque sin ellos el desplazamiento es inapreciable.

Tan pronto como aparecieron en el mercado telescopios suficientemente potentes se realizó la primera determinación de una distancia a una estrella. Esta primera medición vino de la mano de Friedrich Bessel en 1838, que calculó que la estrella 61 Cygni se encuentra a 11,41 años luz de la Tierra.[4] Es decir, a 660.000 unidades astronómicas. O, dicho de otro modo, a 98 billones de kilómetros.

Pero la técnica del pulgar levantado para medir lo lejos que están las cosas a partir de dos observaciones tiene un límite: la distancia entre nuestros ojos. Si miramos una montaña lejana y empezamos a cambiar el ojo que tenemos cerrado y el que tenemos abierto, en primer lugar la gente pensará que somos gilipuertas y en segundo lugar no veremos ningún cambio de posición de la montaña.

Este mismo efecto es el que limita nuestras observaciones para la distancia de las estrellas. Cada uno de nuestros ojos equivale a un punto opuesto de nuestra órbita alrededor del Sol, por lo que estarán separados por 300 millones de kilómetros. Igual que nuestros propios ojos tienen un límite de distancia, con este método las cosas que están separadas de nosotros a una distancia de más de 326 años luz no se pueden medir. Más allá de esta distancia, no hay manera de distinguir qué está más lejos o más cerca porque las cosas no parecen moverse aunque tengan seis meses para hacerlo.

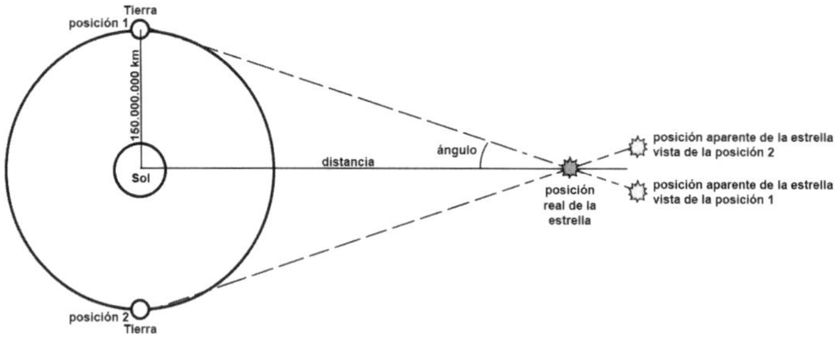

Pero esto del error es irrelevante, en realidad. Lo importante es el resultado, los 96 billones de kilómetros que nos separaban de esa estrella, una distancia inaudita para la época. Para poner la cifra en perspectiva, veamos cómo las dimensiones del universo habían cambiado con el tiempo.[5]

Hiparco calculó en el siglo II a.C. que el Sol se encontraba a una distancia 1.200 veces mayor al radio de la Tierra. Como Eratóstenes había calculado el perímetro de la Tierra con precisión, podemos asumir que las estimaciones de Hiparco situaban el Sol a un poco más de 7 millones de kilómetros de distancia de la Tierra. Una cifra que está muy alejada de los casi 150 millones reales. Ptolomeo aumentó esta cifra un poco, y llegó a la conclusión de que la distancia es en realidad de 1.500 radios terrestres o unos 9 millones de kilómetros. Igual de erróneo.

En cuanto a la distancia a las estrellas, la gente que habitaba el mundo antiguo ni siquiera era capaz de imaginarla. Aristarco sospechaba que las estrellas eran objetos como nuestro Sol y que se encontraban muy, muy lejos. Convencido de que la Tierra da vueltas alrededor del Sol, su idea estaba fundamentada en que si las estrellas se encontraran relativamente cerca deberíamos verlas moverse entre un punto y otro de nuestra órbita. Pero ya hemos visto que a Aristarco nadie le hacía ni puñetero caso.

Galileo dejó escrito lo mismo casi dos mil años después en aquel libro suyo en el que ridiculizaba a los geocentristas, y probablemente él recibiera algo más de atención que Aristarco.

En el punto de la historia en el que nos encontramos descubrimos por fin la distancia a la que se encontraba una estrella. Y la cantidad era abrumadora. Pero, como veremos más adelante, este no era más que el comienzo de una serie de descubrimientos que nos harían cada vez más y más pequeños en relación con el resto del universo.

CAPÍTULO 10

LA VELOCIDAD DE LA LUZ Y LA COMPOSICIÓN DE LAS ESTRELLAS

La naturaleza de la luz intrigaba especialmente a los astrónomos durante el Renacimiento. En general, las opiniones estaban divididas en dos bandos: los que defendían que la luz viaja a una velocidad finita y los que afirmaba que un rayo de luz se propaga de un punto a otro de manera instantánea, por lo que su velocidad era infinita. Esta cuestión se resolvió a finales del siglo XVII.

En general, hasta el siglo XVII nadie se planteaba seriamente que la luz pudiera tener una velocidad finita. Por ejemplo, si pegamos un grito en un valle notaremos que el eco tarda un poco en volver hasta nuestros oídos. O, durante una tormenta, la mayoría de las veces vemos el destello de un rayo lejano y, segundos después, llega el sonido del trueno que ha provocado. Pero no percibimos lo mismo con la luz. Al fin y al cabo, no hay ninguna situación cotidiana en la que puedas decir: «Espera un momento, creo que ese rayo de luz ha llegado a mis ojos con retraso», así que, ¿por qué alguien iba a dudar de ello?

Galileo no estaba de acuerdo con esta idea. Él tenía la teoría de que la luz tiene una velocidad finita y, por tanto, se podría medir el tiempo que tarda en propagarse. Con esta motivación inventó un inocente experimento casero para medirla.

Armados con una lámpara cubierta por un trapo, su asistente y él se situaron en la cima de dos colinas separadas por una milla (1,6 km). Galileo levantaría el trapo de la lámpara y, tan pronto como su ayudante viera el brillo desde su colina, levantaría el trapo de la suya. De esta manera, Galileo podría «cronometrar» cuánto había tardado la luz en llegar hasta su asistente y volver.

Galileo concluyó que «si no es instantánea, [la velocidad de la luz] es extraordinariamente rápida» y que al menos se desplazaba a 10 veces la velocidad del sonido.[1] Por supuesto, su idea no podía estar más equivocada.

Ahora sabemos que la luz se desplaza a casi 300.000 km/s, lo que significa que cubrió la distancia que separaba a Galileo de su ayudante en 0,000005 segundos. En comparación, los impulsos nerviosos se mueven a través de nuestros nervios a unos 100 metros por segundo.[2]

Cuando su ayudante vio el brillo de la lámpara de Galileo, sus ojos transmitieron la información a su cerebro, que, a su vez, envió una señal hacia su mano a través del sistema nervioso para que levantara el trapo. El tiempo que duró este proceso fue 50.000 veces mayor al tiempo que la propia luz había invertido en recorrer esa distancia. El sistema nervioso de Galileo sufrió también este mismo retraso, así que se puede comprender por qué este resultado no tenía ninguna validez. Pero, bueno, al menos sirvió para sembrar la duda respecto a un tema que todo el mundo daba por sentado.

UN DESCUBRIMIENTO CASUAL

En realidad, los primeros indicios de que la luz viaja a una velocidad finita fueron descubiertos accidentalmente.

Durante la década de 1670, el uso de telescopios permitía hacer observaciones de los planetas cuando estos se encuentran *en oposición* a la Tierra o, lo que es lo mismo, cuando están en lugares opuestos de sus órbitas y el Sol se interpone entre ellos. Por supuesto, durante el día el brillo del

Sol se sobrepone a la luz reflejada por cualquier planeta, así que estas observaciones debían realizarse al amanecer y al anochecer. Y esto posibilitaba la observación de los planetas durante una mayor parte de año (como se muestra en la ilustración inferior).

La cuestión es que los astrónomos Giovanni Borelli y Giovanni Cassini habían estado observando las cuatro lunas de Júpiter cuando la Tierra se encontraba entre Júpiter y el Sol. Habían utilizado relojes pendulares, mucho más precisos que cualquier otro sistema usado con anterioridad, para medir cuánto tardaba cada satélite en dar una vuelta alrededor del planeta. Los tiempos resultantes fueron: 1,77 días, 3,55 días, 7,15 días y 16,69 días.

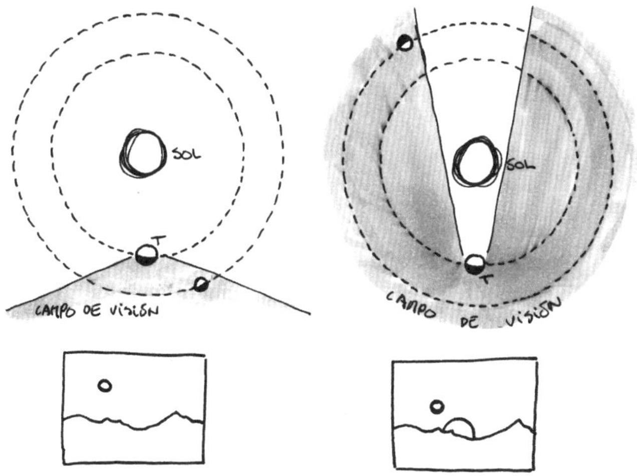

Cuando Júpiter se encontraba en oposición a la Tierra, medio año después, volvieron a medir los períodos orbitales de las lunas de Júpiter… Y quedaron sorprendidos al ver que tardaban 17 minutos más en completar una vuelta alrededor del planeta.[3] Extrañados, esperaron otros seis meses para repetir sus observaciones cuando la Tierra y Júpiter volvieran a estar en la posición inicial y comprobaron que sus satélites volvían a tardar lo mismo en completar sus órbitas que en sus primeras observaciones. «¿Qué clase de brujería era esta?», pensó con sorpresa la *dupla* de Giovannis.

Esta discrepancia tan solo podía significar una cosa: como la distancia que separa Júpiter de la Tierra es distinta entre las dos posiciones separadas por seis meses, la luz no se había desplazado por el espacio de manera instantánea. Esos 17 minutos de retraso con los que los astrónomos estaban percibiendo el movimiento de las lunas de Júpiter son los que invertía la luz en recorrer la distancia extra que separaba la Tierra de Júpiter cuando están en oposición.

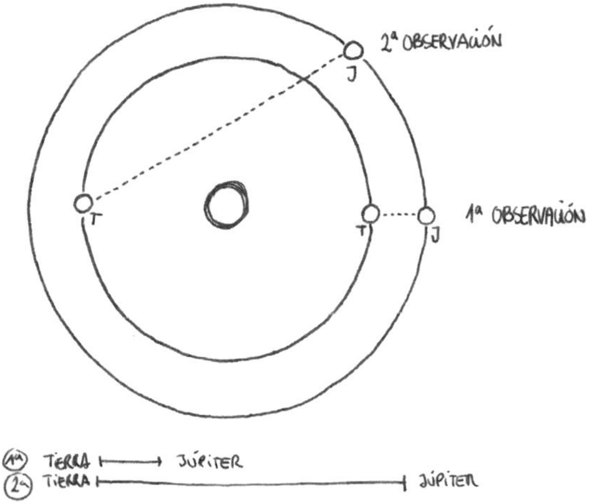

Si hubieran conocido la distancia que les separaba de Júpiter, Borelli y Cassini podrían haber calculado fácilmente la velocidad de la luz haciendo una simple división, pero por desgracia aún faltaban cien años para que se produjera el famoso tránsito de Venus que permitiría dimensionar el sistema solar.

LA BÚSQUEDA DE UN VALOR PARA LA VELOCIDAD DE LA LUZ

Eso no impidió que, en 1676, el astrónomo danés Ole Roemer se la jugara aproximando la distancia entre la Tierra y Júpiter como pudo y llegara a la conclusión de que la luz se desplaza a 214.000 km/s.

El valor era un 28,66 % menor al real, pero al menos la experiencia sirvió para comprobar que la luz viaja tan endiabladamente deprisa que no es de extrañar que nos parezca un fenómeno instantáneo.

Luego, Huygens calculó una velocidad de 209.000 km/s, una cifra que fue mejorada por Newton, que la elevó hasta los 249.000 km/s. El valor real, basado en estimaciones modernas, es de casi 300.000 km/s, o, para ser más concreto, de 299.792 km/s.

Esto tiene una implicación trascendental: si la luz no es instantánea, eso quiere decir que tarda cierta cantidad de tiempo en llegar hasta nuestros ojos, lo que significa que percibimos el mundo con un cierto retraso y, por tanto, vemos las cosas tal como se encontraban en el pasado. Por supuesto, esa cantidad es ridícula en el día a día: la luz viaja a casi 300.000 km/s, así que no tarda nada en llegar desde las páginas de este libro hasta tus ojos. Pero, claro, en distancias mayores el efecto sí se nota. La luz de la Luna tarda un segundo en llegar hasta nosotros y la luz del Sol, ocho minutos. Por tanto, cuando vemos la Luna estamos echando la vista atrás un segundo en el pasado y, en el caso del Sol, lo vemos tal y como era hace ocho minutos.

Pero, igual que había ocurrido con el resto de los aspectos poco intuitivos de la realidad descubiertos hasta el momento, la idea de que la velocidad de la luz es finita e inimaginablemente alta no fue aceptada de inmediato.

LA ABERRACIÓN DE LA LUZ

Medio siglo después del danés Ole Roemer, en 1729, el astrónomo James Bradley pudo hacer la primera estimación seria de la velocidad de la luz basándose en la *aberración de la luz* de las estrellas, un fenómeno que provoca que desde un objeto en movimiento, como la Tierra, veamos las estrellas distantes ligeramente desviadas de su posición real en la dirección de nuestro movimiento (como se muestra en la ilustración siguiente).

Para entender esta analogía, se puede comparar la situación con la sensación que notamos cuando nos pilla la lluvia por la calle. Si estamos quietos, las gotas nos caerán verticalmente sobre la cabeza, pero en el momento en que empecemos a correr notaremos que las gotas impactan contra nosotros de frente con cierto ángulo. Cuanto más rápido corramos, más cerrado será el ángulo con el que nos comeremos las gotas.

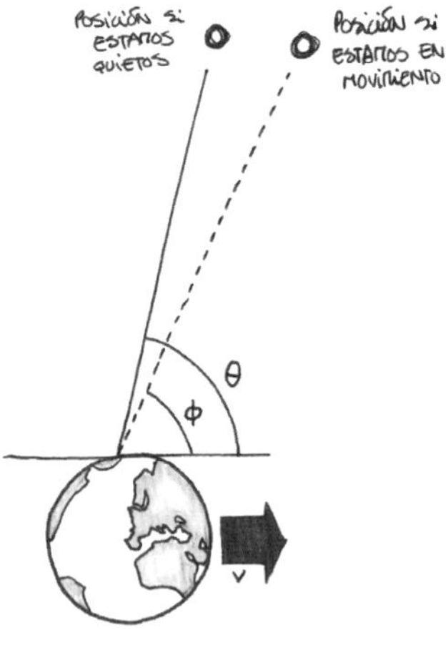

Estimando la velocidad a la que la Tierra da vueltas alrededor del Sol (porque es algo imposible de hacer de mane-

DATO CURIOSO

Para explicar cómo logran nuestros ojos detectar la luz se elaboraron teorías tan curiosas como la de Empédocles, que sostenía que en el interior de nuestros globos oculares había un fuego que posibilitaba la visión al iluminar el entorno a través de nuestras pupilas.

Esto, que parece un argumento fácil de desestimar, no fue rebatido hasta el año 1000, cuando el pensador árabe al-Haytham demostró con argumentos sólidos que dicha explicación no tenía ningún sentido. Para ello comparó el funcionamiento de un ojo con el de una cámara oscura, una caja cerrada con una lente que invierte la imagen y la proyecta en la pared opuesta de la cámara. Creía que nuestra visión era posible gracias a que la luz está compuesta de pequeñas partículas emitidas por las cosas que brillan y que rebotan contra los objetos para llegar a nuestros ojos.

ra exacta si no se conoce la distancia a la que la Tierra se encuentra de él) y midiendo el ángulo en el que la luz nos llega desviada, Bradley logró calcular que la luz viaja por el espacio a 308.000 km/s, un valor bastante aproximado a la cifra real de casi 300.000 km/s.

La primera estimación de la velocidad de la luz en condiciones controladas no llegaría hasta 1862 de la mano del físico francés Léon Foucault, que obtuvo un valor de 299.796 km/s. ¡Con solo 4 km/s de error!

¡Basta! ¡Quiero oírte hablar de astronomía! ¡Ya estoy harto de oír hablar de luz!

Bueno, bueno, pero es que comprender qué es la luz será importante para saber cómo diantres conseguimos descubrir de qué está compuesto el universo y cuál es su estructura.

Pero vamos a entrar en el tema y a relacionar la luz con la astronomía, que no quiero impacientar a la *voz cursiva*.

¿DE QUÉ ESTÁN HECHAS LAS ESTRELLAS?

Ya hemos visto que Isaac Newton había estado jugando con la luz y se había dado cuenta de que, al pasar la luz solar a través de un prisma, esta se descomponía en todos los colores del arcoíris. Era un efecto realmente estético y curioso, desde luego, pero con el tiempo resultó tener aplicaciones mucho más prácticas en el mundo de la astronomía: con él se podía ver de qué estaban hechas las estrellas.

En 1814, Joseph von Fraunhofer inventó el espectroscopio, un aparato que permitía observar los arcoíris obtenidos al descomponer la luz de distintas fuentes con un prisma con muchísima resolución.

Fraunhofer pasó a través del espectroscopio la luz de las llamas de un fuego normal y corriente para probar qué tal funcionaba. La luz de la llama se descompuso en un arcoíris que presentaba una particularidad: en medio de la tonalidad anaranjada del arcoíris aparecía una línea muy brillante de ese mismo color.

A Fraunhofer se le encendió la bombilla y pensó que, tal vez, había algún motivo por el cual la luz de la llama presentaba esta propiedad. Así que decidió apuntar su espectrómetro hacia el

Sol para ver si el arcoíris producido por la luz solar en su nueva máquina presentaba esa misma línea naranja brillante. Para su sorpresa, lo que encontró Fraunhofer al mirar el Sol no fue muy distinto. En lugar de ver, como en el caso de la luz de la llama, una sola línea brillante en la franja anaranjada, pudo observar 574 líneas oscuras repartidas por todo el espectro de colores.

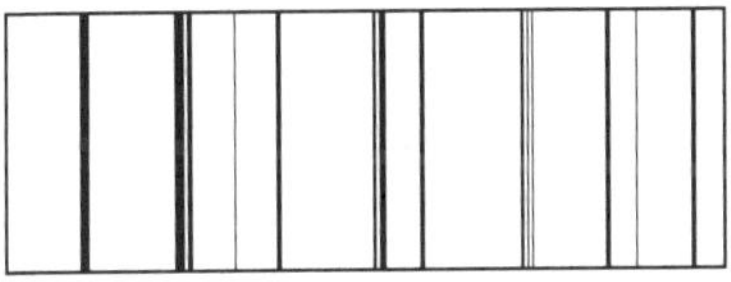

Por desgracia, Fraunhofer no vivió lo suficiente como para estudiar con profundidad estas líneas. Se dedicaba a fabricar lentes y, como muchos otros cristaleros de la época, estaba expuesto constantemente a vapores de metales pesados que con el tiempo le intoxicaron hasta causarle la muerte en 1826, a los treinta y nueve años.

Dieciocho años después, en 1844, Robert Bunsen estaba intentando estudiar el *espectro* (es la palabra técnica para decir *el arcoíris y sus líneas*) producido por las llamas de diferentes sales metálicas. Sabía que al calentar un compuesto químico, este brilla con un color característico y pretendía identificar las distintas sales a partir del color que emitían al quemarlas.

Pero se encontró con un problema: para observar el color verdadero de las llamas de estas sales e identificarlas correctamente había que asegurarse de que el brillo estaba siendo producido por el propio material y no por el combustible que estaba siendo quemado para producir el fuego.

Bunsen se dio cuenta de que, para poder conseguir un color que fuera producido únicamente por el material que estaba calentando, necesitaba una llama completamente invisible. A partir de diseños de otros inventores, en 1859 Bunsen desarrolló un quemador de gas que emite una llama muy limpia, muy caliente y totalmente transparente. Si aún sobrevive en vuestra memoria el recuerdo de alguna clase de laboratorio del instituto, este tipo es el inventor del mechero Bunsen.

La llama de un mechero Bunsen puede llegar a los 800 °C de temperatura y es una fuente de calor estupenda para tener por casa: no es más que un simple tubo por el que sale una llama transparente regulable. No hacen falta hornos, ni combustibles sólidos que te llenen el laboratorio de humo. Esto permitía por primera vez en la historia conseguir una llama muy controlada con la que poder realizar distintos experimentos en las condiciones deseadas.

Un amigo de Bunsen, el físico Gustav Kirchhoff, se dio cuenta de que los principios de este aparato podían utilizarse para desarrollar un nuevo tipo de espectroscopio que permitiera filtrar la luz ambiental al estudiar el espectro de la luz de un material para que esta no influyera en el resultado. De esta manera, podrían utilizar el aparato para estudiar esas líneas oscuras descubiertas por Fraunhofer en el espectro de los materiales con gran precisión.

Los dos científicos desarrollaron un nuevo tipo de espectroscopio que proyectaba la luz en el interior de una caja oscura, de manera que el resto de la luz del ambiente tampoco podía colarse en ella e influir en el espectro del material que estaba siendo analizado.

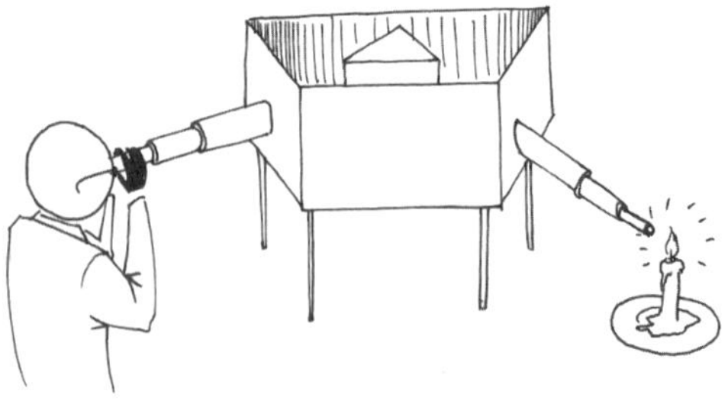

Cuando tuvieron el aparato preparado, se pusieron manos a la obra y empezaron a analizar diferentes elementos y compuestos químicos. Bunsen empezó calentando muestras de sal común con la llama del nuevo mechero y vio cómo en el espectro luminoso resultante aparecía una línea negra en la zona amarilla del espectro. Al día siguiente, hizo el mismo experimento con litio y esta vez encontró varias líneas negras repartidas por el espectro, en los colores verde, amarillo, rojo y azul. Después de probar distintas sustancias, Bunsen observó que para cada compuesto o elemento químico aparecían distintas líneas oscuras colocadas en posiciones diferentes del espectro de luz.

Cuando su amigo Kirchhoff conoció los resultados, se dio cuenta de que todas esas líneas oscuras que Fraunhofer había visto repartidas por todo el espectro de colores al descomponer la luz del Sol estaban siendo producidas por los elementos químicos que componen nuestra estrella. Si, por ejemplo, en la franja amarilla del espectro solar se observa una línea negra en el mismo punto de la franja amarilla donde aparece al quemar el litio, significa que existe litio en la atmósfera solar.

Bunsen y Kirchhoff comprobaron esta hipótesis dejando pasar la luz solar a través de la llama invisible del mechero de Bunsen y proyectando el espectro sobre la superficie oscura de su espectrómetro. Al introducir sal en la llama, las líneas brillantes del espectro de la sal se alinearon perfectamente con algunas de las líneas del Sol.[4] Ya no quedaba ninguna duda: el Sol y las estrellas estaban hechos de los mismos materiales que los que podemos encontrar en la Tierra.

En las cartas a su amigo Henry Roscoe, Bunsen explica que Kirchhoff y él pasaron noches sin dormir introduciendo cualquier sustancia que tenían a mano en las llamas con la finalidad de confeccionar un catálogo con el que comparar los espectros de distintos materiales para reconocer a qué elementos correspondían las 574 líneas presentes en

DATO CURIOSO

Este método es tan efectivo para reconocer elementos nuevos que incluso el helio fue descubierto antes en el Sol que en la Tierra. Al encontrar una línea desconocida en la franja amarilla del espectro solar, entre dos líneas provocadas por el sodio, el astrónomo Norman Lockyer y el químico Edward Frankland llegaron a la conclusión de que se trataba de un elemento desconocido. Lo bautizaron con el nombre de *helio*, en referencia al nombre *helios* con el que los griegos se referían al Sol, y no fue detectado en nuestro planeta hasta 1882, después de que el físico Luigi Palmieri analizara el espectro de una muestra de lava del volcán Vesubio.[5]

el espectro de la luz solar. Finalmente, en el trabajo que los dos científicos publicaron en 1859, llegaron a la conclusión de que «las líneas oscuras del espectro solar que no están causadas por la atmósfera terrestre aparecen por la presencia en la atmósfera solar incandescente de esas sustancias cuya llama produce líneas brillantes en la misma posición».[6]

Y con este descubrimiento le dieron una buena lección al filósofo Auguste Comte, que en 1842 afirmó que:[7]

> De todos los objetos, los planetas son los que se nos aparecen en el aspecto menos variado. Vemos cómo podemos determinar sus formas, sus distancias, su masa y sus movimientos, pero nunca podremos saber nada sobre su estructura química o mineralógica y, mucho menos, la de seres organizados viviendo en su superficie.

En aquella época fueron capaces de reconocer 574 líneas en el espectro solar e identificar unas cuantas. Hoy en día, tras casi dos siglos de mejoras tecnológicas, conocemos millones de ellas.

A partir de ese momento se pudo saber que la composición de las estrellas corresponde, más o menos, a un 90 % de hidrógeno y un 10 % de helio, con algunas trazas de elementos más pesados.

La espectroscopia revolucionó el estudio del cielo porque a partir de ese momento podíamos ver de qué estaban hechos esos puntos brillantes en el cielo que durante milenios nos habían intrigado y alrededor de los que habíamos construido leyendas con tal de explicar su existencia. Además, este nuevo descubrimiento hizo patente que, poco a poco, el papel del astrónomo estaba cambiando. Para descubrir los secretos del firmamento ya no bastaba con estudiar el movimiento de los cuerpos celestes. Newton había incluido la física en la astronomía y ahora la química también había entrado en juego.

¿No te alegras ahora de haber leído tanto sobre la luz, *voz cursiva*?

CAPÍTULO 11

EL SOL TAMPOCO ES EL CENTRO DEL UNIVERSO...

Y las estrellas no están tan quietas como pensamos

Ahora sabíamos que la luz podía ayudarnos a conocer la composición química de las estrellas, pero aún quedaba por averiguar qué era la luz en sí. Es decir, con el espectroscopio podíamos interpretar unos colores y unas líneas oscuras, pero no sabíamos qué las provocaba.

Resultó que la respuesta estaba, en parte, en esos pedruscos mágicos que se atraían entre sí y que se conocían desde tiempos inmemoriales. ¿Cómo los llamamos ahora? Ah, sí, *imanes*.

A lo largo de la historia, siempre ha existido polémica en torno a la profunda reflexión sobre qué puñetas es la luz. Básicamente, en el mundo había dos clases de personas (otra vez): las que creían que la luz era una especie de onda y las que decían que estaba compuesta por partículas.

Los filósofos griegos eligieron bando hace más de dos mil años sin darse cuenta: mientras que Aristóteles propuso que la luz es una perturbación en el aire, Demócrito defendía que todo lo que contiene el universo, incluyendo la luz, está compuesto por diminutos subcomponentes indivisibles.

Fue en el siglo XIX cuando el físico escocés James Clerk Maxwell se encargó de responder a la pregunta milenaria: ¿qué es la luz?

Maxwell había demostrado tener una curiosidad sin precedentes desde que era muy pequeño y escribió su primer tratado científico a los catorce años en el que diseñaba un aparato

DATO CURIOSO

Maxwell demostró también que los anillos de Saturno no podían ser un objeto sólido porque en ese caso su órbita no sería estable alrededor del planeta y dedujo que debían de estar compuestos por numerosas partículas pequeñas que dan vueltas independientemente alrededor del planeta. Su hipótesis no se dio por cierta hasta 1980, cuando la sonda espacial *Voyager* pasó por delante de Saturno y comprobó que, en efecto, Maxwell estaba en lo cierto.

con el que dibujar figuras geométricas. Desarrolló un profundo interés por la luz y, a los veinticuatro años, demostró que la luz blanca viene de la combinación de la roja, la azul y la verde con un experimento que cualquiera puede probar en casa. Basta con hacer un disco con estos tres colores, añadirle un eje y ponerlo a girar en el suelo como una peonza y, mientras da vueltas, veremos cómo los tres colores desaparecen para dar lugar al blanco.

LA NATURALEZA DE LA LUZ

Maxwell conoció a Michael Faraday, un profesor cuarenta años mayor que él, que había descubierto el efecto de la *inducción electromagnética*.

Ya empezamos otra vez con las palabras complicadas.

Esto, que parece muy complicado, en realidad es un concepto muy simple. Tan solo significa que cuando un material que conduce la electricidad (como el cobre o el hierro) se ve influenciado por un campo magnético que aumenta y disminuye de intensidad, entonces aparece una corriente eléctrica en este material. A su vez, una corriente eléctrica también es capaz de crear un campo magnético a su alrededor.

Ese es el motivo, de hecho, por el que los cables de alta tensión tienen que estar bien separados. La corriente que pasa por su interior produce un campo magnético a su alrededor y, si dentro de ese campo magnético hay otro cable, en él aparecerán corrientes eléctricas extra que podrían dañarlo.

Todos estaréis familiarizados con la típica representación de un campo magnético, compuesto por una serie de líneas que van de un polo al otro de un objeto con propiedades magnéticas. Si alguna vez habéis espolvoreado virutas de hierro alrededor de un imán, habréis notado cómo tienden a agruparse alrededor de estas líneas.

Si movemos este campo magnético a lo largo de un material conductor, los electrones que contiene se moverán y producirán una corriente eléctrica (que, en realidad, no es más que un flujo de electrones).

Después de pasar un tiempo haciendo experimentos con electroimanes para intentar describir su comportamiento, en 1861 Maxwell publicó su trabajo *Líneas físicas de fuerza* en el que describía las ecuaciones que gobernaban este fenómeno. Entre otras cosas, explicaba cómo las corrientes eléctricas generadas por los imanes en los cables se propagaban como lo haría una onda, y llegó a la conclusión de que la luz y el magnetismo son efectos de la misma sustancia y que la luz es una perturbación electromagnética propagada a través del campo de acuerdo con las leyes electromagnéticas.[1] Más concretamente, Maxwell defendía que la luz consiste en ondulaciones transversales del mismo medio, que es la causa de los fenómenos eléctricos y magnéticos.[2]

O sea, que la luz es una onda que, en vez de estar compuesta por frentes de altas y bajas presiones, como el sonido, consiste en fluctuaciones de un campo magnético y uno eléctrico.

Estupendo. ¿Y QUÉ?

Hummm... La verdad es que la luz es uno de los temas complicados. Vamos a ver.

Al tirar una piedra a un lago, esta perturba la superficie del agua porque la piedra pasa a ocupar el espacio en el que antes había un líquido. Ese líquido tiene que desplazarse para quitarse de en medio, así que por un lado sale volando hacia arriba y, como todo líquido tiende a formar una superficie plana, el agua que no ha tomado suficiente impulso para ser eyectada hacia el aire se desplaza hacia los lados para disipar la energía.

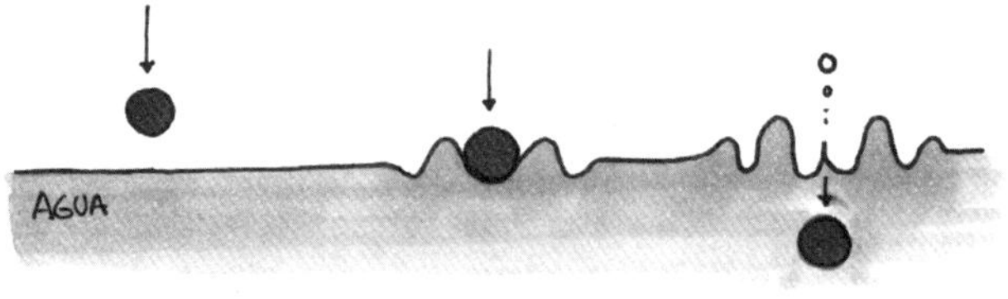

A medida que las ondas se alejan de la zona de impacto en un patrón circular, van perdiendo altura y anchura rápidamente hasta que a suficiente distancia del punto donde la piedra ha caído se vuelven indistinguibles del agua que está en reposo.

Las olas sobre el agua, por tanto, son un caso de una onda que se propaga en dos dimensiones.

Pero las ondas pueden propagarse también en tres dimensiones, formando una esfera en vez de un círculo. Este es el caso del sonido, consistente en frentes de aire de alta y baja presión que se alternan a medida que inundan la atmósfera. Estas variaciones de presión llegan hasta nuestros oídos y hacen vibrar nuestros tímpanos porque los frentes de alta presión lo empujan hacia dentro y los de baja presión «tiran» de él. Según el ritmo al que se suceda esta vibración, nuestro cerebro interpretará el sonido de distintas formas: percibimos los frentes de presión anchos como sonidos graves y los pulsos cortos como ruidos agudos.

Pero, claro, si nuestros tímpanos vibran demasiado despacio o demasiado rápido, nuestro cerebro es incapaz de distinguir las oscilaciones y, por tanto, es incapaz de procesar la vibración que provocan, así que, aunque nuestros tímpanos sigan vibrando *on fire*, no oímos nada. Este es el límite de audición humano, el rango comprendido entre 15 y 18.000 pulsaciones de estas ondas de presión cada segundo.

Llamamos *infrasonidos* a los ruidos que están por debajo de 15 pulsaciones por segundo y *ultrasonidos* a los que pulsan por encima de 18.000. Pero que no podamos oírlos no significa que no existan: los perros, por ejemplo, que tienen un rango auditivo mayor que los humanos, pueden oír sonidos con pulsaciones más rápidas que nosotros. Por eso nosotros podríamos estar en medio del campo pensando que solo el agradable trinar de los pájaros y las cigarras rompe el silencio sepulcral mientras nuestro perro podría estar volviéndose loco buscando de dónde procede el pitido que le está taladrando los oídos.

No sé si te has dado cuenta de que has empezado hablando de la luz y has acabado hablando de orejas y perros, ¿eh?

Pero es que precisamente *la luz se comporta de manera parecida a una onda de sonido*: es una perturbación tridimensional que se expande de manera esférica por el espacio. Aunque, claro, la luz no está compuesta por frentes de altas y bajas presiones que se van alternando, sino, como Maxwell había descubierto, por campos *eléctricos* y *magnéticos* cuya intensidad va creciendo y decreciendo mientras se propagan por el espacio. Y de ahí que se diga que la luz es una *onda electromagnética*.

De la misma manera que un sonido nos parece más agudo o más grave según su longitud de onda, cuando la luz impacta contra nuestras retinas, nuestro cerebro interpreta su longitud de onda como un color distinto, correspondiendo las ondas más cortas a colores más azulados y las más largas a colores rojizos.

Pero, igual que nuestros oídos solo pueden detectar los sonidos en un rango determinado de frecuencias, nuestros ojos solo son capaces de detectar ondas electromagnéticas con longitudes de onda de entre 390 y 700 nanómetros (o, lo que es lo mismo, milmillonésimas de milímetro).

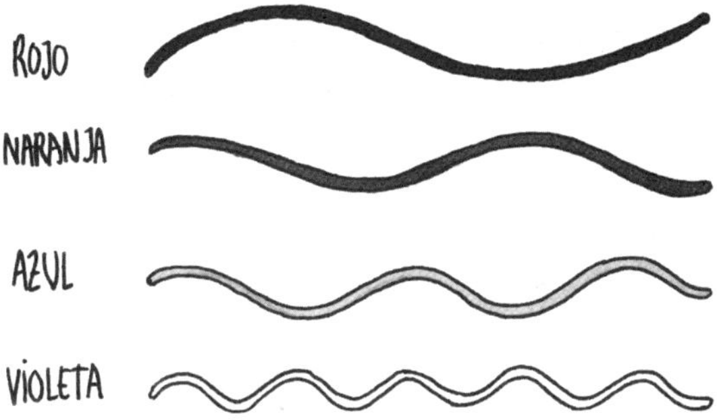

Ahora que ya sabemos cuál es la naturaleza de la luz por fin podemos ver cómo influenció su estudio en el avance de la astronomía...

¡ALELUYA!

... Pero antes vamos a hablar de ambulancias.

Pero ¿qué...?

No te preocupes, *voz cursiva*, será solo un momento.

Hoy en día se sabe que el comportamiento de la luz es un tanto complejo: en determinadas situaciones, puede comportarse como una onda o como una partícula. Ambos estados no son excluyentes, lo que significa que la luz puede ser onda y partícula al mismo tiempo.

LAS AMBULANCIAS Y EL EFECTO DOPPLER

¿Alguna vez ha pasado una ambulancia por delante de vosotros a toda velocidad? Bueno, vale, no tiene por qué ser una ambulancia, puede ser cualquier tipo de vehículo escandaloso. Yo qué sé, un coche con la música a todo volumen también vale.

Si es así, habréis notado que el sonido emitido desde el vehículo parece sonar en un tono agudo cuando se acerca, recupera el tono normal cuando pasa por delante de vosotros y se vuelve grave cuando se aleja.

En 1842 no existían las ambulancias ni los coches ruidosos, pero el físico Christian Doppler pudo descubrir la causa de este fenómeno. Y el secreto está en las ondas.

Como hemos visto, el sonido está compuesto por ondas de presión que se propagan por el espacio y que su longitud de onda determina el tono con el que lo escuchamos. Pues bien, cuando un objeto en movimiento emite algún ruido, las ondas sonoras se comprimen enfrente de él y se distancian entre sí por detrás.

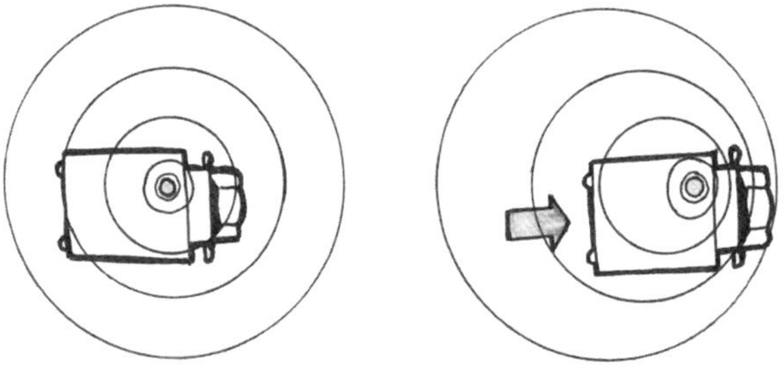

Doppler predijo que este mismo efecto se podría observar en cualquier tipo de onda emitida por un objeto en movimiento. Resulta que las estrellas son objetos en movimiento que emiten luz, que no es más que otro tipo de onda y, como habréis adivinado porque ya hemos visto qué relación existe entre la longitud de onda y los colores, en su caso las ondas comprimidas frente a ellas adoptarán un tono más azulado al ver su longitud de onda reducida, mientras que las ondas que quedarán atrás presentarán una tonalidad rojiza al quedar las ondas más estiradas.

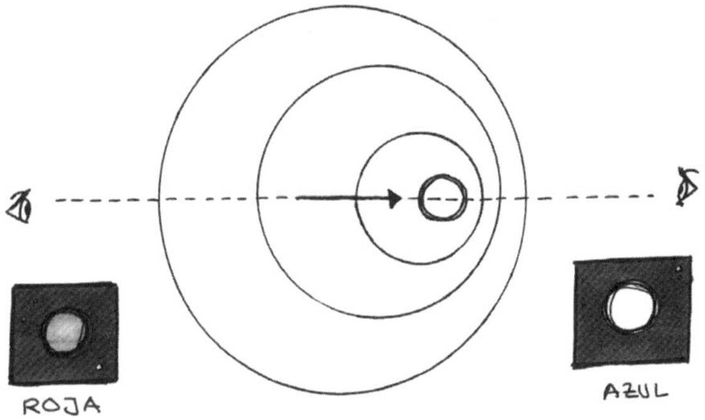

Entonces, ¿todas las estrellas rojas se están alejando de nosotros y las estrellas azules se están acercando?

No, no. Aunque Doppler así lo supuso al principio, para que una estrella que emite luz blanca se vea azul o roja debido únicamente a este efecto debería estar moviéndose a una fracción considerable de la velocidad de la luz. Y ese, por suerte, no es el caso.

El principal responsable del color de las estrellas es su temperatura, aunque su composición química también tiene cierta relevancia.

Si empezamos a calentar un pedazo de metal, veremos que a medida que aumenta su temperatura empezará a brillar con un color rojizo hasta los 1.000 °C. Si aplicamos más calor, el tono irá volviéndose más anaranjado y brillante hasta llegar a los 3.000 °C y, si subimos la temperatura aún más, adoptará un color amarillento hasta alcanzar los 6.000 °C. Si el trozo de metal se calienta más allá de esta temperatura, su brillo se convertirá en un fulgor cegador blanco. A temperaturas de alrededor de 10.000 °C, el brillo se volverá azulado.

Con las estrellas ocurre lo mismo. Las estrellas más calientes brillan con tonalidades azuladas, mientras que las más frías presentan colores rojizos. Y de la temperatura de su superficie es precisamente de donde viene el brillo del Sol: con una temperatura superficial de unos 6.000 °C, el gas que lo compone está incandescente y emite una enorme cantidad de luz.

LAS ESTRELLAS SE MUEVEN

¿Os acordáis de las líneas oscuras que aparecen al descomponer la luz que emite un objeto? Pues, en realidad, cuando se dice que *la luz de una estrella se desplaza hacia el rojo cuando esta se aleja de nosotros o hacia el azul cuando se acerca* significa que todas las líneas negras que contiene su luz se desplazan hacia un extremo u otro del espectro de colores.

Por ejemplo, si queremos saber hacia dónde se está moviendo una estrella, descompondremos su luz para ver dónde están sus líneas oscuras y las identificaremos. Un elemento que se utiliza habitualmente para este proceso es el hidrógeno porque..., bueno, porque ya hemos visto que representa un 90 % de la masa de una estrella.

Bastará con buscar las líneas correspondientes al hidrógeno en el espectro de la estrella y ver si aparece en una posición distinta a la que debería estar y, si todas las líneas han sido desplazadas hacia el extremo violeta, significa que la estrella se está acercando. Si, por el contrario, se han desplazado hacia el extremo rojo, se estará alejando.

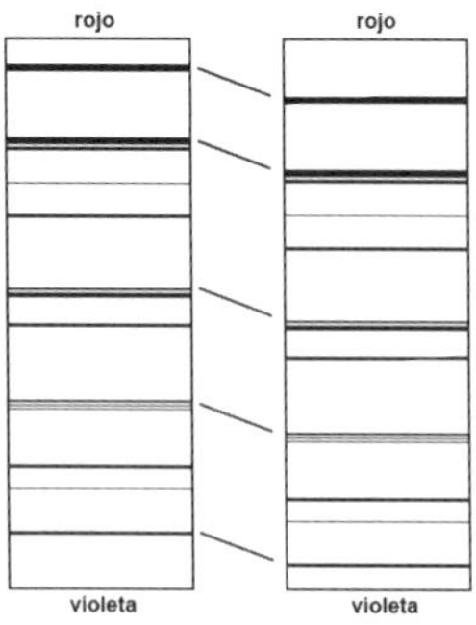

Sabiendo lo desplazadas que están las líneas en el espectro electromagnético se puede calcular fácilmente la velocidad del objeto que emite la luz con una ecuación matemática.[3] Y este es el método que utilizó el astrónomo William Huggins en 1868 para determinar, por primera vez, la velocidad a la que se desplazaba una estrella. El resultado tenía una gran trascendencia porque no solo se dio cuenta de que el firmamento no es tan inamovible como parece, sino que, además, ayudó a descubrir que el Sol tampoco es el centro del universo.

EL SISTEMA SOLAR SE MUEVE

En el siglo XIX todo el mundo aceptaba que el Sol se hallaba en el centro del sistema solar y, como hemos visto un par de capítulos antes, se había descubierto que las estrellas están tremendamente lejos de nosotros. Se sabía que las estrellas también se movían, pero ¿alrededor de qué daban vueltas? ¿Podría ser del Sol? Dada la distancia que nos separa de ellas y el hecho de que su composición química sugería que eran objetos muy parecidos al Sol, esta parecía una idea difícil de concebir.

Desde luego, el astrónomo William Herschel no creía que el Sol fuera el centro del universo ni que el resto de las estrellas dieran vueltas a su alrededor. Además de encontrar pares de estrellas dobles, es decir, estrellas que se orbitan entre sí, en 1802 descubrió que las leyes de la gravitación que funcionan para modelar y predecir el comportamiento de los cuerpos que componen nuestro sistema solar se cumplían también para el resto de las estrellas.

Herschel intentó buscar pruebas que respaldaran su idea pero, por desgracia, no tenía las herramientas necesarias como para hacerlo de manera sencilla porque murió en 1822... Y Bunsen y Kirchhoff no inventaron su espectroscopio hasta 1859. Por otro lado, el primer telescopio suficientemente potente como para observar el paralaje (el cambio de posición perceptible desde puntos distintos de nuestra órbita) de las estrellas no se inventaría hasta 1838. Entonces, ¿cómo iba Herschel a observar el movimiento de las estrellas sin estas herramientas, si están tan lejos que durante una vida humana no se puede distinguir su cambio de posición aparente en el firmamento?

La respuesta es muy curiosa.

Casi un siglo antes, en 1718, Edmund Halley había estado mirando las posiciones de Arturo y Sirio en mapas estelares de la época de Ptolomeo y notó que, durante casi dos mil años, Arturo se había desplazado 1° en el cielo y Sirio la mitad de esa cifra.[4]

Herschel utilizó la misma estrategia para ver si otras estrellas se habían movido, aunque con unas observaciones que estaban más al día, claro. Se basó en el trabajo de John Flamsteed, que vivió entre 1646 y 1719 y ocupó el puesto de Astrónomo Real de Gran Bretaña. Durante su vida, Flamsteed catalogó la posición de 3.000 estrellas, así que a Herschel esto le venía de perlas porque, por un lado, las estrellas habían tenido alrededor de cien años para moverse y, por otro, las observaciones eran suficientemente recientes como para que fueran precisas.

Así que Herschel tomó los catálogos de Flamsteed y empezó a comparar las posiciones de las estrellas que en él aparecían representadas durante el siglo XVII con el cielo que él veía a principios del siglo XIX.[5]

Después de comparar un gran número de estrellas, Herschel observó que en el presente había una zona del cielo donde las estrellas parecían estar juntándose entre sí, mientras que en el punto opuesto del firmamento las estrellas se estaban separando.

Para Herschel, la conclusión era obvia y la dejó escrita en 1783 en su trabajo *Sobre el movimiento propio del Sol y el sistema solar*: el Sol estaba moviéndose hacia ese punto del cielo hacia el que las estrellas tienden a separarse entre sí, llamado el ápex solar, cerca de la constelación de Hércules y la estrella Vega.

La idea tiene mucho sentido. Si pintas unos cuantos puntos negros en la pared y los miras desde lejos te dará la impresión de que están muy cerca entre sí, pero te parecerá que su separación aumenta a medida que te acerques a ellos. Este es el motivo por el que las estrellas parecen separarse entre sí en un lado del firmamento mientras el sistema solar se mueve en su dirección.

Pero Herschel razonó que este fenómeno tenía que deberse también, en parte, al movimiento de las propias estrellas y que estas debían desplazarse en la misma dirección que nosotros, pero a distintas velocidades.

O sea, que ya ni siquiera el Sol era el centro del universo.

El trabajo de Herschel no fue aceptado de inmediato y tuvo que esperar a ser confirmado mediante la espectroscopia, sin duda un sistema mucho más directo para medir si las cosas se están alejando o acercando del observador. Pero el misterio del movimiento de las estrellas sobrevivió a su muerte. ¿Se estaban moviendo alrededor de algo?

CAPÍTULO 12

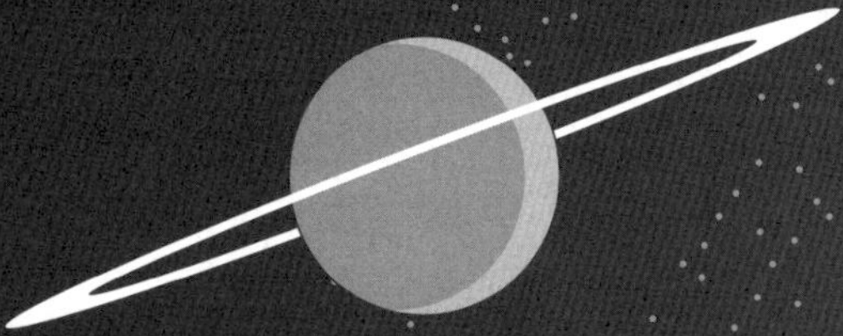

VIVIMOS EN UNA GALAXIA...

Una entre miles de millones

Si salís a ver el cielo por la noche en una zona alejada de las luces de la ciudad, y el cielo está despejado, podréis distinguir en él una banda luminosa y difusa que cruza el firmamento de un lado a otro.

Si la miráis con unos prismáticos podréis ver que en realidad está compuesta por miles de estrellas amontonadas, algo que Galileo ya había notado en su época al fabricar sus primeros telescopios. Esta banda está presente en el cielo porque nos encontramos en el interior de un gigantesco conjunto de estrellas que da vueltas alrededor de un centro común, formando algo parecido a un disco. Una galaxia espiral, vaya. Desde el interior de ese disco, cuando miramos en dirección al centro vemos el resto de la galaxia como una franja luminosa que cruza el cielo.

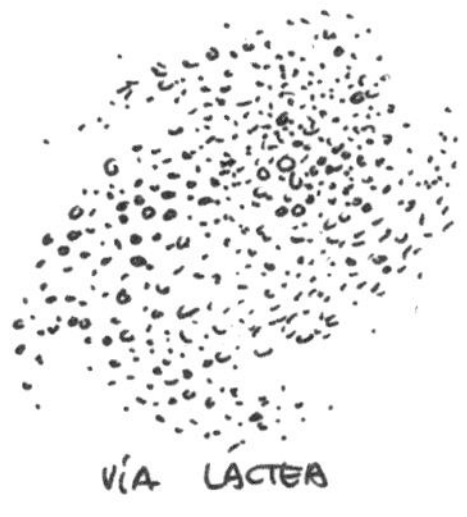

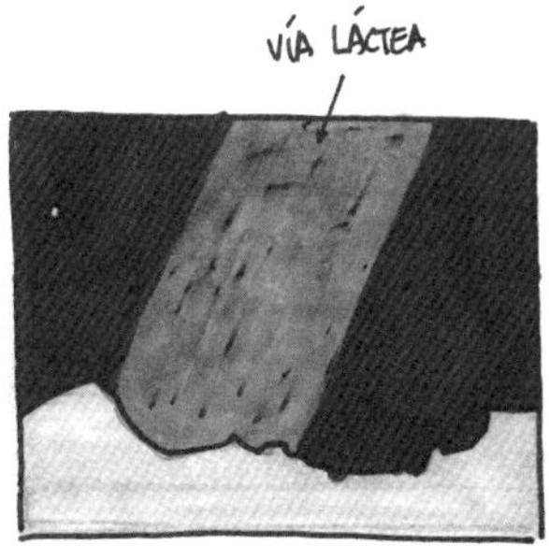

Los griegos ya se preguntaban qué diantres era esa banda borrosa en el firmamento y, sin telescopios con los que distinguir las estrellas individuales que lo componen, tuvieron que encontrar una explicación que les permitiera racionalizar la presencia de esa cosa en el firmamento. La solución, para ellos, era simple.[1]

Cuando nació Hércules, hijo del dios Zeus y de una mortal llamada Alcmena, su padre decidió que sería una buena idea dejarle mamar del pecho de la diosa Hera mientras esta dormía, porque así le proporcionaría al niño poderes divinos. Cuando Hera despertó y se dio cuenta de lo que ocurría, empujó a Hércules para quitárselo de encima y la leche salió disparada formando la franja blanquecina del cielo, convenientemente llamada *Vía Láctea*.

Ya sé que estaréis pensando «Ay, qué cochinos eran los griegos». Pero, creedme, con la imaginación que tenían estos tipos podría haber sido *mucho* peor.

La cuestión es que antes del siglo XX solo existía la tecnología para observar el cielo con luz visible (y con el recurso de la fotografía, de la que hablaré en el próximo capítulo), y los astrónomos habían encontrado repartidos por el firmamento una gran cantidad de objetos difusos, una especie de pequeñas nubes brillantes a las que llamaron *nebulosas*.

Estas nebulosas eran un poco puñeteras porque en aquella época la mejor manera de hacerte un nombre en el mundo de la astronomía era descubriendo un cometa y, precisamente, estos objetos podían ser fácilmente confundidos con cometas y hacer que un astrónomo perdiera muchas noches de observación intentando descubrir su trayectoria. Para evitar confusiones y ahorrarle tiempo a todo el mundo, el astrónomo francés Charles Messier compiló una lista de cien nebulosas que observó entre 1758 y 1782, dejando constancia de sus coordenadas para que los astrónomos pudieran reconocerlas fácilmente.

Al principio, tanto la Vía Láctea como estos objetos difusos no eran más que una curiosidad a la que la gente no parecía dar especial importancia, pese a que en 1750 el astrónomo Thomas Wright escribió un trabajo llamado *Una teoría original o nueva hipótesis del universo* en el que intentaba explicarlos. En esta obra, que pasó sin pena ni gloria cuando se publicó, Wright planteaba que la presencia de la Vía Láctea en el cielo demostraba que las estrellas no están dispersas de manera regular por un espacio infinito. Razonaba que la organización de todas esas estrellas en una franja luminosa no podía ser fruto del azar y que la única manera de explicar su existencia es que la Vía Láctea fuera en realidad un vasto anillo de estrellas.[2]

En 1755, el filósofo Immanuel Kant leyó esta obra y las ideas de Wright le fascinaron. Él fue un paso más allá y no solo conjeturó que todas esas nebulosas que había repartidas por el firmamento podrían ser «universos isla» independientes de nuestra Vía Láctea, sino, además, que la propia Vía Láctea también era una estructura independiente y de una naturaleza similar. La fama de Kant ayudó a despertar la curiosidad sobre este tema, pero aún se necesitaban pruebas observacionales que confirmaran o refutaran esta idea. No obstante, incluso sin pruebas físicas, se podía hacer una predicción demostrable.

Como decía Wright, dentro de ese anillo de estrellas que sería la Vía Láctea, las estrellas más cercanas al centro darían vueltas más rápidamente que las más alejadas porque recorrerían una circunferencia menor. Visto desde un punto en movimiento del interior del anillo (como es el caso de nuestro sistema solar), este hecho se manifestaría en la visualización de grupos de estrellas que se van acercando entre sí en una zona del firmamento y separándose en la otra.

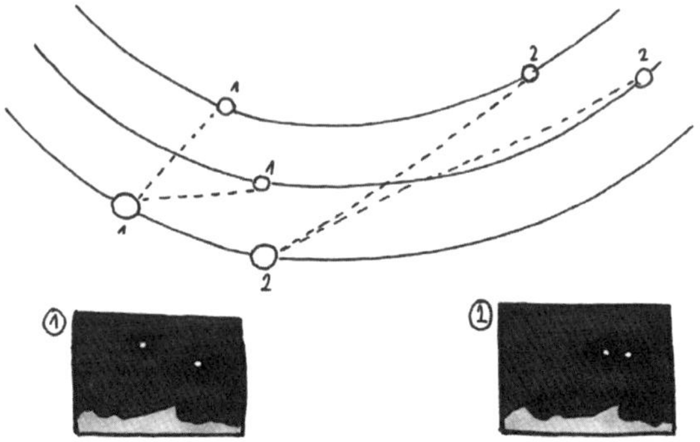

¡Y eso fue precisamente lo que Herschel observaría más tarde, en 1783! Esta parecía una buena evidencia de que el Sol no solo se movía, sino que lo hacía alrededor de *algo* que habría en el centro de nuestro anillo de estrellas.

Aún no había manera de precisar respecto a qué daba vueltas todo, así que todos los esfuerzos se centraban en responder a otra incógnita: ¿estaban todas esas nebulosas visibles en el firmamento dentro de nuestra propia galaxia o fuera de ella? Es decir, ¿se trataba de meros cúmulos estelares en nuestra galaxia o existían más galaxias?

Esta cuestión era aparentemente simple porque bastaba con:

1. Conocer el tamaño de la Vía Láctea.
2. Saber a qué distancia se encuentran estas nebulosas.
3. Ver si las nebulosas se hallaban dentro o fuera de nuestra galaxia.

Así que el primer paso era descubrir el tamaño de nuestra maldita galaxia.

A priori, una buena manera de hacerlo era medir la distancia que nos separa de todas las estrellas y representar cada una de ellas en un modelo en tres dimensiones con un punto. A medida que añadiéramos puntos, la forma y la escala de la galaxia se irían revelando. ¿Cuál era el problema? Pues que en aquella época solo contaban con el método del paralaje para medir la distancia a la que se encuentran las estrellas de nosotros. Como ya hemos visto, esta técnica está limitada por la distancia máxima que existe entre las dos observaciones de una estrella, lo que significa que desde la órbita de la Tierra solo podemos conocer con precisión la distancia que nos separa de objetos que se encuentran a menos de 327 años luz de distancia.

Hoy en día sabemos que la galaxia mide 100.000 años luz de diámetro, así que medir la distancia a las estrellas nos permitiría mapear solo un 0,327 % del diámetro de la galaxia.

A esto hay que añadir que, aunque se pudieran calcular paralajes mayores, solo se podrían hacer mediciones de las estrellas *visibles* y, al igual que ocurre con la fuerza gravitatoria, *el brillo aparente de una estrella decrece con el cuadrado de la distancia*, lo que significa que la intensidad con la que vemos brillar las estrellas en el firmamento se reduce muy rápidamente cuanto más lejos están, y se vuelven muy difíciles de distinguir incluso con telescopios.

Si bien el método de encontrar estrellas y medir la distancia que nos separa de ellas, para hacernos una idea del tamaño de la galaxia, era bueno, las estrellas no valían para hacerlo. Para que esta técnica fuera válida, se necesitaban objetos más brillantes, claramente distinguibles del resto de las estrellas y que estuvieran presentes por toda la galaxia. Y los candidatos perfectos resultaron ser los *cúmulos globulares*.

Los cúmulos globulares son grupos de estrellas que pueden contener desde 10.000 hasta varios millones de estrellas en espacios muy reducidos, de manera que las estrellas se encuentran entre 100 y 1.000 veces más cerca entre sí que el Sol y sus vecinos cósmicos. Para poner este número en perspectiva, la estrella más cercana al Sol es Alfa Centauri, que está a unos 4 años luz. En cambio, si estuviéramos en un cúmulo estelar la estrella más cercana a nosotros se encontraría a entre 1,46 y 14,6 días luz o, lo que es lo mismo, entre 8,76 y 87,6 veces más lejos que Plutón. Vale, ya sé que sigue pareciendo mucho, pero a escalas astronómicas esto es estar pegado. Alfa Centauri, para ponerlo en la misma magnitud, está 8.760 veces más lejos del Sol que Plutón.

Pero, bueno, a lo que iba.

La luz combinada de todas estas estrellas que forman los cúmulos globulares es tan brillante que se puede ver desde distancias inmensas y resulta fácilmente identificable entre el resto del firmamento. O sea, que ya teníamos unos objetos muy brillantes que podíamos observar con facilidad para conocer el tamaño de la galaxia. Ahora solo faltaba medir a qué distancia se encontraban estos cúmulos globulares.

Y aquí aparece otro problema: si están tan lejos, no podemos usar el paralaje para medir la distancia que nos separa de ellos. Maldita sea, universo, cómo te gusta ponernos las cosas difíciles.

La solución a este problema no llegaría hasta 1912 de la mano de Henrietta Swan Leavitt, una astrónoma que trabajaba en el Harvard College Observatory revisando miles de placas fotográficas a cambio de un salario de entre 25 y 30 céntimos la hora, porque, en aquella época, a las mujeres no se les permitía operar los telescopios.

Antes de continuar con la historia, hablemos de otra cosa.

LA CONTRIBUCIÓN DE LA FOTOGRAFÍA A LA ASTRONOMÍA

La invención de la fotografía facilitó mucho la vida a los astrónomos. Registrar las posiciones relativas entre todos esos puntos brillantes del cielo no es una tarea fácil de hacer a ojo a través de un telescopio, ya que, mientras la Tierra rota, los cuerpos celestes se van moviendo de un lado a otro del cielo.

Si tenéis o habéis tenido alguna vez un telescopio, habréis notado que cualquier objeto que hayáis fijado en vuestro campo de visión se va moviendo lentamente hasta desaparecer de vuestra vista en unos segundos. Hoy en día se utilizan motores que van moviendo el telescopio al mismo ritmo que el cielo avanza para mantener los objetos centrados en medio de la lente, pero los primeros telescopios no presentaban esta posibilidad.

Al principio, antes de la aparición de la primera cámara fotográfica, la astrofotografía consistía simplemente en poner una placa empapada en un compuesto químico que fuera degradado en presencia de la luz. Cuando la luz de un objeto impactaba contra él, esa zona quedaba «quemada» y dejaba una marca con la forma del objeto que se estuviera observando. Pero las primeras placas fotográficas eran muy poco sensibles y necesitaban que la luz incidiera sobre ellas un buen rato para que quedara alguna marca. Además, cualquier error podía hacer que la luz no llegara en un ángulo adecuado y dejara marcas donde no debería: si el telescopio no estaba bien sujeto podía moverse, o si no se seguía con precisión el objeto que se observaba mientras se desplazaba por el cielo las marcas que quedaran en la placa podrían resultar irreconocibles.

La primera «cámara» fue inventada por el artista francés Louis Daguerre en 1839, un aparato que utilizaba yoduro de plata como compuesto que recibía la luz solar y cuyas imágenes recibían el nombre de *daguerrotipos*. Pero el sistema era tan poco sensible a la luz que tan solo podía utilizarse para tomar fotos del Sol y la Luna, los objetos más brillantes del cielo. Además, necesitaba tiempos de exposición bastante largos para que la luz pudiera dejar una marca sobre la placa.

El escultor Frederick Archer añadió en 1851 una capa de nitrato de celulosa bañado en alcohol y éter (el éter químico, no la quintaesencia mística) bajo el yoduro de plata, lo que permitía disminuir el tiempo de exposición una barbaridad porque era mucho más sensible a la luz. Esto significaba que la imagen quedaba grabada en la placa mucho más rápido, tanto que el astrónomo británico Warren de la Rue pudo obtener buenas imágenes de la Luna en tan solo 30 segundos.

Pero, claro, para tomar fotos de cosas menos brillantes, como Júpiter o las estrellas, era necesario exponer las placas a la luz durante más tiempo. El problema era que las placas utilizadas hasta la fecha solo funcionaban mientras estaban húmedas. Cuando se secaban, la luz ya no dejaba ninguna marca en ellas.

En 1871 el químico británico Richard Leach Maddox inventó una gelatina seca que iba a sustituir al yoduro de plata, por lo que por fin podían tomarse fotografías de objetos que no fueran el Sol y la Luna. Por supuesto, a este invento tuvieron que seguirle sistemas que permitieran realizar fácilmente el seguimiento de los planetas y estrellas a través del cielo para mantenerlos siempre en la misma posición en la placa fotográfica y evitar que el resultado fuera un desastre.

La fotografía ofrecía dos ventajas enormes respecto a la observación a simple vista. Por un lado, nuestras retinas se olvidan rápidamente de la luz que ha incidido sobre ellas, por lo que cada instante la imagen que vemos es «nueva». Las placas fotográficas, en cambio, eran capaces de «acumular la luz» durante un rato y, por tanto, cuanto más tiempo estuviera expuesta a una fuente de luz, más clara sería su imagen, así que con ellas se podían observar objetos con brillos muy débiles. Si la luz quedara también grabada en nuestras retinas, cuando miráramos el cielo veríamos las estrellas volverse cada vez más brillantes, nítidas y grandes.

Por otro lado, las placas fotográficas eran registros permanentes muy precisos de las observaciones, así que ya no se necesitaba apuntar las coordenadas de los astros para poder comparar sus posiciones relativas. Ahora bastaba con poseer varias fotografías de una misma zona del cielo para poder compararlas y ver si algo se había movido (lo que podría indicar la presencia de planetas, cometas o asteroides), si habían aparecido luces nuevas (que podían ser novas o supernovas) o si algo había cambiado de brillo entre una placa y otra. En esto último es en lo que se fijó Henrietta Swan Leavitt para encontrar las estrellas variables Cefeidas.

A simple vista se pueden observar algunos pequeños parches difusos en el cielo tan débiles que prácticamente solo pueden ser vistos de reojo. Los telescopios permitieron observar mejor estos cuerpos nebulosos, que al ser aumentados aparecían como una mezcla de puntos luminosos acompañados de un brillo difuso.

Pero fue la fotografía, que permitía recoger más luz, la que permitió captar mejores detalles de estos cuerpos nebulosos y, por tanto, se pudo distinguir que algunos de ellos tenían patrones en espiral y zonas más oscuras que otros si se utilizaban tiempos de exposición largos. Un buen ejemplo es la nebulosa de Orión, capturada en estas dos fotografías con tres años de diferencia tecnológica entre ellas (a la izquierda en 1880 y a la derecha en 1883):

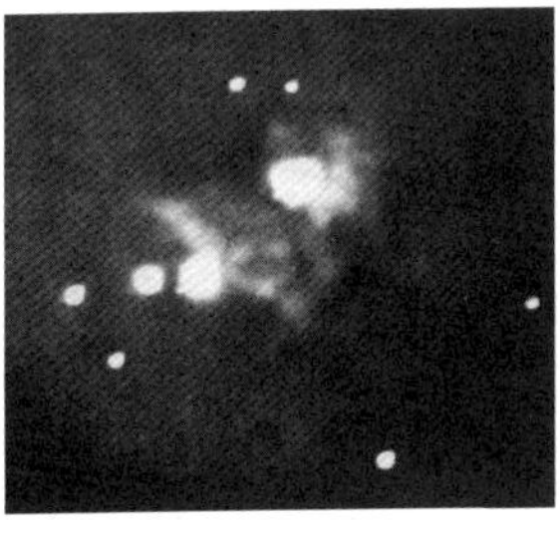

Esto nos ayudó a entender mejor la estructura del universo y daría pie, como ya hemos visto, al descubrimiento de que vivimos en una de las muchas galaxias que componen un universo enorme.

EL BRILLO CAMBIANTE DE LAS ESTRELLAS VARIABLES

Sabiendo esto, podemos seguir a lo nuestro.

Henrietta se pasaba el día comparando placas fotográficas tomadas desde los telescopios, midiendo el brillo de las estrellas y catalogándolas según este criterio. En 1893 el director del observatorio en aquella época, Edward Charles Pickering, le encomendó la tarea de estudiar el brillo de las llamadas *estrellas variables*, que simplemente son estrellas cuya luminosidad va variando a lo largo del tiempo. Y lo que al principio parecía una tarea mecánica de poca importancia se convirtió en uno de los mayores avances de la astronomía.

Henrietta se dio cuenta de que había algunas estrellas que aumentaban y disminuían su brillo de manera muy regular en un intervalo de entre uno y cien días. En 1908 había observado 1.777 estrellas de este tipo y había descubierto un patrón muy interesante: la luminosidad máxima de una estrella dependía directamente del tiempo que duraba su ciclo de aumentos y disminuciones de brillo. En otras palabras, las que tardaban más en pasar de su brillo mínimo al máximo eran muchísimo más brillantes que las que tardaban menos.[3]

Bueno, ¿y qué? Perdón, quiero decir, algunas de esas estrellas estarían más lejos que otras y por eso nos podrían parecer menos brillantes. ¿Cómo podía saber que el brillo real de la estrella era mayor o menor y que realmente no era un efecto de la distancia?

Las estrellas que estaba estudiando formaban parte de las Nubes de Magallanes, que ahora sabemos que son dos galaxias enanas que están muy cerca de la Vía Láctea y que incluso, tal vez, sean satélites de nuestra galaxia.[4] Las dos

Nubes de Magallanes se pueden ver solo desde el hemisferio sur terrestre y aparecen en el cielo como dos parches de estrellas difusos. Uno de ellos es más grande que el otro, así que de ahí sus nombres de la Gran Nube de Magallanes (GNM) y la Pequeña Nube de Magallanes (PNM).

Total que, aunque aún no supiera que esas dos nubes eran pequeñas galaxias, Henrietta razonó que las estrellas que contenían debían de estar todas aproximadamente a la misma distancia de nosotros por el aspecto compacto de estas nubes. Asumiendo que la distancia era similar para todas las estrellas, podía llegar a la conclusión de que las diferencias de brillo de las estrellas se debían a que unas brillaban más que otras y que no era un efecto de la distancia. Esto le ayudó a darse cuenta de que, realmente, la luminosidad de las estrellas variables más brillantes aumentaba y se reducía en períodos más largos que los de las más débiles.

En 1908 Henrietta publicó sus resultados y en 1912 pudo confirmarlos. Una simple relación matemática mediante logaritmos permitiría saber con precisión cuál era la luminosidad *real* (no la que vemos desde la Tierra y que nos llega muy debilitada a causa de la distancia, sino la del objeto en sí) de una estrella variable basándose solo en el tiempo que duran los períodos en los que pasan de tener un brillo mínimo a uno máximo. Conociendo la distancia que nos separa de una estrella, se podría calcular cuánta luz estaba emitiendo sabiendo que su brillo disminuye con el cuadrado de la distancia.

Todo muy bien, pero se necesitaba conocer primero la distancia que nos separaba de una de estas estrellas variables para calibrar el resto, y nos encontrábamos ante el mismo problema de siempre: estas estrellas estaban demasiado lejos como para conocer su distancia porque, como ya hemos visto, la máxima distancia que se puede medir con precisión con la técnica del paralaje a partir de dos puntos opuestos de nuestra órbita es de 327 años luz.

MEDIR EN EL ESPACIO

Pero, en 1913, al astrónomo danés Ejnar Hertzsprung (no eres un buen danés si tu apellido no contiene seis consonantes seguidas) se le ocurrió que, ya que el sistema solar se mueve por el espacio, podría realizar una medida de una estrella variable, esperar un tiempo hasta que el sistema solar hubiera recorrido una distancia mayor al diámetro de la órbita de la Tierra y luego volver a realizar otra medida para conocer el paralaje de esa estrella.

El sistema solar se mueve a lo largo del disco galáctico a unos 20 km/s respecto a las estrellas que lo rodean (y a 200 km/s en valores absolutos), lo que significa que anualmente recorre unos 630 millones de kilómetros, una distancia dos veces mayor que el diámetro de la órbita de la Tierra alrededor del Sol.

Aunque el método parezca prometedor, el movimiento del sistema solar alrededor de la galaxia aún no se entendía muy bien en aquella época (de hecho, aún no sabíamos que nos encontrábamos dentro de una galaxia), y las mediciones de Hertzsprung tenían un gran margen de error.

Harlow Shapley (seguimos con los nombres raros) retomaría el trabajo de Henrietta en 1918, pero sin prestar atención a las Nubes de Magallanes. Él estaba interesado en los cúmulos globulares que le permitirían calcular el tamaño de la galaxia.

Para entonces, las estrellas variables se habían dividido en dos grupos que presentaban propiedades ligeramente distintas: las Cefeidas de población II y las de población I. Las de población II son 1,5 órdenes de magnitud inferiores en cuanto a brillo.

Observando los cúmulos globulares de estrellas, Shapley descubrió que contenían un tipo nuevo de estrellas variables que tenían períodos de cambio de brillo menores a un día y un brillo máximo mucho menor que el resto.

Como los cúmulos globulares están mucho más cerca que las Nubes de Magallanes porque se encuentran dentro de nuestra propia galaxia, Shapley logró encontrar el paralaje de una de estas estrellas variables y a partir de ellas determinó la distancia a la que se encontraban estos cúmulos.

Ahora ya nada podía impedir a la raza humana encontrar su lugar en el universo.

Basándose en la luminosidad de las estrellas variables, Shapley pudo calcular la distancia que nos separa de un gran número de cúmulos globulares y representarlos en un modelo tridimensional. Vio que una gran cantidad de los cúmulos más cerrados parecían formar una esfera en el centro y que alejados de la franja de la Vía Láctea los cúmulos no eran tan compactos.

Basándose en su modelo, Shapley concluyó que la galaxia tenía forma de disco, con un diámetro de 130.000 años luz, una cifra un 30 % mayor al valor real, porque en el espacio hay mucho gas y la luz de algunas estrellas puede llegarnos más debilitada y parecer, por tanto, más lejana al medir su luminosidad. En 1918 publicó estos resultados.

En 1920 se organizó un debate titulado «La Escala del Universo» en el que Shapley y otro astrónomo, Heber Curtis, expusieron sus ideas sobre las distancias que separan todo lo que está en el cielo. La idea principal era hablar sobre el tamaño de la Vía Láctea, si las nebulosas estaban en su interior o fuera de ella, si estas nebulosas serían otras galaxias o si la Vía Láctea ocupaba todo el universo. Este acontecimiento pasaría a la historia como «El Gran Debate».

Aunque los dos ponentes tenían buenos argumentos en favor de sus ideas, ambos estaban completamente equivocados en parte de su discurso.

Por un lado, Shapley había calculado el tamaño aproximado de la galaxia y había llegado a la correcta conclusión de que el Sol da vueltas alrededor del núcleo bastante lejos de la zona central. Curtis, por el contrario, sostenía que la galaxia era cuatro veces más pequeña y que el Sol se encontraba cerca de su centro.

Curtis, en cambio, sugería que las nebulosas que tanto tiempo llevaban observando estaban fuera de la Vía Láctea y que en realidad eran otras galaxias o «universos isla». A Shapley no le gustaba esta idea porque, según sus cálculos, si la nebulosa de Andrómeda (que hoy en día sabemos que es una galaxia) se encontraba fuera de la Vía Láctea, debería estar a una distancia de unos 100 millones de años luz (hoy en día sabemos que la cifra es de 2,5 millones de años luz). Shapley contaba con el apoyo de las observaciones de Adriaan van Maanen, un astrónomo danés que decía haber conseguido distinguir la rotación de una *nebulosa espiral*. Si esto era cierto y este tipo de objetos se encontraban tan abrumadoramente lejos de nosotros, entonces para poder distinguir su movimiento deberían estar rotando a velocidades cercanas a las de la luz, algo que no encajaba con..., bueno, con la física. Por supuesto, las observaciones de Van Maanen resultaron ser incorrectas porque no hay manera de distinguir el movimiento de rotación de una galaxia en lo que dura una vida humana.

Curtis argumentaba que no creía en la explicación de que estas nebulosas estuvieran dentro de la Vía Láctea porque en ellas tenían lugar un mayor número de *novas*, explosiones estelares que emiten un brillo tremendo. Es decir, ¿por qué iban a estar estas explosiones estelares esparcidas aleatoriamente por el resto de la galaxia, pero luego en estas nebulosas habría una concentración tan grande de ellas? Por supuesto, Shapley le rebatía diciendo que estas novas tenían que ser tremendamente brillantes para que pudieran ser observadas desde aquí con la distancia que nos separa.

Claramente, la única manera de zanjar el asunto de una vez por todas era que alguien lograra medir la distancia que nos separa de estas nebulosas. Y eso es lo que hizo Edwin Hubble.

EL UNIVERSO ES BASTANTE MÁS GRANDE DE LO QUE PENSÁBAMOS

Usando el que en aquella época era el telescopio más potente del mundo, Hubble identificó en Andrómeda y otras nebulosas las estrellas variables que Henrietta había descubierto y, usando los datos de luminosidad conocidos, pudo calcular la distancia a la que se encontraban.

La primera galaxia que midió fue NGC 6822, la galaxia de Barnard, para la que pudo calcular que se encontraba a una distancia de casi 700.000 años luz. Descubrió que la galaxia del Triángulo (M33) estaba a casi 868.000 años luz y que la galaxia de Andrómeda se encontraba a 1.500.000 años luz. Los números no eran muy precisos: en orden, las distancias medidas hoy en día son 1,6, 2,38 a 3,07 y 2,5 millones de años luz, pero lo importante es que las mediciones de Hubble superaban incluso las predicciones más grandes en cuanto al tamaño de la Vía Láctea de Shapley, que la colocaban a unos 300.000 años luz.

Esto demostraba de una vez por todas que la galaxia no ocupaba todo el universo y que esas nebulosas difusas no estaban dentro de la Vía Láctea, sino que eran sistemas estelares y que nosotros vivíamos en uno igual... Y futuras observaciones con telescopios cada vez más potentes demostraron que existen miles de millones de galaxias repartidas por todo el universo.

Así que saber que formamos parte de una galaxia, un hecho que damos por sentado, se conoce desde hace menos de cien años.

Hubble aún tenía un descubrimiento preparado para nosotros que cambiaría nuestra visión del universo. Pero antes es importante hablar de Einstein, porque destrozó por completo nuestra visión preconcebida de la realidad.

DATO CURIOSO

En un programa del podcast *Astronomy Cast*, del creador de la revista *Universe Today*, la doctora en astrofísica Pamela Gay explicaba que, cuando preguntaba a la gente del mundo académico cuál era el descubrimiento científico que más le había impresionado a lo largo de su vida, la gente de más edad coincidía siempre en la respuesta: «Las galaxias».

CAPÍTULO 13

REDESCUBRIENDO LA GRAVEDAD: Albert Einstein

Hay pocas cosas que ofrecen menos dudas que el paso del tiempo. Su transcurso está grabado tan profundamente en nuestras mentes que es inconcebible pensar que pueda ser alterado: los segundos pasan al mismo ritmo en tu casa que en el extremo opuesto del planeta y, aunque a veces nos parezca que el tiempo pasa volando, sabemos que es solo una cuestión de percepción subjetiva y que las horas más cortas de tu vida pueden ser las más largas de cualquier otra persona.

Pero ¿y si todo ese orden aparente no fuera real? Si alguna vez os habéis preguntado por qué diablos el nombre de Albert Einstein le suena a todo el mundo, incluso a la persona que siente más repulsión por el conocimiento del planeta, en este capítulo lo vais a entender.

Es normal que una figura que contribuyó tanto a nuestro entendimiento sobre el universo esté rodeada de mitos. Uno de ellos, por ejemplo, es que a Einstein de pequeño se le daban mal las matemáticas. En palabras del propio Einstein cuando leyó este dato en una columna: «Nunca suspendí matemáticas… Antes de los quince años ya dominaba el cálculo diferencial e integral».[1]

Einstein no era ningún mago de las matemáticas puras, pero siempre había sacado muy buenas notas en esta asignatura en el colegio. Es verdad que suspendió el examen de acceso a la universidad, la Escuela Politécnica Federal Suiza… Pero también es verdad que tenía dos años menos que el resto de los estudiantes y, de hecho, puntuó especialmente bien en matemáticas y ciencias.

Es posible que este mito pudiera parecer respaldado por el hecho de que, como veremos luego, durante el desarrollo de sus teorías algunos matemáticos tuvieron que echarle una mano. Pero esto se debe solo a que las matemáticas que involucran las teorías de Einstein son terriblemente complicadas y Einstein, como físico, simplemente no había profundizado tanto en el tema durante su carrera como alguien que exclusivamente estudia matemáticas.

¿POR QUÉ TODO EL MUNDO CONOCE A EINSTEIN?

En fin, vamos a ver qué tiene de especial el trabajo de Einstein como para hacerle saltar al estrellato de tal manera que todo el mundo conoce su nombre, aunque la mayoría de la gente no tenga ni idea de lo que consiguió. Una minoría dirá algo del estilo «Sí, es el tipo que dijo que $E = mc^2$» sin entrar en detalles y otra, que Einstein descubrió que «todo es relativo». Estos últimos son los peores.

Einstein demostró que el tiempo no pasa al mismo ritmo para todo el mundo ni, en realidad, para todo el universo. Su idea se puede resumir en la siguiente frase: cuanto más rápido te muevas o más potente sea el campo gravitatorio en el que estés atrapado, más despacio pasará el tiempo para ti respecto a alguien que está quieto o fuera de ese campo gravitatorio.

Me parece que vas a tener que desarrollar esto un poco porque así a primera vista no cuela.

Tienes razón. Empecemos por el principio: la velocidad relativa.

Baja a la calle y siéntate en un banco. A tu alrededor verás circular coches, motos, bicicletas y personas a velocidades distintas pero más o menos constantes.

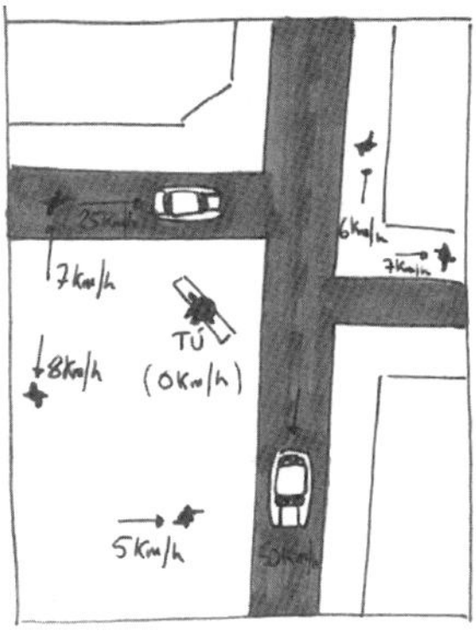

Ahora levántate del banco y empieza a pasear en una dirección aleatoria a 6 km/h, por decir una cifra. Si te fijas, la percepción de las velocidades de tu entorno cambia: aunque sigan caminando a la misma velocidad, la gente que se mueve en la dirección opuesta a la que tú sigues parece alejarse de ti más rápido que cuando estabas sentado. De la misma manera, los que siguen en tu misma dirección parecen desplazarse más despacio.

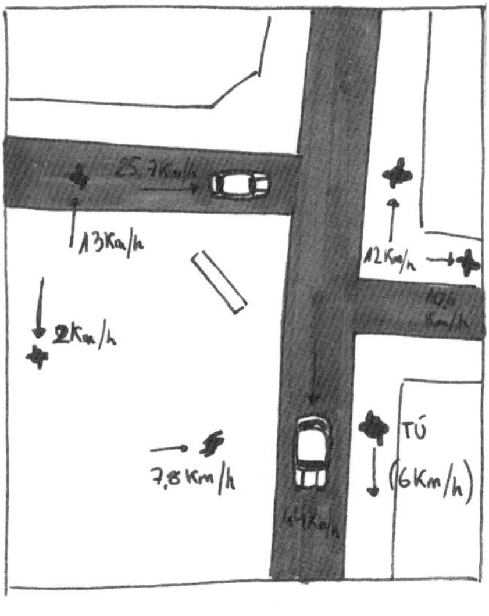

Podrías incluso montarte en tu propia bicicleta y meterte entre el tráfico a 20 o 30 km/h. Los coches, que parecían moverse muy rápido cuando estabas sentado, dan la sensación de ir más lentos ahora que los persigues a una velocidad similar a la suya. Este fenómeno se conoce como *velocidad relativa* y viene a decir que la velocidad a la que otras cosas se mueven respecto a ti depende de tu propia velocidad. Es un concepto que tenemos tan interiorizado que ni siquiera nos paramos a pensarlo cuando vamos andando por la calle o conduciendo.

Ya que hablamos de vehículos y de velocidad relativa, por poner otro ejemplo, si conducimos por la carretera a 100 km/h y nos adelanta un coche a 220 km/h, nos parecerá que el muy colgado se aleja de nosotros a 120 km/h. Pero esa no será su velocidad real, que es la que lleva respecto a algo que está quieto como, por ejemplo, el suelo o un radar de tráfico.

La velocidad relativa es la velocidad de un cuerpo tal como la percibiría un observador concreto que se mueve a una velocidad determinada. Otro observador que tenga otra velocidad o que esté parado percibirá la velocidad de ese cuerpo de manera distinta. Es decir, la velocidad a la que las cosas se mueven respecto a un observador depende de la velocidad de dicho observador.

Pero este concepto tan simple se desmorona cuando lo intentamos aplicar a la luz (o a cualquier otra forma de radiación electromagnética, que, en el fondo, no es más que luz invisible para nosotros).

Como habíamos visto, Maxwell formuló la teoría básica de radiación electromagnética en 1860 y descubrió que la luz se mueve siempre a una velocidad fija. Esta velocidad puede variar dependiendo del medio a través del cual se mueva, pero siempre es constante, así que, cuando alguien dice que no hay nada que pueda superar la velocidad de la luz, en realidad se refiere a que nada puede viajar a una velocidad mayor que la que la luz alcanza *en el vacío*, donde se propaga más deprisa, a 299.792 km/s (aunque para simplificar las cosas se suele redondear la cifra a 300.000 km/s).

Espera, espera. Entonces, ¿es posible viajar más rápido que la luz a través de otros medios?

A ver, técnicamente la luz se desplaza más despacio a través de un medio que no sea el vacío porque hay un montón de moléculas en su camino, así que los fotones no dejan de chocar con los átomos, rebotando y recorriendo un camino más largo que si siguiera en línea recta.

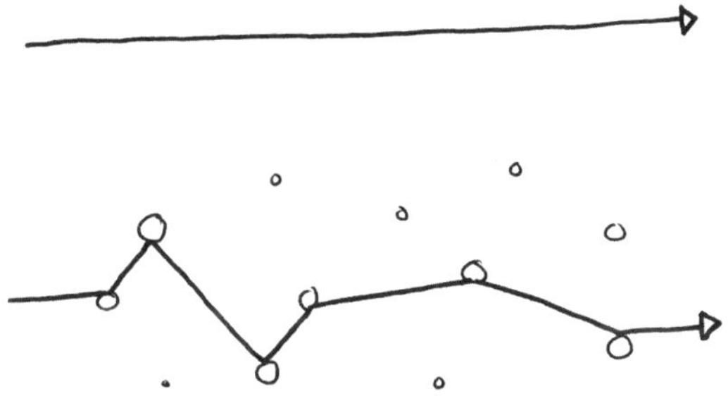

O sea, que no hay rayos de luz más rápidos que los demás adelantándose unos a otros como si el universo fuera la versión cósmica de *Fast & Furious*: *todos* los fotones se mueven a la misma velocidad, la máxima que su entorno les permite.

Esto le dio que pensar a Einstein: si la velocidad de la luz es inalterable y depende solo del medio a través del cual se desplaza, entonces dos personas que se mueven a velocidades distintas deberían ver un mismo rayo de luz desplazarse a la misma velocidad.

Lo sé, no parece muy intuitivo.

Pondré un ejemplo. Imagínate que eres un gánster que dispara una bala hacia delante a 1.000 km/h desde un coche que se mueve a una velocidad de 250 km/h. Desde tu posición en el interior del vehículo verás que la bala sale disparada del cañón a 1.000 km/h porque los 250 km/h iniciales que le transfiere el coche también los estamos experimentando nosotros mismos.

Pero si un observador externo que está quieto en el arcén de la carretera presencia la misma escena, verá la bala volar por el aire a 1.250 km/h, porque a los 1.000 km/h con la que el rifle la propulsa se le han de sumar los 250 km/h a los que se desplaza el vehículo.

Pero las cosas se complican cuando sustituimos la bala por un rayo de luz, y el coche por una nave espacial capaz de alcanzar velocidades tremendas.

Si vamos a 200.000 km/s por el espacio y encendemos los faros de nuestra nave, entonces veremos la luz alejándose de nosotros a 300.000 km/s. Esto no debería extrañarnos porque, al fin y al cabo, sería lo que cabría esperar si la luz fuera un proyectil normal disparado desde una plataforma móvil.

Pero aquí viene lo raro: una persona que estuviera quieta en medio del espacio (y, obviamente, *fuera* de la nave) también vería ese rayo de luz desplazarse a 300.000 km/s. Si la luz se comportara como la bala disparada desde el coche en el ejemplo anterior, la persona quieta en medio del espacio debería percibir la luz desplazándose 200.000 km/s más rápido (que es la velocidad a la que se desplaza la nave). O sea, que debería ver el rayo de luz moviéndose a 500.000 km/s... Pero no es el caso. Las dos personas lo verán desplazarse exactamente a la misma velocidad.

Pero ¡qué me estás contando! ¿Cómo no le va a afectar al rayo de luz la velocidad de la nave? ¡Eso es imposible, se os ha ido la perola! ¡A ti y a Einstein!

Que no, que no. Esto es así. Lo que ocurre es que la luz no tiene masa, así que no puede ser empujada para que vaya más rápido. No puede ser propulsada a una mayor velocidad como si fuera una bala.

Pero esto no quiere decir que el movimiento de la nave no afecte al rayo de luz. Sí que lo hace, transfiriéndole energía cinética o, lo que es lo mismo, reduciendo su longitud de onda. Como cuando a una onda se le añade energía su longitud de onda se reduce, la luz del faro se percibirá más azulada por los observadores externos o, si la nave va suficientemente deprisa, se convertirá en mortíferos rayos gamma, que son ondas electromagnéticas con una longitud de onda muy corta y, por tanto, muy alta energía, capaces de dañar el tejido vivo al impactar sobre él.

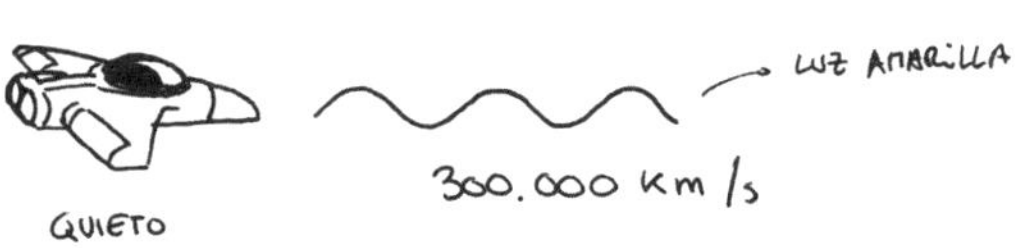

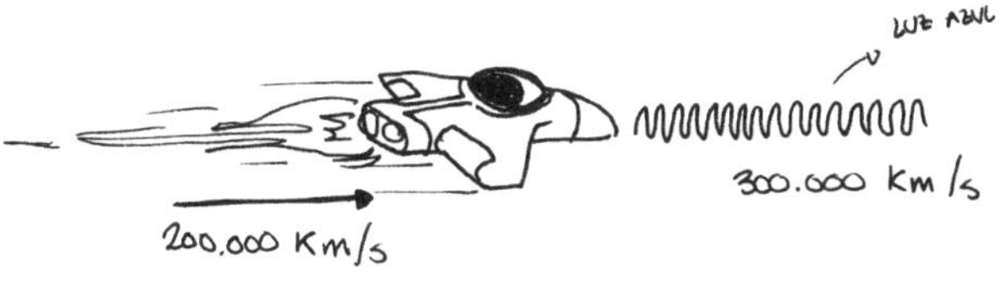

No os emocionéis tan deprisa: para convertir vuestras linternas en mortíferas pistolas de rayos gamma tenéis que correr tremendamente deprisa. A 299.789 km/s, o el 99,99899% de la velocidad de la luz, para ser exactos. En realidad, solo para empezar a ver un brillo azul partiendo de unos faros amarillos deberíamos viajar a 223.451 km/s... Así que, nada, tendréis que encontrar otra manera de conquistar el mundo.

Y, por cierto, este cambio de color lo notaríamos solo los observadores externos que estamos quietos. Al piloto de la nave que va tremendamente deprisa seguiría pareciéndole que sus faros brillan con una luz tan amarillenta como siempre.

A Einstein le intrigaba mucho este fenómeno. ¿Cómo podían dos personas ver la luz propagándose a la misma velocidad, pese a que una esté quieta y la otra prácticamente viajando a la velocidad de la luz? La única explicación posible era que alguno de los parámetros que influyen en la percepción de la realidad de cada observador tenía que estar cambiando.

Nuestra percepción del movimiento de un objeto se ve afectada por la distancia que recorre y el tiempo que tarda en cubrirla. La relación entre ambos es lo que interpretamos como velocidad. ¿Qué podía estar pasando en el caso de la luz para que la percepción de su velocidad no se viera alterada por el movimiento de los observadores? Algo tenía que suceder en la percepción del tiempo y la distancia...

Einstein contestó a esta pregunta con una respuesta muy poco intuitiva: el ritmo con el que pasa *el tiempo para nosotros no es una constante universal, sino que depende de la velocidad a la que nos estamos desplazando*.

Es decir, que tiempo y distancia son dos términos menos absolutos de lo que pensábamos.

Imaginemos que estamos parados en medio del espacio intergaláctico y, de repente, nos adelanta una nave con un reloj enorme acoplado a su fuselaje (es la moda del espacio intergaláctico) que está en proceso de alcanzar la velocidad de la luz. Desde nuestro punto de vista, quietos en medio del espacio, veríamos las manecillas de ese reloj moviéndose cada vez más despacio hasta que, cuando la nave alcanzara la velocidad de la luz, se detendrían por completo. De manera análoga, nos parecería que cualquier movimiento realizado por el piloto pasaría a cámara lenta.

A su vez, si el piloto de la nave desviara la vista hacia la ventana y nos viera flotando en medio del espacio junto a un reloj enorme, sería él quien nos vería hacerlo todo a cámara lenta.

Sin embargo, tanto para el piloto de la nave como para nosotros nada habría cambiado en nuestro propio entorno. Él se percibiría a sí mismo tocando los botones de sus paneles a un ritmo normal y las manecillas de su reloj de pulsera seguirían moviéndose a la misma velocidad de siempre y a nosotros nos pasaría lo mismo.

Espera, pero ¿cómo pueden dos personas verse mutuamente pasar a cámara lenta y ver su propio tiempo a velocidad normal? ¿No debería uno de los dos ver al otro hacer cosas a cámara rápida?

No, en realidad da igual al observador que tomemos como referencia: la escena es tan válida para el piloto de la nave como para nosotros porque mientras que para nosotros la nave se está alejando a la velocidad de la luz, desde el punto de vista del piloto es el universo el que se está moviendo a una velocidad tremenda a su alrededor, no él.

Y esta es una de las razones por las que todo el mundo ve la luz desplazarse a la misma velocidad: dos personas que viajan a velocidades distintas pueden ver un rayo de luz pasando a la misma velocidad; lo que variará será su percepción del ritmo al que transcurre el tiempo, no la velocidad de la luz.

La velocidad a la que nos movemos no solo afecta a nuestra percepción del tiempo de las cosas que ocurren a nuestro alrededor; también las distancias se ven afectadas. Si nos montamos en una nave y empezamos a movernos a una frac-

DATO CURIOSO

Estos efectos no se notan en la vida real. Los fenómenos relativistas ocurren a cualquier velocidad, pero las velocidades a las que nos desplazamos en nuestro día a día son tan pequeñas que su efecto es imperceptible. Si, por ejemplo, vas en coche a 120 km/h, la gente verá pasar tu tiempo un 0,00000000000062 % más despacio y tú verás el mundo exterior ralentizarse en la misma proporción. Para percibir que el tiempo pasa algo más deprisa para ti que para los demás de manera sustancial, necesitas viajar a velocidades del orden de *kilómetros por segundo*. O sea que, en la vida real, es imposible percibirlo.

ción considerable de la velocidad de la luz, los objetos que hay a nuestro alrededor parecerán encogerse en la dirección de su movimiento. Así, para alguien que nos esté observando desde fuera de la nave, le parecerá que es nuestra nave la que se está encogiendo.

Y esta es otra de las explicaciones poco intuitivas de Einstein que, en realidad, tiene todo el sentido del mundo: si se altera nuestra percepción del ritmo al que pasa el tiempo para un objeto que se desplaza a gran velocidad, pero su velocidad permanece constante, entonces también cambiará la percepción del espacio que ha recorrido.

Vamos a poner un ejemplo para hacernos una idea mejor.

Imaginemos a mis queridos hámsteres, *Comandante* y *Coliflor*, en dos situaciones distintas. *Comandante* está dando vueltas en su nave por el salón a 259.627 km/s y *Coliflor* lo está mirando desde su castillo de cartón (llamado Hamsterdam) tranquilamente.

Para cada uno el tiempo pasará de manera distinta, ya que uno está quieto y el otro va en una nave a 259.627 km/s, pero, como ya sabemos, los dos ven la luz desplazarse a la misma velocidad. O sea, que como la velocidad de la luz es constante para ambos, pueden utilizar la luz como unidad para medir las distancias de las cosas que tienen a su alrededor. Una buena unidad es el nanosegundo-luz, que representa la distancia que recorre la luz en una mil millonésima de segundo, unos 30 centímetros.

Como ahora *Comandante* y *Coliflor* pueden medir las distancias contando cuántos nanosegundos tarda un rayo de luz en ir de un punto a otro, deciden probar a ver cómo cambia su percepción del tamaño de algún objeto como, por ejemplo, la tele.

Coliflor sale del castillo y apunta un láser paralelo al lado del televisor que quiere medir, observando que tarda 2 nanosegundos en cruzar de un lado a otro. Si en 1 nanosegundo la luz cubre una distancia de 30 centímetros, *Coliflor* concluye entonces que la tele mide 60 centímetros.

Comandante hace una peligrosa aproximación a la tele a 259.627 km/s para repetir el mismo experimento. Dispara también un láser para medir la longitud de la tele y, desde su punto de vista, el rayo de luz tarda solo 1 nanosegundo en cruzar de lado a lado porque, recordemos, para él cada segundo fuera de su nave dura el doble. Por tanto, desde el punto de vista de *Comandante* la tele mide solo 30 centímetros de longitud.

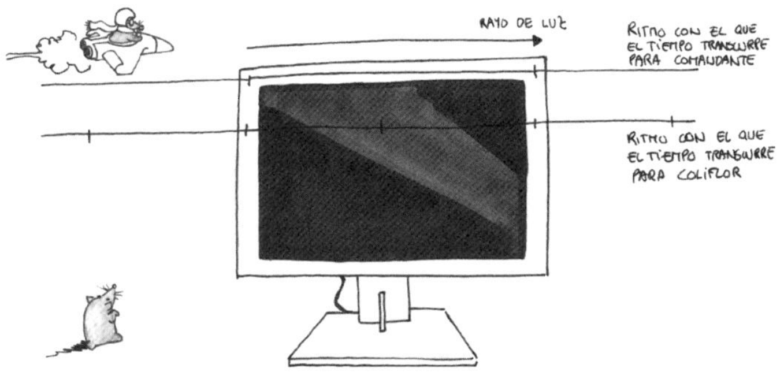

La misma situación tiene lugar si *Coliflor* decide medir el tamaño de *Comandante*. Para ella, el tiempo pasa al ritmo normal y es *Comandante* el que aparece ralentizado en el tiempo a la mitad de su velocidad.

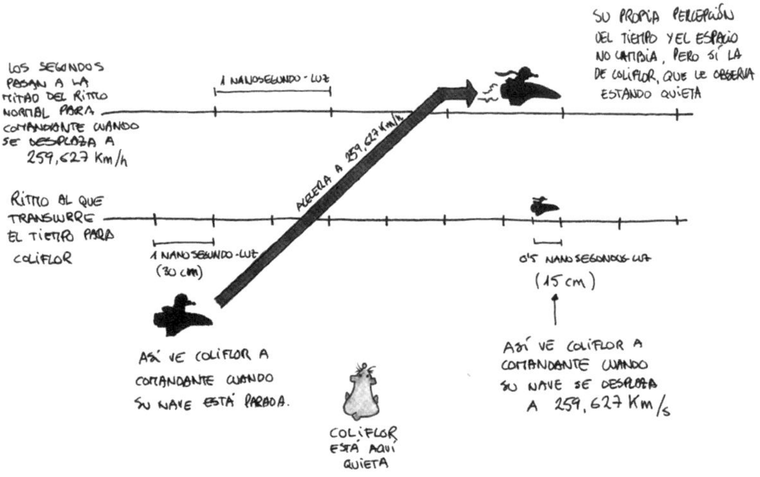

Como la percepción de la distancia también se ve alterada según la velocidad a la que te desplaces, entonces ya sabemos por qué dos personas pueden ver un mismo rayo de luz desplazándose a la misma velocidad. Si esto ocurriera en el día a día, una persona que estuviera quieta y otra que se moviera a 50 km/h podrían ver un mismo coche desplazándose a 100 km/h si la segunda persona percibiera el paso del tiempo a la mitad de su ritmo normal.

Einstein llamó a este planteamiento la *teoría de la relatividad especial* y, como veremos luego, no es algo que se sacara de la manga. Su efecto ha sido medido en la vida real.

Vale, pero me ha quedado una duda. He visto en películas y libros de ciencia ficción que cuando alguien emprende un viaje para hacer el tonto por el universo y vuelve a casa después de un período de tiempo relativamente corto, se encuentra con que sus familiares y amigos han envejecido una barbaridad y el viajero permanece aún joven.

Creo que sé adónde quieres llegar. ¿Ibas a preguntar cómo puede el tiempo pasar más deprisa para los que se quedan que para el viajero, si los dos ven el tiempo del otro pasar igualmente despacio?

Correcto.

Buena pregunta.

En estos ejemplos no hemos tenido en cuenta que algo que se moviera a velocidades cercanas a la de la luz se estaría alejando de nosotros a una velocidad tremenda. En pocos segundos podría encontrarse a cientos de miles de kilómetros y, para poder observarlos, tendríamos que esperar a que la luz llegara hasta nosotros. Explicaré un ejemplo que leí en el *Scientific American* que me gustó mucho,[2] aunque usaré a los hámsteres de nuevo como ejemplo.

Imaginemos que esta vez *Comandante* se queda en la Tierra y que *Coliflor* se monta en una nave capaz de alcanzar un 60 % de la velocidad de la luz con el objetivo de viajar a una estrella que se encuentra a 6 años luz de distancia.

Como para *Coliflor* las distancias de las cosas que están fuera de la nave se contraen, los 6 años luz que separan la Tierra de la estrella se convertirán en solo 4,8 años luz para ella. Por tanto, viajando al 60 % de la velocidad de la luz, tardará 8 años en cubrir esos 4,8 años luz. Desde la Tierra, en cambio, *Comandante* no ve que la distancia que le separa de la estrella cambie, así que para él *Coliflor* recorrerá 6 años luz de todas maneras. De nuevo, al 60 % de la velocidad de la luz, verá que tarda 10 años en alcanzar la estrella.

Pero *Comandante* presenciará el momento en el que Coliflor llega a la estrella 16 años después de que parta de la Tierra: *Coliflor* tardará 10 años en alcanzar la estrella y luego su luz, que se desplaza a la velocidad de la luz, tardará 6 años en recorrer esos 6 años luz de nuevo hacia la Tierra. Pero si la nave de *Coliflor* llevara un gran reloj en uno de sus lados, en el momento en que *Comandante* observara su llegada a la estrella, el reloj marcaría que han pasado 10 años, no 16, porque ese fue el momento en el que llegó a la estrella, y los 6 años extra no son más que el retraso acumulado porque la luz tarda un tiempo en llegar hasta el telescopio.

O sea, que *Comandante* habrá visto a *Coliflor* realizar la misma acción en el doble de tiempo, por lo que verá el tiempo para *Coliflor* pasar a la mitad del ritmo que él experimenta. En el viaje de vuelta, el ritmo que pasa el tiempo para los dos se igualará.

Cuando *Comandante* vea a *Coliflor* dar la vuelta a la estrella y poner rumbo a casa, *Coliflor* estará ya de camino hace rato porque la luz tarda un tiempo en llegar hasta *Comandante*. Para *Comandante*, *Coliflor* tardará tan solo 4 años en recorrer el trayecto de vuelta. Ahora *Comandante* percibe el paso del tiempo para *Coliflor* el doble de deprisa, ya que *Coliflor* tarda 8 años en volver, pero él ve la acción pasar en solo 4.

O sea que, al final, para *Coliflor* han transcurrido 16 años (8 de ida y 8 de vuelta), mientras que *Comandante* la ha visto completar su viaje en 20 años (16 de ida y 4 de vuelta).

Captado. Pero ahora viene la gran pregunta: ¿qué consecuencias tiene todo esto?

Las ecuaciones de Einstein predecían que nuestro movimiento no solo alteraría nuestra percepción del tiempo, sino también del espacio en la misma medida. Si, por ejemplo, nos desplazamos a una velocidad que nos permite experimentar el paso del tiempo un 10 % más lento respecto a la percepción de un observador estacionario, también experimentaremos las distancias un 10 % más cortas de lo que a este le parecen. Esto significaba que *el espacio y el tiempo no son entidades separadas*, sino la manifestación de la misma entidad de cuatro dimensiones.

Curiosamente no fue Einstein el que se dio cuenta de esto, sino su profesor Herman Minkowski, un matemático que estuvo trabajando en la teoría de Einstein dos años después de la publicación de su trabajo, en 1907. La teoría de Einstein resultaba un poco complicada y poco intuitiva para los físicos, dado que entenderla requería poder imaginar cómo se comporta un espacio de cuatro dimensiones. Los matemáticos como Minkowski tenían ventaja cuando trabajaban con las ecuaciones de Einstein porque estaban acostumbrados a tratar campos como la topología, donde es habitual hablar de objetos de más de tres dimensiones.

Al principio, Einstein se negó a creer que lo descubierto por Minkowski pudiera ser real, calificándolo como nada más que un truco matemático. Pero, a medida que fue mejorando sus aptitudes matemáticas y trabajando en su siguiente tesis, *La relatividad general*, se dio cuenta de que tenía que ser verdad: el universo está compuesto por lo que llamó el *tejido espacio-tiempo*.

LA DEFORMACIÓN DE LA GRAVEDAD

Esta misma idea, la de que todo existe dentro de un tejido espacio-temporal, le llevó a replantearse la naturaleza de la propia gravedad. Newton había asumido que la gravedad es una fuerza que aparecía entre dos cuerpos con masa, pero ¿de dónde venía esa fuerza? ¿A través de qué se propagaba? Las ecuaciones de Newton no respondían a estos interrogantes, sino que simplemente proporcionaban una manera de calcular un efecto observable.

Pero Einstein hizo un planteamiento nuevo. Si el espacio y el tiempo forman parte de lo mismo y todas las cosas están metidas dentro de este tejido, ¿podría la gravedad provenir de la deformación de este tejido?

No era un mal planteamiento porque descubrió que, efectivamente, así es.

Einstein se dio cuenta de que la gravedad tiene un comportamiento análogo a una aceleración constante hacia abajo, algo muy fácil de observar con un experimento mental: imaginemos que nos encontramos sobre una plataforma en medio del espacio, suficientemente alejados de otros planetas y estrellas como para que sus campos gravitatorios no nos afecten. Sin ninguna fuerza que nos mantenga pegados a la plataforma, estaríamos flotando en medio del espacio sin ser estirados en ninguna dirección.

Pero si debajo de esa plataforma hubiera dos propulsores que le proporcionaran una aceleración vertical constante, aumentando su velocidad a un ritmo de unos 9,8 m/s cada segundo, la plataforma se pegará contra nosotros y nuestro cuerpo igualará su velocidad. En vez de salir disparados por el impacto, si la plataforma sigue acelerando al mismo ritmo, quedaremos pegados a ella porque cada segundo que pasa la velocidad de la plataforma vuelve a ser 9,8 m/s más alta que la nuestra. Como nosotros siempre iremos rezagados respecto a este cambio constante de velocidad, dejaremos de flotar y quedaremos pegados a la plataforma.

Sobre la superficie terrestre, el campo gravitatorio de nuestro planeta nos acelera hacia abajo precisamente a 9,8 m/s cada segundo, así que lo curioso es que si alguien nos vendara los ojos y nos teletransportara automáticamente desde nuestra casa hasta esa plataforma en aceleración constante en medio del espacio, no notaríamos ninguna diferencia en nuestro movimiento. Podríamos caminar sobre la plataforma, correr, rodar por el suelo o hacer flexiones. No importaría: el esfuerzo que nos costaría sería idéntico al que tendríamos que hacer sobre la superficie terrestre, donde las cosas son aceleradas hacia el suelo casi a ese mismo ritmo.

O sea, que Einstein concluyó que las dos situaciones se pueden considerar equivalentes.

Vale, veo que las situaciones puedan afectarnos de la misma manera, pero la superficie de la Tierra no está siendo acelerada hacia todos lados. ¿Qué es lo que nos mantiene a nosotros pegados al suelo?

Hasta ahora, la única explicación que había demostrado «funcionar» para esta pregunta había sido la de Newton, que decía que se trataba de una fuerza invisible que surge entre dos cuerpos. Pero había algo que fallaba en este planteamiento porque, aunque las leyes de Newton que se habían utilizado hasta que Einstein publicó su trabajo habían conseguido describir con gran precisión el movimiento de los planetas, la mejora de las observaciones con el uso de telescopios cada vez más potentes había revelado pequeños fallos en las predicciones hechas con esta teoría.

El caso más notable era el de la órbita de Mercurio.

EL DESCONCERTANTE MERCURIO

Urbain Le Verrier se dio cuenta por primera vez en 1859, comparando observaciones de la órbita de Mercurio tomadas a lo largo de ciento cincuenta años, de que el punto más cercano de su órbita alrededor del Sol se estaba desplazando poco a poco, a un ritmo de 574 segundos de arco (0,159°) cada siglo, como en la siguiente ilustración:

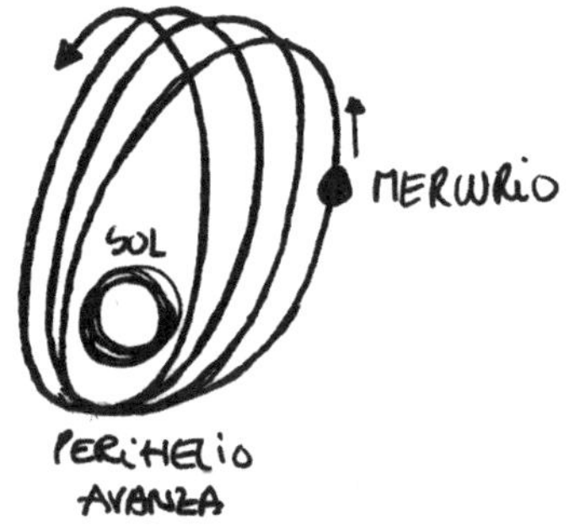

Se supuso que el campo gravitatorio del resto de los planetas podía estar afectando a la órbita de Mercurio, pero cuando los astrónomos hicieron los cálculos descubrieron que las ecuaciones de Newton predecían que la desviación debería ser de 531 segundos de arco, 43 menos de lo observado.

Le Verrier propuso que el responsable de esta desviación podría ser otro pequeño planeta que se encontrara dando vueltas entre Mercurio y el Sol. A este hipotético planeta lo bautizó como Vulcano, en honor al dios romano del fuego,

DATO CURIOSO

Para hacernos una idea de lo churruscado que está este planeta basta con señalar que Mercurio está separado del Sol por una distancia de entre 46 y 70 millones de kilómetros y la temperatura en la cara iluminada por el Sol alcanza los 427 °C, mientras que la cara más alejada del Sol está a –173 °C. Ya podéis imaginar el calorcillo que haría en Vulcano si, como Le Verrier calculó, este diera vueltas alrededor del Sol a una distancia de solo 21 millones de kilómetros.

porque a esa distancia del Sol sin duda se trataría de un mundo un poco churruscado.

Pero, finalmente, nadie logró encontrar signos de la existencia de Vulcano o de ningún otro planeta más cercano al Sol que Mercurio. Le Verrier era el más ferviente defensor de su teoría y los intentos por encontrar este planeta prácticamente cesaron cuando murió en 1877. Es una lástima que al final no existiera, porque hubiera sido una pasada tener un planeta con ese nombre en el sistema solar. De hecho, si tuviéramos un Vulcano, propondría renombrar el resto de los planetas del sistema solar con nombres igualmente molones como…, yo qué sé…, Magnetrón o Jorge Neptuno.

El desplazamiento de la órbita de Mercurio siguió siendo un misterio hasta que a Albert Einstein se le ocurrió utilizar su planteamiento de que el espacio y el tiempo forman parte del mismo tejido, y propuso que la gravedad podría ser simplemente la manifestación de una perturbación en este tejido del espacio y el tiempo causado por la masa.

PERTURBACIONES ESPACIALES

Esta es la típica analogía que recordaréis de documentales que no terminan de dejar las cosas claras, donde un planeta aparece deformando una malla que representa el espacio y el tiempo. Cuando una cosa orbita alrededor de otra, en realidad estaría atrapada dando vueltas alrededor de esa depresión.

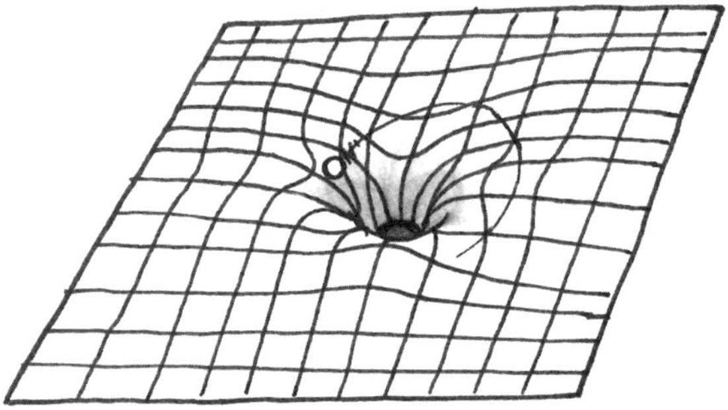

Esta representación no es del todo acertada porque el espacio es tridimensional, así que el panorama sería algo de este estilo:

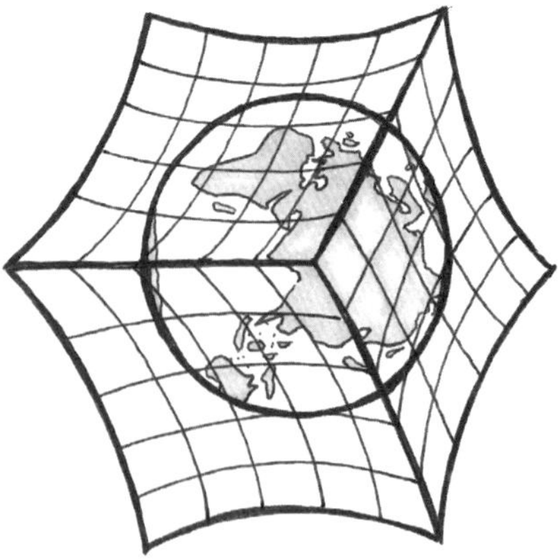

Pero ¿cómo demostrar que en realidad vivimos en un universo donde el espacio y el tiempo son la misma cosa y la gravedad no es más que la deformación de este tejido?

Volvamos al principio de equivalencia e imaginemos que la plataforma aceleradora sobre la que nos encontramos está rodeada de paredes y que estas tienen ventanas. Imaginemos que un rayo de luz pasa horizontalmente entre dos ventanas opuestas mientras nos movemos hacia «arriba».

En este caso, la luz entrará a una altura por la primera ventana y, debido al movimiento de la plataforma, saldrá por un punto ligeramente distinto en el lado opuesto. Si fuéramos capaces de ver el rayo de luz, descubriríamos que describe una curva por delante de nuestras narices.

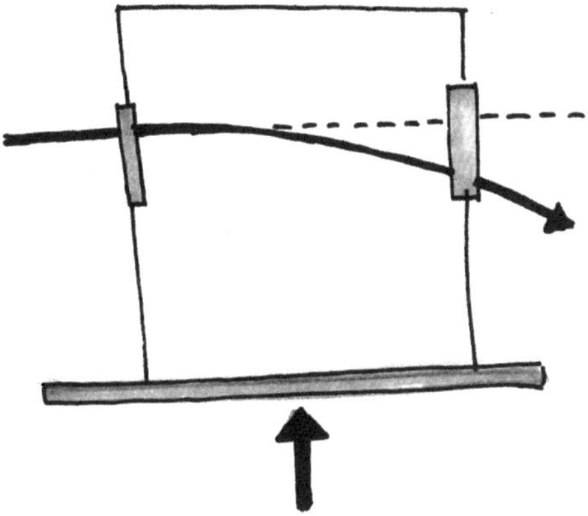

Como las dos situaciones son equivalentes, entonces la luz también debería desviarse un poco cuando atravesara un campo gravitatorio. Aquí la física newtoniana presenta un problema: la luz no tiene masa, así que, si la gravedad fuera una fuerza que aparece entre dos cuerpos, nunca debería aparecer una fuerza entre la luz y un objeto con masa, y por tanto sería imposible que la gravedad desviara su trayectoria.

Pero, si Einstein tenía razón y el campo gravitatorio terrestre es equivalente a la situación de la plataforma acelerando, entonces deberíamos ver la luz curvarse al pasar cerca de un campo gravitatorio suficientemente potente. Y esa luz no se estaría desviando porque alguna fuerza actuara sobre ella, sino porque el espacio en sí estaría curvado y a la luz no le quedaría más remedio que recorrerlo siguiendo la curva.

Si alguien consiguiera observar un rayo de luz siendo desviado en presencia de un campo gravitatorio, eso demostraría que la gravedad no es una fuerza sino una perturbación en el tejido espacio-tiempo y, por tanto, confirmaría la teoría de Einstein.

Por desgracia, la luz va tremendamente deprisa y se necesita una ingente cantidad de masa para generar la atracción gravitatoria suficiente como para desviar de manera apreciable el camino de un rayo de luz. La única masa inmensa que está suficientemente cerca de nosotros como para poder estudiarla con relativa facilidad es nuestro propio Sol.

Si pudiéramos observar, por ejemplo, si la luz de las estrellas que hay detrás del Sol nos llega desde un ángulo que no toca cuando este pasa por delante de ellas, ya tendríamos nuestra prueba definitiva y llegaríamos a casa a tiempo para cenar.

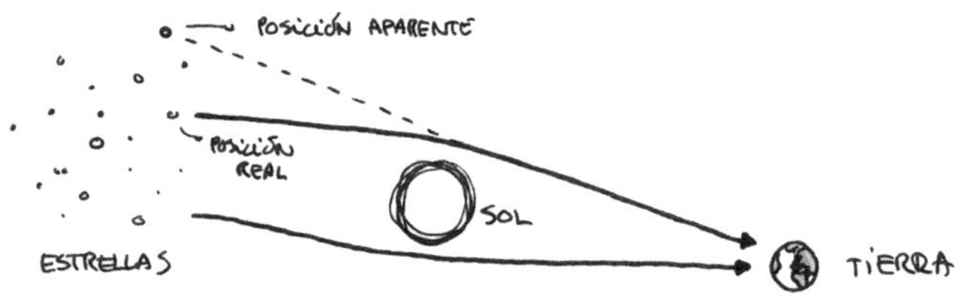

Pero, como siempre, las cosas no son tan fáciles. El mayor problema, como ya habréis imaginado, es que el Sol es tremendamente brillante. ¿Cómo iba alguien a observar un rayo de luz emitido por una estrella pasando cerca del Sol en condiciones normales? De nuevo, había que esperar a que tuviera lugar un fenómeno celeste poco frecuente para mandar gente alrededor del mundo a que observara el fenómeno. Esta vez, se trataba de esperar a que la Luna tapara el brillo del Sol durante un eclipse para poder observar si la tenue luz de las estrellas había cambiado de dirección al pasar cerca del disco solar.

Por suerte, se produjo un eclipse solar en 1919, solo cuatro años después de que Einstein planteara su teoría de la relatividad general.

El experimento era simple. Unos días antes del eclipse, equipos de astrónomos repartidos por todo el mundo medirían con gran precisión las posiciones donde deberían estar las estrellas que se encontrarían detrás del Sol durante el eclipse solar. Si, durante el eclipse, las estrellas no aparecían en la posición en la que deberían estar alrededor del disco solar, significaría que la gravedad del Sol estaba desviando la luz de las estrellas hacia nosotros y se confirmaría la teoría de Einstein.

Cuando por fin llegó el día, dos equipos de astrónomos que se habían desplazado a Brasil y Sudáfrica tomaron fotos del eclipse durante los 6 minutos que duró. Después del análisis minucioso de la posición de las estrellas en las fotografías, en noviembre de ese mismo año se concluyó que, en efecto, la luz de las estrellas había sido desviada por el Sol, confirmando que vivimos en un universo donde la masa puede curvar el espacio-tiempo y generar la gravedad.

La mejora de los telescopios nos ha permitido observar el fenómeno de la desviación de la luz a una escala mucho mayor: las galaxias muy masivas son capaces de curvar la luz de las galaxias más lejanas y, si coincide que las dos están alineadas en nuestra dirección, podremos ver la luz desviada como si estuviera pasando a través de una lente. De ahí el nombre que recibe este efecto: una lente gravitacional.

Volviendo al tema que nos ocupa, si una masa es capaz de curvar el tejido espacio-tiempo..., entonces, ¿podría la intensidad de un campo gravitatorio afectar a nuestra percepción del tiempo?

Pues resulta que sí.

LA RELATIVA PERCEPCIÓN DEL PASO DEL TIEMPO

Como la masa deforma el tejido del tiempo y el espacio, el ritmo del tiempo también se ve alterado de manera perceptible cerca de una masa suficientemente grande. Cuanto mayor sea la intensidad del campo gravitatorio en el que estés metido, menor será el ritmo al que pasará el tiempo para ti respecto a otra persona que no esté metida en ese mismo campo gravitatorio.

Esto no significa que vayas a notar el tiempo pasar a cámara lenta si tú estás sobre la superficie terrestre y un amigo tuyo está, por decir algo, en la Luna, con una gravedad que es una sexta parte de la de la Tierra. Cada uno notará el transcurso del tiempo a un ritmo normal y no os daréis cuenta de que vuestro tiempo está transcurriendo de manera distinta hasta que os observéis o volváis a encontraros en las mismas condiciones gravitatorias.

Mmmm... Espera, espera, que esto empieza a sonar a película de Hollywood. Vale que la luz se curve por efecto de la masa del Sol, pero ¿realmente tenemos alguna prueba de que todo este rollo de los relojes que pasan a ritmos distintos sea cierto?

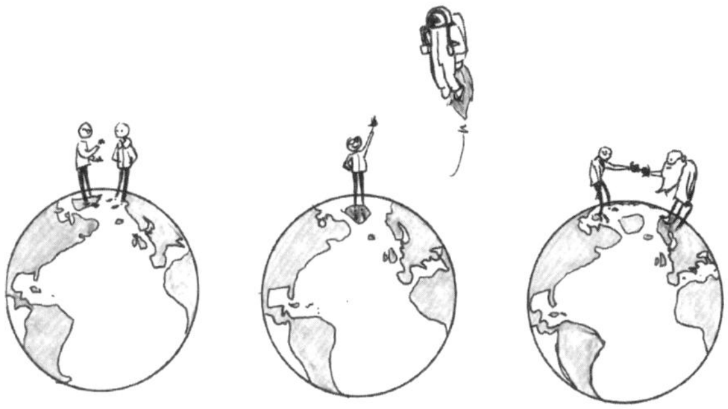

Sí, hay muchas, pero seguramente la más clara es el experimento Hafele-Keating, de 1971, en el que se cargaron cuatro relojes atómicos en aviones que darían la vuelta al mundo dos veces, una hacia el este y la otra hacia el oeste.

Si los efectos relativistas eran un fenómeno real, los relojes deberían adelantarse respecto a los que se quedaron en tierra, no solo por efecto de la gran velocidad a la que viajan los aviones, sino también por el hecho de que, al estar alejados de la superficie terrestre, la fuerza gravitatoria que sienten es ligeramente menor. Utilizando la teoría de Einstein, se predijo que durante la vuelta al mundo en dirección al este los relojes se adelantarían 40 nanosegundos y que, durante el viaje hacia el oeste, esa cifra sería de 275 nanosegundos.

Los aviones salieron a cumplir con su objetivo, y cuando llegaron y se midió el retraso en los relojes atómicos se descubrió que las predicciones habían sido correctas, lo que confirmaba que el adelanto en el tiempo debido a efectos relativistas era un fenómeno real y, por tanto, volvía a corroborar la teoría de Einstein.

Pero, si eso no es suficiente para contentar a vuestra mente inquisitiva, hay otro ejemplo mucho más directo que ilustra cómo los efectos relativistas afectan a nuestro día a día. De hecho, probablemente lo puedes ver desde tu teléfono móvil porque se trata del GPS.

EINSTEIN Y EL FUNCIONAMIENTO DE LOS GPS

Los 24 satélites de la red GPS dan vueltas alrededor de la Tierra a una velocidad de 14.000 km/h[3] (casi 3,9 km/s) y 20.000 kilómetros de altitud, donde la fuerza gravitatoria es 17 veces menor que la que experimentamos a nivel del mar.

Estos satélites emiten señales a intervalos regulares que contienen información sobre su posición y la hora del reloj de a bordo y están enviadas en forma de ondas de radio que, al ser otra forma más de radiación electromagnética, viajan a la velocidad de la luz (casi 300.000 km/s).

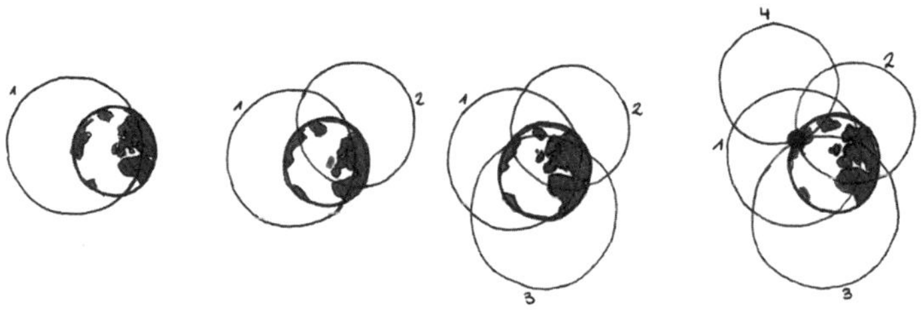

En la Tierra, nuestros teléfonos móviles o navegadores captan las señales de los al menos 4 satélites de la red GPS que son visibles desde cualquier punto de la superficie del planeta en cualquier momento dado y, conociendo su velocidad de propagación, el intervalo que hay entre ellas y los datos que contienen, pueden calcular a qué distancia se encuentra cada uno de los satélites visibles. Así, utilizando la distancia de al menos tres satélites como referencia, nuestros dispositivos son capaces de triangular nuestra posición sobre la superficie terrestre con una precisión de entre 5 y 10 metros.[4]

El problema es que, debido a los efectos relativistas provocados por la altura a la que se encuentran y su velocidad, los relojes de los satélites se «adelantan» 38 microsegundos cada día respecto a los relojes que se encuentran sobre la superficie terrestre. Esto significa que si no se corrigiera esta anomalía, nuestros aparatos receptores de GPS interpretarían que las señales enviadas desde el satélite habrían tardado 38 microsegundos más en alcanzarlos. Como deducen la posible posición a partir del tiempo que tarda en llegarles la señal, que, recordemos, se desplaza a la velocidad de la luz, esto descalabraría por completo sus mediciones, porque en 38 microsegundos la señal podría recorrer 11,4 kilómetros.

Para poder funcionar correctamente y seguir dando ese margen de error de entre 5 y 10 metros, la red de satélites necesita que la señal que se les envía no sufra un retraso mayor a 20 o 30 nanosegundos, lo que representa milmillonésimas de segundo. Y, bueno, 38 microsegundos diarios de adelanto representan 38.000 nanosegundos, así que no es un valor aceptable porque la red de satélites de GPS dejaría de producir resultados fiables en 2 minutos.

Por suerte, teniendo en cuenta los efectos relativistas, se pueden programar los relojes internos de los satélites para que tengan en cuenta este efecto y no se vuelvan locos.

MISTERIO DE MERCURIO RESUELTO

Todo esto está muy bien, pero ¿cómo explicaba la relatividad la desviación de la órbita de Mercurio?

Ay, sí, perdona, esto era importante.

El avance del perihelio de la órbita de Mercurio, que no podía ser explicado por completo con la física newtoniana (interpre-

DATO CURIOSO

A todos os sonará la famosa ecuación de $E = mc^2$. Esta ecuación simboliza que la energía contenida por un objeto es proporcional a la velocidad de la luz pero también significa que la energía y la masa están estrechamente relacionadas. No lo están en el sentido de que seamos seres espirituales cargados de energía ni nada por el estilo, no saquemos las cosas de contexto.

Cuando aceleramos un objeto, le aportamos energía cinética. Si lo aceleramos paulatinamente hasta una fracción razonable de la velocidad de la luz, notaremos que su masa va aumentando sin que el objeto crezca ni nada por el estilo. Este efecto, que solo entra en juego a grandes velocidades, se llama la «masa relativista» de un cuerpo.

Esta es la misma razón por la que ningún objeto con masa puede alcanzar la velocidad de la luz: a medida que acelera, su masa aumenta. Si la masa aumenta se necesita una mayor cantidad de energía para incrementar su velocidad aún más y, en el momento en el que se pretende igualar la velocidad de la luz, la cantidad de energía necesaria para dar este paso es infinita. Y no hay una fuente de energía infinita en el universo.

tando la gravedad como el resultado de la interacción con una fuerza atractiva e invisible que aparece entre dos o más cuerpos), cobra sentido cuando se le aplican las leyes de la relatividad. El tema de la órbita de Mercurio es complicado debido a la gran carga matemática y teórica que hay tras ella pero, básicamente, la perturbación en la posición de su perihelio proviene de la geometría del propio espacio-tiempo distorsionada por la presencia de la tremenda masa del Sol.

CAPÍTULO 14

OBSERVANDO LO INVISIBLE

Como ya hemos visto cuando hablábamos del efecto Doppler, las estrellas parecen cambiar un poco de color según se acerquen hacia nosotros o se alejen, debido a que la luz adquiere una tonalidad más roja cuando su longitud de onda es más larga y se vuelve paulatinamente más azulada a medida que la longitud de onda se acorta.

Si os está costando un poco reenganchar el hilo, recordad el ejemplo del sonido: los sonidos con longitudes de onda mayores nos parecen más graves y se vuelven más agudos a medida que la longitud de onda se reduce. Y ahora dejo en el aire la siguiente pregunta para la *voz cursiva*: ¿qué pasa cuando el tono de un sonido se vuelve cada vez más agudo?

Mmmm... ¿Que llega un punto en el que es tan agudo que dejamos de escucharlo?

¡Excelso! ¡Y lo mismo pasa con los tonos graves!

De la misma manera que un sonido nos parece más agudo o más grave según su longitud de onda, cuando la luz impacta contra nuestras retinas, nuestro cerebro interpreta su longitud de onda como un color distinto, correspondiendo las ondas más cortas a colores más azulados y las más largas a colores rojizos.

Pero igual que existen sonidos más allá del rango de frecuencias que podemos oír, la radiación electromagnética no está limitada a las longitudes de onda que somos capaces de ver, que en realidad representan una fracción minúscula de todo el espectro electromagnético. Como había comentado, nuestra visión está limitada a las ondas con un tamaño comprendido entre 390 y 700 nanómetros, pero las oscilaciones de las ondas electromagnéticas se pueden producir tanto en el espacio comparable al de un átomo como en el de una montaña.

Estas ondas electromagnéticas con longitudes de onda muy superiores o inferiores a la de la luz visible también podrían ser consideradas un tipo de «luz» invisible al ojo humano. Aunque no del todo porque, según su longitud de onda, la radiación electromagnética presenta propiedades distintas.

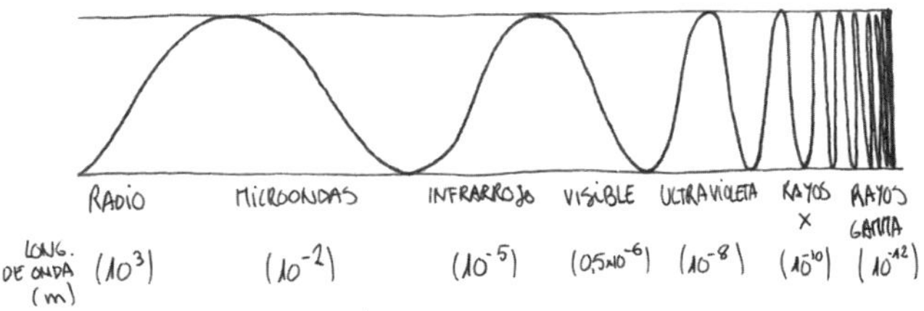

Y aquí llega el problema gordo para un primate que pretenda estudiar el cosmos: nuestros ojos solo son capaces de procesar una fracción diminuta del espectro electromagnético. Para orientarnos en nuestro día a día esa pequeña franja de radiación que podemos detectar ya nos va bien. De hecho, si hemos evolucionado durante todo este tiempo sin que nuestros ojos aprendan a detectar nada más que la luz visible significa que nuestra visión es suficiente para sobrevivir en este mundo loco.

Pero la evolución no nos preparó para desentrañar los misterios del firmamento, donde una cantidad inmensa de fenómenos emiten radiación electromagnética en longitudes de onda que somos incapaces de apreciar, así que la cantidad de información que nos perdemos al levantar la vista hacia el cielo es *tremenda*.

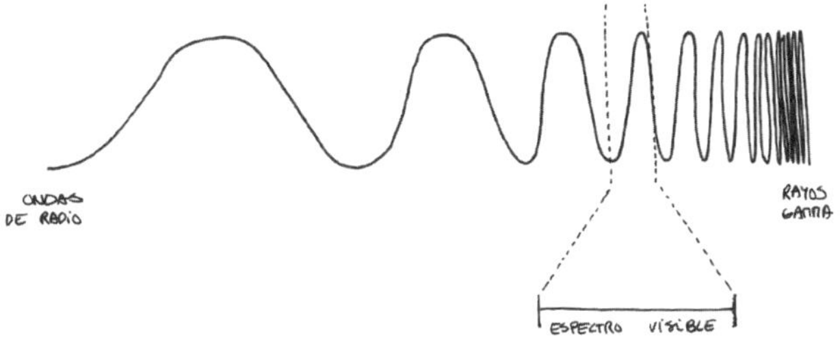

Estudiar el universo solo a través de nuestros ojos es como intentar correr a través de un bosque a oscuras lleno de luces de Navidad: las lucecillas podrán darte alguna pista sobre el camino que deberías seguir, pero no iluminarán las piedras, los arbustos, los troncos y los agujeros que, al fin y al cabo, son los objetos que te interesa poder esquivar para evitar tropezar y partirte la crisma.

LA LUZ INVISIBLE: RAYOS INFRARROJOS

La primera señal de que existían distintos tipos de «luz invisible» apareció nada más empezar el siglo XIX, de la mano de William Herschel (el mismo tipo que descubrió Urano, si os acordáis).

En el año 1800 nadie sabía por qué la luz blanca se descomponía en todos los colores del arcoíris cuando pasaba a través de un prisma, algo que había descubierto Isaac Newton en el siglo XVII.

Herschel se dedicó a interponer filtros translúcidos de distintos colores en el camino de rayos de luz solares, y notó que la luz «teñida» presentaba temperaturas distintas según su color, así que teorizó que el origen del fenómeno podría estar relacionado con los cambios de temperatura.

Para probar su hipótesis utilizó un prisma para proyectar el espectro de colores sobre un montaje que contenía varios termómetros, de manera que pudiera medir cuánto subía la temperatura en cada franja de color. No tardó en darse cuenta de que los termómetros situados en las franjas azules y violetas del espectro de color marcaban temperaturas más bajas que los que habían sido iluminados por los tonos más rojizos.

Su sorpresa llegó cuando vio que uno de los termómetros que había colocado en un lugar donde la luz roja no podía incidir sobre él, más allá de los límites del espectro proyectado por el prisma, marcaba la temperatura más alta de todas.[1]

Extrañado, Herschel comprobó los otros dos termómetros que tenía repartidos por la habitación para controlar la temperatura ambiente y se dio cuenta de que, en efecto, el termómetro que estaba en esa franja sin iluminar estaba marcando una temperatura mayor que cualquier otro. Solo había una explicación: el espectro luminoso continúa más allá del color rojo, y algún tipo de luz invisible para el ojo humano estaba calentando el termómetro.

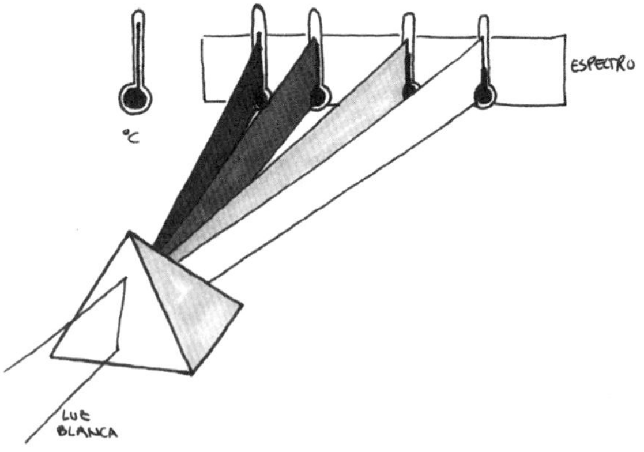

Herschel acababa de descubrir lo que él llamó *rayos caloríficos* pero que más adelante serían referidos como *radiación infrarroja* o, lo que es lo mismo, la radiación que está más allá del color rojo en el espectro electromagnético porque tiene una longitud de onda más larga.

El siguiente tipo de radiación invisible fue descubierta un año después, de manera igual de accidental.

OTRA LUZ INVISIBLE: RAYOS ULTRAVIOLETAS

Con el tiempo la *alquimia* había dado paso a la *química* y ahora los científicos se dedicaban a investigar las propiedades de distintos compuestos químicos para aprender algo de ellos y encontrarles aplicaciones más mundanas en vez de dedicar sus vidas a intentar fabricar una piedra que les permitiera convertir cualquier material en oro.

Una de las cosas que se había aprendido gracias a la química es que el cloruro de plata, un compuesto de color blanco, se descompone en presencia de la luz y adopta una coloración grisácea o violeta. Así que, en 1801, Johann Wilhelm Ritter estaba probando cómo los distintos colores proyectados por un prisma afectarían a la descomposición del cloruro de plata. Su experimento era muy parecido al de Herschel, solo que, en lugar de termómetros repartidos por el espectro de la luz, tenía un papel empapado en esta sustancia que abarcaba todos los colores proyectados por el prisma.

Ritter notó que el extremo violeta ennegrecía el papel más rápidamente que la parte rojiza del espectro pero, más interesante aún, vio que en la zona del papel que estaba más allá del color violeta y donde, aparentemente, no llegaba ninguna luz, la reacción se producía de manera aún más acelerada.

Esto indicaba la presencia de algún tipo nuevo de rayos de luz invisible, a los que Ritter llamó *rayos oxidantes*, por el efecto que producían en la reacción química, pero a los que ahora llamamos simplemente *rayos ultravioleta* porque están más allá del color violeta en el espectro electromagnético.

Y de momento nadie encontró nada más. Ya existía un tramo de luz invisible más allá del color rojo y otro después del color violeta, así que parecía que el arcoíris había quedado equilibrado.

MICROONDAS Y OTRAS ONDAS

Pero entonces llegó Maxwell, que, si recordáis, es el tipo que descubrió matemáticamente que deberían existir ondas con cualquier longitud de onda, y predijo la existencia de las *microondas* y las *ondas de radio* en 1865 y 1867, respectivamente.

Los descubrimientos de Herschel y Ritter habían dejado una huella en el mundo de la investigación: sin quererlo, habían demostrado que existen aspectos de la realidad que escapan a los sentidos humanos y que, si queríamos detectarlos, teníamos que encontrar otros medios que no fueran nuestros propios y limitados sentidos.

O sea que, para encontrar las ondas cuya existencia había sido predicha por Maxwell, el físico alemán Heinrich Hertz tuvo que realizar experimentos en los que no solo tenía que asegurarse de que sus aparatos emitirían la longitud de onda necesaria, sino que además contaban con un método para detectar las ondas que le permitiera identificarlas. El caso es que consiguió producir y detectar ondas de radio en 1887 y microondas en 1888.

RAYOS X. RAYOS GAMMA

En 1895, otro físico alemán, William Röntgen, estaba trasteando con un tubo de Crookes, que es básicamente una bombilla a través de la cual se puede hacer pasar una corriente eléctrica muy potente para que emita radiación electromagnética en distintas longitudes de onda. Estos aparatos existían desde hacía veinte años, y la gente había notado que, mientras estaban en funcionamiento, aparecían borrones y sombras extrañas en las placas fotográficas cercanas.

Para investigar esta curiosa propiedad, Röntgen preparó un experimento que consistía en enrollar el tubo en cartón negro para bloquear cualquier rastro de luz visible, infrarroja o ultravioleta y colocar una pantalla de un compuesto químico fluorescente (platinocianuro de bario, para los interesados en la química) a un metro de distancia del tubo. Cuando encendió el tubo de Crookes vio que la pantalla empezaba a emitir un brillo sutil, señal de que algún tipo de onda estaba atravesando el cartón e interaccionando con el material fluorescente.

Röntgen se dio cuenta de que había descubierto un nuevo tipo de radiación electromagnética que era capaz de pasar a través de la materia, así que experimentó con varios compuestos y descubrió que dicha radiación conseguía atravesar algunos materiales en mayor medida que otros, excepto el plomo y el platino, que la bloqueaban por completo.

Al ver que esta radiación penetraba en distintos grados en materiales diferentes, a Röntgen se le ocurrió que tal vez podría atravesar el hueso y la carne de manera distinta y le sugirió a su esposa Anna que colocara su mano frente a una placa fotográfica contra la que emitiría un haz de *rayos X*. Al revelar la placa, pudieron ver los huesos de la mano, obteniendo así la primera radiografía de la historia y cambiando el curso de la medicina.[2] Anna se convirtió en la primera persona viva de la historia en ver sus propios huesos, así que no

DATO CURIOSO

El nombre de *rayos X* derivó del hecho de que, en aquella época, Descartes había puesto de moda llamar X, Y o Z a las incógnitas matemáticas, una notación que aún tendemos a utilizar hoy en día. Como existían señales de que existía un nuevo tipo de radiación en el oscurecimiento de las placas fotográficas pero aún nadie había sido capaz de detectarla, Röntgen utilizaba el término *rayos X* durante sus investigaciones para referirse a ella porque, al fin y al cabo, resultaba toda una incógnita.

es de extrañar que al ver la radiografía exclamara: «¡He visto mi muerte!».

Por último, los rayos gamma fueron descubiertos en el año 1900 por el químico y físico francés Paul Villard, que estaba estudiando la radiación emitida por el *radio*, un metal radiactivo. Y..., bueno..., eso. Lo sé, lo sé: en comparación con los demás, el descubrimiento de este tipo de radiación es bastante aburrido.

Y ya está. En cien años habíamos descubierto todos los tipos de ondas que contiene el espectro electromagnético y ya podíamos utilizarlas para observar el firmamento y ver qué nos estábamos perdiendo con nuestros propios ojos.

AHORA SÍ VEMOS LO INVISIBLE

Si tuviera que explicar cómo se desarrollaron las diferentes técnicas para observar el cielo en cada una de estas longitudes de onda, este libro no terminaría nunca. Tampoco creo que resultara excesivamente entretenido, así que vamos a hablar directamente de qué hemos podido descubrir desde que observamos el cielo a través de aparatos que sí son capaces de detectar estas formas de luz invisible.

Si aún tenéis en mente el capítulo sobre el movimiento de las estrellas y el efecto Doppler recordaréis que el color de una estrella está determinado, básicamente, por la temperatura de su superficie. Las estrellas más calientes brillan con tonalidades azuladas, mientras que las más frías presentan colores rojizos.

Esta idea puede parecer poco intuitiva porque estamos acostumbrados a relacionar el color azul con el frío y el rojo con el calor, pero enfocadlo de la siguiente manera: ¿qué está más caliente, la llama anaranjada de un mechero o la llama azul de un soplete? Bueno, vale, a lo mejor no todos estáis familiarizados con los sopletes, pero os doy la respuesta: es la llama del soplete.

De hecho, tiene todo el sentido del mundo. Las longitudes de onda más cortas transportan una mayor cantidad de energía que las largas, así que para producir el color azul (ondas cortas) un objeto tiene que estar mucho más caliente que para emitir un brillo rojo (ondas largas).

¡Eh, eh! ¡Para el carro, bandido! Aquí hay una cosa que no me cuadra. Si los colores azulados son más energéticos que los rojos, ¿cómo puede ser que Herschel encontrara una mayor temperatura en el infrarrojo en sus experimentos con el prisma?

Buena memoria, *voz cursiva*.

El prisma de Herschel no era perfecto. Es muy difícil fabricar materiales que se comporten de manera ideal y el prisma que utilizó Herschel actuaba como una lupa para longitudes de onda largas, aumentando su potencia.[3] En realidad, si el experimento hubiera sido llevado a cabo con un cristal adecuado, la luz azul tendría que haber calentado más el termómetro que la roja.

De acuerdo, prosigue.

Vale, pues mira.

Resulta que no solo las cosas que están suficientemente calientes como para ponerse al rojo vivo emiten radiación electromagnética. Vale, sí, necesitas una temperatura mínima para que un objeto empiece a brillar con luz visible, pero las cosas emiten radiación incluso cuando *no* están incandescentes. Lo que pasa es que se trata de radiación *infrarroja* y nuestros ojos no la pueden detectar.

Por muy frío que esté un objeto, todo lo que desprende *algo* de calor emite radiación infrarroja y puede detectarse con los instrumentos adecuados.

¿Y qué pasa con el hielo? O algo más frío aún como..., yo qué sé..., ¿el nitrógeno líquido?

Tanto el hielo como el nitrógeno líquido a nosotros nos parecen fríos porque nuestro cuerpo se encuentra a una temperatura superior a la suya. Pero, en realidad, tanto uno como el otro están calientes.

Pero ¿qué dices? Date un baño en la playa en invierno y luego vuelves y repites que el hielo está caliente.

Maldita sea, *voz cursiva*.

Lo que nosotros interpretamos como *calor* proviene en realidad del movimiento de los átomos y las moléculas. Cuanto más rápido se mueven, más fricción se produce entre ellos y más calor desprenden. Esta es una versión simplificada del fenómeno real, pero sirve para ilustrar lo que quiero decir.

Como la temperatura es el resultado directo del movimiento que se produce en el interior del material, un objeto alcanzará la temperatura mínima posible cuando todos sus átomos y moléculas estén completamente quietos. Y ese estado ocurre cuando el objeto se encuentra a 0 grados Kelvin o, lo que es lo mismo, a −273,15 °C.

O sea que la distinción entre frío y calor es una concepción humana basada en la sensación que notamos según nuestra propia temperatura corporal. En realidad, las cosas están más o menos calientes dependiendo del mayor o menor movimiento que presenten los átomos y las moléculas que las componen. Es decir, que cualquier cosa que se encuentre por encima de −273,15 °C de temperatura tendrá algo de energía térmica y, por tanto, emitirá algún tipo de radiación de onda larga. Esto incluye toda la materia del universo, desde los asteroides hasta las paredes de tu casa, pasando por las piedras, las nubes, las personas y los árboles.

La tecnología infrarroja nos permite estudiar el cielo usando el mismo principio que aprovechan las cámaras infrarrojas para detectar a la gente en total oscuridad: sacan una foto en la parte infrarroja del espectro electromagnético en vez de en la visible y, como la temperatura del cuerpo humano suele ser mayor a la del entorno y por tanto la radiación emitida por él es ligeramente más energética, pueden distinguir a las personas del resto del paisaje.

Apuntando cámaras infrarrojas al cielo, podemos detectar objetos demasiado fríos como para que emitan luz visible. Como, por ejemplo, la mayoría de las estrellas.

Sé que te habrá sorprendido, porque las estrellas son tan brillantes que parece algo fácil poder encontrarlas en el cielo. Y aunque algunas estén bastante lejos de nosotros y se necesiten telescopios más potentes para observarlas, parece imposible pasarlas por alto…, ¿no?

Pues no.

ENANAS DE MUCHOS COLORES

En nuestra propia galaxia, el 85 % de las estrellas son *enanas rojas*, un tipo de estrellas que tiene una masa entre 0,1 y 0,6 veces la masa de nuestro Sol y que emiten solo entre un 0,01 y un 3 % de la luz. La superficie de estas estrellas se halla a una temperatura de entre 2.200 y 3.400 °C, así que la tonalidad con la que brillan es más bien rojiza y muy, muy débil. Aunque están suficientemente calientes para emitir luz visible, la mayoría de la radiación que emiten se encuentra en la parte infrarroja del espectro.

Un caso aún más extremo es el de las *enanas marrones*, descubiertas en 1988. Se trata de objetos gaseosos demasiado pequeños y fríos como para que en su interior se produzcan las reacciones de fusión nuclear que hacen brillar una estrella pero, aunque su superficie no esté lo bastante caliente como para emitir luz visible, a sus 700 °C desprenden calor suficiente como para ser fuentes de radiación infrarroja.

Siguiendo en la línea de las enanas (aunque no tenga nada que ver con el espectro infrarrojo), las *enanas blancas* fueron descubiertas en 1910 por Henry Norris Russell, Williamina Fleming y Edward Charles Pickering cuando encontraron una estrella que brillaba en un color blanco pese a que su brillo era muy débil.

Bueno, a lo mejor solo estaba lejos.

No, no, conocían la distancia hasta la estrella y después de calcular lo brillante que debería ser la luz de la estrella basándose en el brillo medido desde la Tierra (el brillo se reduce con el cuadrado de la distancia y se puede calcular), vieron que el resultado no tenía ningún sentido, porque las estrellas blancas tienen una temperatura tremenda debido a que sus masas son enormes y las reacciones de fusión nuclear de su núcleo, muy energéticas. Esta estrella, en cambio, pese a toda esa virulencia, brillaba con un fulgor débil.

O sea, que no podía ser una estrella gigantesca blanca normal.

En 1939, Russell recordaba el comentario que un sonriente Pickering le hizo en un momento en que él se encontraba perplejo y alicaído por la inconsistencia de sus observaciones: «Esta es solo una de esas excepciones que nos llevan al avance de nuestro conocimiento».[4] Y Pickering tenía razón, porque más tarde se descubriría que estas estrellas encajan con lo que predice la física que les ocurre a las estrellas de tamaños similares al del Sol cuando su combustible se acaba: sus capas exteriores se hinchan y en el núcleo queda una bola compacta de material caliente, la *enana blanca*.

Luego están las *enanas negras*, que son enanas blancas que se han enfriado tanto que ya no emiten luz visible. Como las enanas blancas pierden el calor muy lentamente son capaces de mantener su brillo durante muchísimo tiempo: se calcula que las estrellas enanas blancas más viejas que se han encontrado llevan existiendo entre 11.000 y 12.000 millones de años.[5] Con sus 13.700 millones de años, el universo es aún demasiado joven como para que se espere que existan *enanas negras*.

Pero la radiación infrarroja no solo nos permite detectar estrellas que no brillan lo suficiente como para ser detectadas por su luz visible. Muchas estrellas brillan con fuerza, pero resultan invisibles para nosotros porque están ocultas tras nebulosas, gigantescas nubes de gas que pueden llegar a medir cientos de años luz de diámetro. Las nebulosas no suelen ser demasiado densas. En realidad, una nebulosa del tamaño del planeta Tierra contendría solo unos cuantos kilogramos de masa, pero su tamaño desproporcionado bloquea la luz de cualquier estrella que esté oculta tras ella.

Las nebulosas resultan opacas a la luz visible, que tiende a ser absorbida por los átomos de gas, pero la luz infrarroja pasa a través de ellas sin problemas y es capaz de llegar hasta nosotros. Por tanto, observando zonas oscuras del cielo en la longitud de onda infrarroja podemos llegar a encontrar una gran cantidad de actividad invisible para el ojo humano.

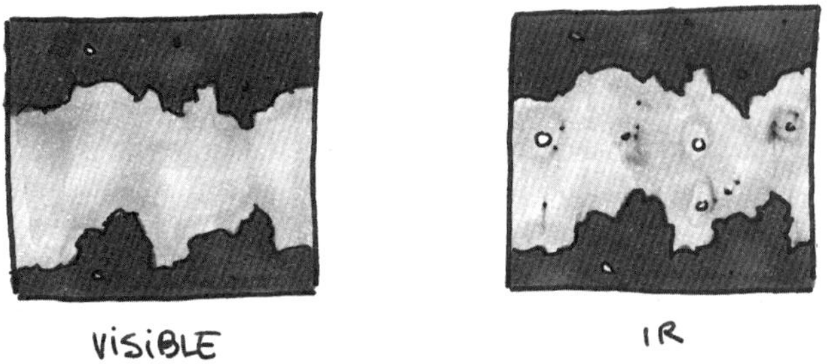

IR es la abreviatura de Infrarrojo

Las *nubes moleculares* son nebulosas suficientemente densas como para que los átomos de los distintos elementos que las componen estén tan cerca entre sí que pueden combinarse y formar moléculas más complejas. En el interior de estas nubes, los núcleos más densos de gas atraen material de su alrededor debido a su mayor atracción gravitacional. Cuanto más gas acumulan, más aumenta la masa del núcleo y más fuerte se vuelve su campo gravitatorio, por lo que atrae una cantidad aún mayor de masa nueva y la comprime en el centro, empezando así un círculo que se retroalimenta hasta que en el núcleo las condiciones de presión y calor son tan grandes que empiezan a tener lugar reacciones de fusión nuclear que liberan una cantidad tremenda de energía. Esta energía calienta toda la masa de gas hasta su incandescencia y, *voilà*, empieza a brillar una estrella.

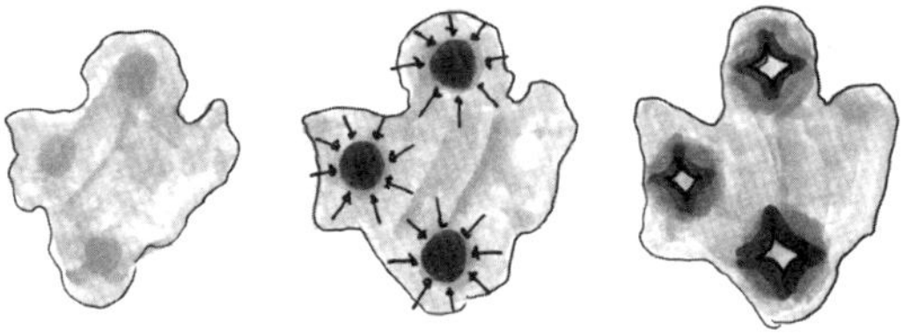

¿Y cómo puede ser que la luz visible no pueda atravesar un material y la infrarroja sí?

Sin entrar en detalles excesivamente quisquillosos, la respuesta se puede resumir en que algunos materiales son transparentes para ciertas longitudes de onda y opacos para otras según su composición química y estructura interna.

Por ejemplo, el vidrio es transparente a la luz visible y por eso podemos ver a través de él. Pero si nuestros ojos detectaran la luz ultravioleta en vez de la visible, una ventana de cristal nos parecería prácticamente opaca, porque esta no puede pasar a través del cristal.

Ya que estamos hablando de luz ultravioleta, las imágenes del cielo en esta longitud de onda nos permiten detectar objetos muy calientes, como las estrellas jóvenes o las moribundas. Pero, aunque el cielo observado a través de la luz ultravioleta aparece muchísimo más brillante porque las estrellas muy calientes emiten una mayor cantidad de luz ultravioleta que infrarroja, presenta problemas.

Por un lado, las nubes de gas que hay repartidas por el espacio detienen la radiación ultravioleta muy fácilmente. Así que muchas estrellas quedan totalmente oscurecidas en el espectro ultravioleta y, si miramos el cielo a través de esta longitud de onda, aparecen grandes parches oscuros por toda la galaxia. Además, gran parte de la radiación ultravioleta es absorbida por la atmósfera terrestre, así que para poder estudiar el cielo en el espectro UV necesitamos telescopios que operen fuera de la atmósfera. Y eso es bastante caro, por supuesto.

Las imágenes en ultravioleta nos permiten distinguir zonas de otras galaxias en las que se están formando nuevas estrellas o donde están los objetos que emiten más radiación, lo que nos puede decir mucho de la estructura galáctica, como, por ejemplo, que las estrellas nuevas tienden a aparecer en los brazos de las galaxias espirales donde las grandes nubes de gas interaccionan.

Pero no todo son estrellas en el firmamento. Existen fenómenos mucho más violentos y energéticos que emiten radiación electromagnética con una longitud de onda mucho más corta que la ultravioleta. En este tipo de procesos intervienen gases calentados a temperaturas de alrededor de un millón de grados, que emiten una gran cantidad de radiación en forma de rayos X. De nuevo, nuestra atmósfera es un obstáculo porque absorbe los rayos X e impide que podamos observarlos desde el suelo. También impide que seamos constantemente irradiados por ellos, así que tampoco nos enfademos con la pobre atmósfera terrestre.

Por este motivo, las primeras observaciones del cielo en rayos X fueron realizadas desde el espacio en 1949 por el Naval Research Laboratory (Estados Unidos) usando detectores acoplados a cohetes V-2 que no llegarían a ponerse en órbita, pero sí volarían durante un rato por encima del límite de la atmósfera para tomar sus mediciones.[6] En realidad, esta misión tenía como objetivo explicar por qué la ionosfera, una de las capas superiores de la atmósfera, reflejaba las ondas de radio, que en aquella época estaban en pleno apogeo para las comunicaciones. El proyecto descubrió que el Sol emite rayos X y que estos estaban interaccionando con la ionosfera a esa altura al ser absorbidos por ella.

Pero no os preocupéis, que el Sol no va a irradiaros como si os estuviera haciendo una radiografía constante: además de ser absorbidos por la atmósfera, tan solo una minúscula parte de la radiación emitida por el Sol son rayos X.

La primera fuente de rayos X descubierta fuera del sistema solar fue Scorpius X-1, que recibe este nombre porque fue la primera en ser descubierta en la zona de la constelación de Escorpio. Se observó por primera vez en 1962 y, en 1967, el físico Iosif Shklovsky determinó que se trataba de una estrella de neutrones,[7] las remanentes supercompactas de una estrella moribunda. Fue un descubrimiento conveniente, ya que demostraba la existencia de este tipo de estrellas cuya predicción ya había hecho Walter Baade en 1934.

Un momento..., ¿me estás diciendo que la existencia de las estrellas se puede predecir?

Veo que tocará dar otro rodeo.

UN APUNTE DE FÍSICA ESTELAR

A principios del siglo XX ya teníamos una idea bastante clara sobre cómo funcionaba la materia: se habían detectado partículas con carga positiva, negativa y neutra saliendo de la materia, así que se construyó el modelo atómico que todos conocemos, compuesto por partículas que representaran estas cargas, llamadas protones, electrones y neutrones.

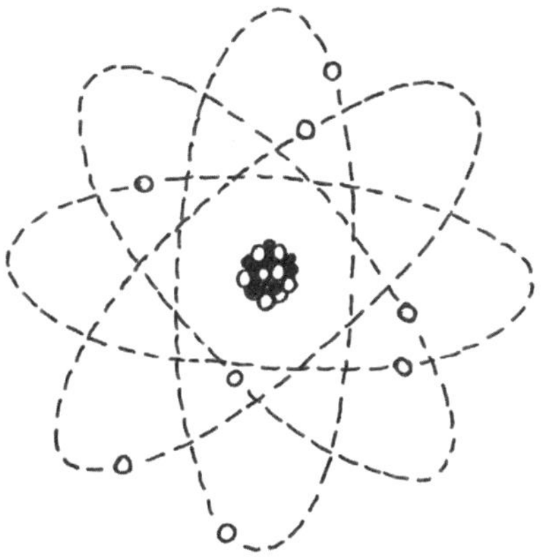

Como no tenemos manera de observar un átomo de manera directa, este modelo no tiene por qué plasmar perfectamente la realidad, en el sentido de que lo más probable es que los átomos no sean un conjunto de bolitas perfectas. Pero, independientemente de que sea una representación fiel de los átomos de verdad, nos ha funcionado a la perfección para predecir cómo se comportarán unos compuestos químicos al reaccionar con otros, qué otras sustancias se formarán a partir de las reacciones o qué tipo de radiación emitirán, así como para predecir qué propiedades deberían tener elementos que aún no se han descubierto.

Explicaré de forma rápida este modelo para que todos podamos seguir el hilo de ahora en adelante.

Los protones tienen carga positiva y la carga de los electrones es negativa. Los protones están agrupados en el núcleo del átomo, pero como todos tienen la misma carga tienden a repelerse entre sí. Los neutrones, que no tienen carga eléctrica, están metidos también en el núcleo atómico y su función es separar un poco los protones para que no se acerquen lo suficiente como para salir repelidos fuera del átomo. Por otro lado, los electrones dan vueltas alrededor del núcleo.

Los átomos se encuentran en equilibrio eléctrico cuando tienen el mismo número de protones que de electrones o, lo que es lo mismo, cuando la carga eléctrica positiva y negativa es la misma, y como resultado el átomo en conjunto adquiere una carga neutra.

¿Os habéis preguntado qué es lo que diferencia un elemento químico de otro? ¿Qué hace que el oro sea oro y el hierro sea hierro? ¿O el oxígeno sea oxígeno? Esto es simplemente el número de protones que contiene su núcleo.

El hidrógeno es el elemento más simple, con un núcleo formado por un simple protón alrededor del cual da vueltas un electrón. El hierro, por poner un ejemplo, tiene 26 protones en su núcleo y el mercurio tiene 80. O sea, que lo único que diferencia el oro, con 79 protones en su núcleo, del mercurio es un solo protón.

Bueno, en realidad esto no es del todo así. Ese protón extra tendrá que ir acompañado de un electrón y seguramente algún neutrón para mantener el núcleo estable una vez que se le añade una carga positiva más, pero estos ejemplos sirven para hacernos una idea de cómo materiales con propiedades tan distintas son, en realidad, combinaciones diferentes de los mismos tres elementos subatómicos: protones, neutrones y electrones.

Y esto nos lleva al siguiente punto.

¿Recordáis que hasta hace relativamente poco tiempo la gente estaba loca por la alquimia porque ambicionaba convertir cualquier material en oro? Bueno, pues curiosamente hoy en día es posible... Pero en vez de *piedras filosofales* usamos *aceleradores de partículas*, que estrellan átomos ligeros contra átomos más pesados con la esperanza de que sus núcleos se unan y, al aumentar el número de protones en el núcleo nuevo, formen un elemento más pesado.

Así es, de hecho, como se pueden sintetizar nuevos elementos químicos y, curiosamente, el mismo principio de unir núcleos atómicos es el proceso que mantiene las estrellas funcionando.

Y ahora vamos a seguir con la historia.

En 1920, basado en las mediciones de las masas de algunos elementos ligeros de F. W. Aston y las ecuaciones de $E = mc^2$ de Einstein, Arthur Eddington propuso que el mecanismo que hace brillar las estrellas podría ser la fusión de átomos de hidrógeno para formar helio.[8] Este proceso libera una cantidad tremenda de energía, así que podía ser lo que calentaba la masa de la estrella lo suficiente como para que esta empezara a brillar. Y resultó que tenía razón.

En el núcleo del Sol, los átomos de hidrógeno, con un solo protón y un neutrón, se fusionan entre sí por pares para producir helio, que contiene dos protones y dos neutrones en su núcleo.

Pero si en el centro del Sol tiene lugar una explosión termonuclear constante..., ¿por qué no sale volando en pedazos? ¿Cómo puede siquiera tener forma esférica?

Por suerte, toda esta energía producida en el interior que intenta empujar nuestra estrella hacia fuera es contenida por el propio peso de las capas exteriores.

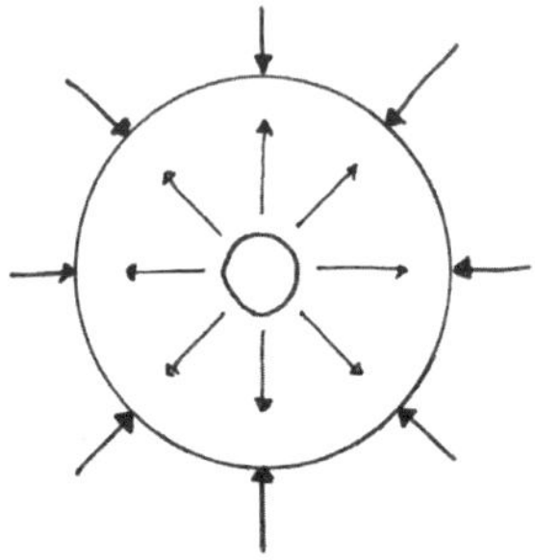

Pero Eddington aún no sabía que tenía razón y su hipótesis sobre la fusión nuclear en el centro de las estrellas planteaba otra incógnita: la cantidad de hidrógeno que contiene una estrella es finita, así que llegará un punto en el que la mayor parte de su núcleo estará compuesto por helio. ¿Qué pasará entonces con la reacción de fusión nuclear?

El físico nuclear Hans Bethe respondió a esta pregunta en 1939 en un artículo en el que explicaba con detalle el proceso de fusión del hidrógeno para formar helio en una estrella del tamaño del Sol, y demostró que esa debía ser la fuente de calor principal de nuestra estrella. Pero en su trabajo también hablaba de una cadena de fusión secundaria en la que los núcleos atómicos del helio podían unirse para formar elementos más pesados. A esta cadena se la conoce como el ciclo carbono-nitrógeno-oxígeno, por los elementos que sintetiza la fusión durante el proceso.

En una estrella del tamaño de nuestro Sol, las condiciones de calor y presión no son suficientemente extremas para fusionar helio, algo que no ocurre hasta el final de su vida, cuando se le empiezan a agotar las reservas de hidrógeno y el núcleo pierde «fuelle», por lo que la gravedad de la estrella lo comprime y aumenta la presión sobre él. En ese momento, el aumento de presión permite que el hidrógeno restante empiece a fusionarse en una capa alrededor del núcleo y la fusión empieza de nuevo a un ritmo tremendo que calienta muchísimo la estrella, así que esta comienza a expandirse.

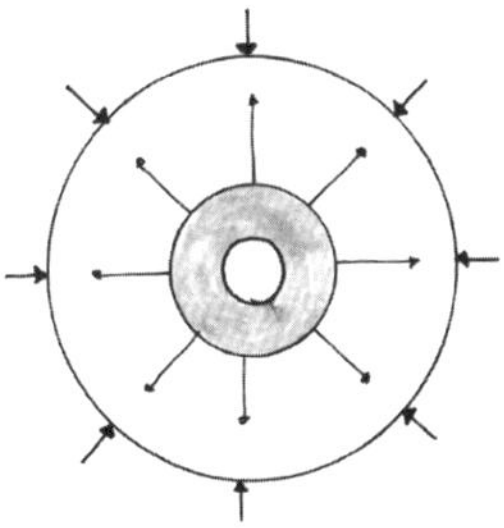

Durante esta fase de su vida, una estrella puede expandirse hasta llegar a alcanzar un tamaño 150 veces mayor a su tamaño original, y la energía generada en su núcleo tiene que ser repartida por una superficie mayor, así que esto se traduce en una superficie más fría. De ahí que estas estrellas se llamen *gigantes rojas*, ya que su menor temperatura superficial las hace brillar en ese color.

Para estrellas medias como nuestro Sol, la historia prácticamente termina ahí: cuando el hidrógeno se acaba en lo poco que queda del núcleo, la temperatura aumenta hasta los diez millones de grados, suficiente para fusionar el helio. La fusión de helio empieza prácticamente al mismo tiempo a lo largo de todo el volumen de la estrella y se produce un gran *flash* por un momento. Las capas exteriores de la estrella empiezan a dispersarse por el espacio y atrás queda un montón de materia degenerada a una alta temperatura brillando con un fulgor blanco...: una *enana blanca*.

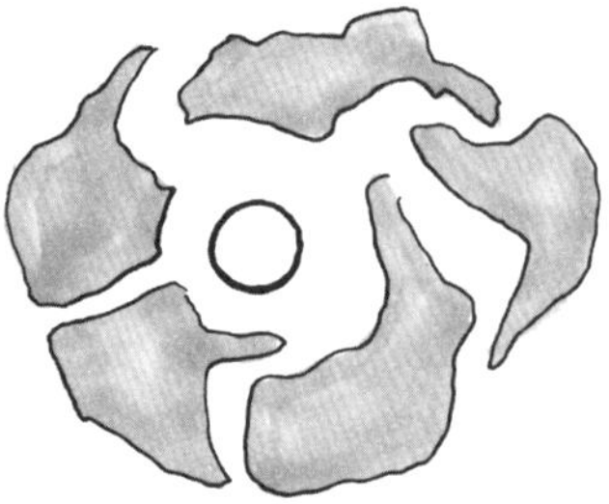

Pero en estrellas mucho más masivas que el Sol, el proceso no se detiene ahí. Su masa les permite seguir fusionando los átomos de helio de tres en tres para formar carbono y, si son lo suficientemente grandes, incluso pueden fusionar el carbono en elementos más pesados. Cuanto más grandes sean dos núcleos atómicos, más esfuerzo requerirá fusionarlos.

Debo señalar que la fusión no está limitada solo a elementos con el mismo número de protones. Por el camino, algunos átomos de hidrógeno pueden fusionarse con los de helio, dando lugar al litio, que tiene tres protones en el núcleo, por ejemplo.

La cuestión es que cuando las estrellas gigantes terminan de fusionar sus reservas de hidrógeno empiezan a fusionar helio y, cuando terminan con ese recurso, continúan fusionando elementos para formar otros que tienen un número de protones cada vez mayor en su núcleo. Helio, carbono, oxígeno, azufre, silicio, cromo... Cada vez se necesita más energía para fusionar los elementos más pesados que van apareciendo en el núcleo de la estrella.

Si la estrella es suficientemente grande podrá sostener las reacciones hasta que en su núcleo aparezca el níquel, un metal cuya fusión absorbe más energía de la que puede aportar a través de su fisión y, cuando una cantidad suficiente de níquel se acumula en el núcleo, las reacciones de fusión nuclear se detienen. Pero, claro, si la reacción de fusión se detiene, ya no queda nada que contrarreste la acción de la fuerza gravitatoria.

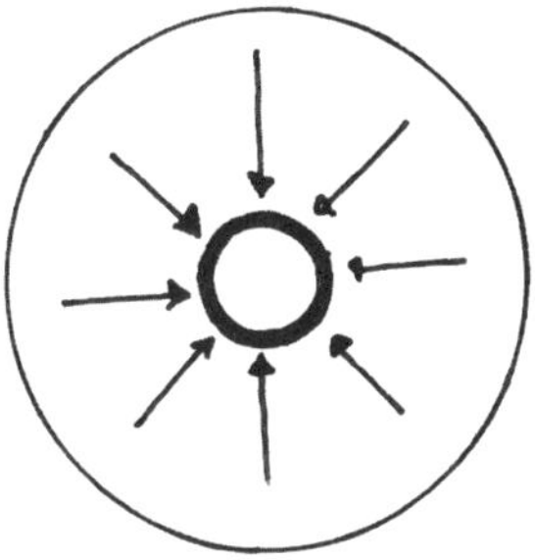

Acelerada por la fuerza gravitatoria y sin nada que la detenga, toda la materia se precipita hacia el centro de la estrella y la comprime con un impulso bestial. Esta compresión final es tan fuerte que desencadena la fusión nuclear por todo el volumen de la estrella, que, por un momento, es capaz de fusionar elementos más allá del níquel. Esta fusión libera tanta energía que toda la estrella estalla en una explosión descontrolada que libera materia al espacio a velocidades tremendas y puede brillar más que el resto de la galaxia que la alberga.

A este evento se lo conoce con el nombre de *supernova*.

Por supuesto, este tipo de explosiones estelares se habían observado varias veces durante la historia. La más notable ocurrió en el año 1054. Con un brillo que superó a todos los cuerpos celestes del cielo nocturno excepto la Luna, este evento fue registrado por culturas de todo el mundo. Fue visible incluso de día durante veintitrés días y fue perdiendo brillo, desapareciendo del cielo nocturno dos años después.

LAS EXPLOSIVAS SUPERNOVAS

Este hecho corroboraba que la teoría sobre cómo brillan las estrellas y la fusión nuclear era correcta, pero ¿qué sería lo que quedaría del núcleo de la estrella después de tan tremenda explosión?

Como hemos visto, las estrellas con masas similares al Sol terminan dejando tras de sí una estrella *enana blanca*. Pero con las estrellas más masivas que el Sol ocurre otra historia.

El núcleo de las estrellas que tienen unas 10 veces la masa del Sol queda tan comprimido después de la explosión con la que termina la vida de la estrella que los electrones del material que lo componen son empujados hasta el centro de los átomos, donde se combinan con los protones para convertirse en neutrones.

Y esto tiene una consecuencia muy curiosa, porque la mayor parte de los átomos es espacio vacío.

El núcleo es en realidad entre 23.000 y 145.000 veces más pequeño que el propio átomo en diámetro, según el elemento del que estemos hablando. En volumen, esto equivale a decir que alrededor del 99,9999999999999 % de un átomo es espacio vacío, que ocupa todo lo que queda entre los electrones y el núcleo.

Por eso, durante la explosión de una supernova la onda expansiva comprime el núcleo de la estrella y fusiona los protones y los neutrones de los átomos que lo componen hasta que solo quedan neutrones. De repente, todo ese espacio vacío que existía entre los protones y los electrones ya no existe y los neutrones quedan apilados unos junto a otros porque no tienen ninguna carga eléctrica que los repela.

El resultado: toda la masa que contenía el núcleo de la estrella, de entre 1 y 3 veces la masa del Sol, queda comprimida en una esfera de unas cuantas decenas de kilómetros. De ahí su nombre, una *estrella de neutrones*. En cierta manera, una estrella de neutrones podría considerarse un núcleo atómico gigantesco.

Detrás de todas estas suposiciones, por supuesto, hay una gran cantidad de física. Walter Baade y Fritz Zwicky habían postulado la existencia de estrellas de neutrones en 1934 y sugerían que la temperatura de un objeto de este estilo debería rondar el millón de grados Celsius. Por tanto, si estas estrellas existían, debían estar emitiendo una gran cantidad de rayos X y prácticamente nada de luz en una proporción muy concreta.

Y eso es precisamente lo que se observa,[9] así que, aunque nadie ha visitado nunca personalmente una estrella de neutrones ni ha tomado muestras de ella, podemos estar seguros de su existencia cuando observamos una fuente de rayos X con las características predichas teóricamente para una estrella de neutrones.

La situación de Scorpius X-1 es ligeramente distinta. En este caso, la estrella de neutrones está dando vueltas junto con otra estrella ordinaria alrededor de un centro de masas común, absorbiendo el gas que la compone.

Como resultado, el gas caliente que da vueltas alrededor de la estrella de neutrones es calentado a temperaturas muy altas y emite rayos X, pero también algo de luz visible. En este caso, esta estrella de neutrones emite 10.000 veces más rayos X que luz visible y la energía que desprende es 100.000 veces mayor que la que desprende el Sol en todas sus longitudes de onda. Ah, y estas estrellas rotan sobre sí mismas miles o millones de veces por segundo.

LOS TEMIBLES AGUJEROS NEGROS

De la misma manera que con las estrellas de neutrones, los rayos X ayudaron a descubrir la existencia de los verdaderos monstruos terroríficos del universo: los *agujeros negros*.

En 1916, Karl Schwarzschild calculó que, si se comprime una masa cualquiera hasta un volumen suficientemente reducido, la velocidad de escape necesaria para escapar de la fuerza gravitatoria de esa masa será mayor a la de la luz. Y a eso se le llama un agujero negro.

¿Cómo que una masa cualquiera? Querrás decir un planeta o una estrella o algo así, ¿no? ¿O me quieres decir que yo también me convertiría en un agujero negro si me comprimieras lo suficiente?

Pues sí, pero serías un agujero negro miles de millones de veces más pequeño que un átomo y te evaporarías al instante. Ni siquiera toda la masa entera de la Tierra formaría un agujero negro que llegara a los 20 centímetros de diámetro.

Pero ¡yo pensaba que los agujeros negros solo podían ser cosas monstruosamente grandes! ¿Cómo, si no, iba la luz a ser incapaz de escapar de ellos?

A eso quería yo llegar: la mejor manera para crear un campo gravitatorio muy potente no es mediante un objeto inmenso, sino mediante uno extremadamente denso y compacto. Me explico.

Parece que la imagen que vende Hollywood de los agujeros negros es que son monstruos que lo atraen todo hacia sí mismos como aspiradoras cósmicas. Da igual a la distancia que estés de ellos, que en las películas los agujeros negros te van a arrastrar hacia la perdición en cuanto detecten tu presencia.

En realidad, un agujero negro se comporta gravitacionalmente igual que cualquier otro cuerpo con masa. Si, por ejemplo, sustituyéramos el Sol por un agujero negro con su misma masa, las órbitas de los planetas no se alterarían en absoluto. De hecho, lo que traería la ruina a la vida en nuestro planeta sería la ausencia de luz solar.

Como hemos visto, la intensidad gravitatoria de un objeto aumenta con el cuadrado de la distancia. Es decir, que si te acercas a la mitad de la distancia que te separa de un objeto, notarás cuatro veces más fuerza de la que notabas en la posición anterior.

Por otro lado, se puede considerar que, como seres humanos con una masa despreciable comparada con cualquier cuerpo celeste, el campo gravitatorio de un objeto alrededor del cual estemos dando vueltas aparece de un punto en medio del cuerpo hacia el cual estamos siendo atraídos. La distancia mínima a la que nos podemos acercar a ese punto, donde la atracción gravitatoria es máxima, está limitada por la superficie del objeto. O sea, que cuanto más pequeño sea un objeto, más nos podremos acercar al foco desde el cual la gravedad es emitida y, por tanto, como la intensidad de la gravedad aumenta con el cuadrado de la distancia, la notaremos aumentar muy rápidamente.

Los agujeros negros tienen una masa tremenda, pero son muy pequeños, así que no hay una superficie que te impida acercarte tanto como quieras al punto donde la gravedad es máxima. Esto es, precisamente, porque la gravedad aumenta exponencialmente a medida que nos acercamos a un objeto. Si nos acercamos al Sol, por ejemplo, no podemos acercarnos más a él de lo que nos permite su superficie (seguramente tampoco querríamos intentarlo de todas maneras), pero, si comprimimos su masa en un punto minúsculo, entonces nos podremos acercar muchísimo más al lugar donde está concentrada toda la masa.

En esta ilustración aparece la variación de fuerza gravitatoria a medida que nos aceráramos a una estrella y un agujero negro que tienen la misma masa:

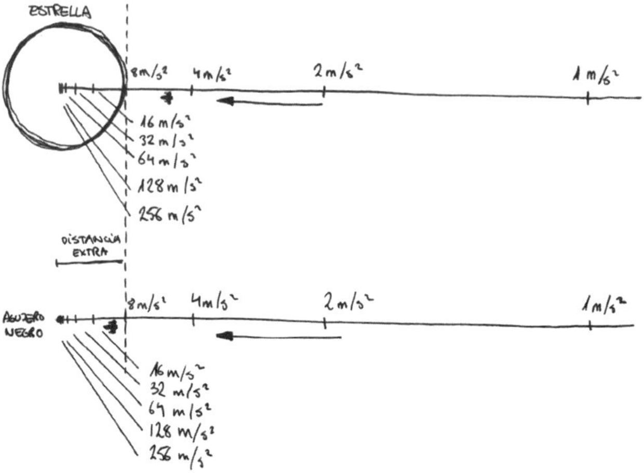

Y de ahí la mala fama de los agujeros negros, pero, recordad, posibles futuros viajeros espaciales, que si no os acercáis demasiado a ellos todo irá bien.

La presencia de agujeros negros se detecta mediante rayos X, pero la radiación no proviene de los agujeros negros porque nada puede escapar a su atracción gravitatoria, ni siquiera la propia radiación emitida por ellos mismos. Detectamos los agujeros negros cuando están orbitando alrededor de alguna estrella, devorándola poco a poco. Igual que en el caso de las estrellas de neutrones, los agujeros negros absorben el gas de su compañera poco a poco y el plasma se calienta a altas temperaturas mientras cae hacia el interior de la bestia.

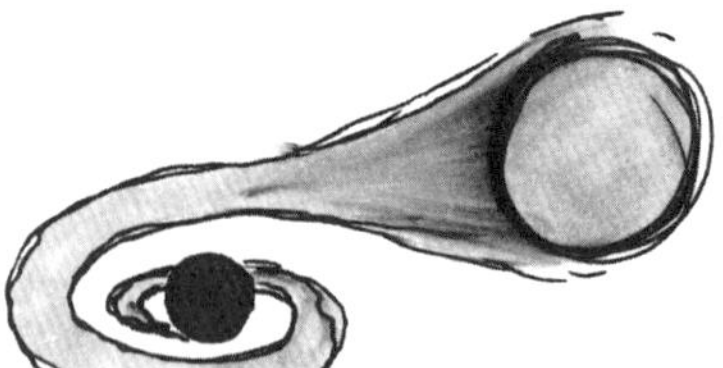

De la misma manera que los rayos X nos ayudaron a encontrar fenómenos tan energéticos como las estrellas de neutrones, los rayos gamma, emitidos por procesos aún más violentos, nos han abierto la ventana a los cuerpos más monstruosos del universo.

Pero ¿no son los agujeros negros lo que más miedo da en todo el universo?

Pues no, existe algo peor: los agujeros negros *supermasivos*.

Ah, pero ¿no son todos los agujeros negros supermasivos?

Qué va, hay dos tipos de agujeros negros. Los más *light* se forman cuando una estrella grande revienta y dejan tras de sí un cuerpo supercompacto que contiene como mucho unas 30 veces la masa del Sol.

Pero en el centro de todas las galaxias (menos una o dos, por lo que sabemos hasta ahora) existen agujeros negros que contienen la masa de *miles de millones* de soles. No se sabe con absoluta certeza cómo se formaron estos monstruos ni cómo llegaron ahí, pero la hipótesis más lógica es que se formaran al mismo tiempo que las galaxias a las que pertenecen a partir de la masa de otros agujeros negros y estrellas.

Las colisiones entre galaxias también pueden desempeñar un papel importante en este proceso, sobre todo durante las primeras etapas del universo, cuando todo estaba mucho más cerca entre sí (hablaré de esto en el siguiente capítulo y lo entenderéis todo).

Hemos visto cómo los rayos X y los rayos gamma ayudaron a descubrir algunos de los cuerpos más extraños del universo, pero tenían sus limitaciones al encontrarse con materiales que no podían atravesar durante su viaje por el espacio. Para las ondas de radio, en cambio, casi cualquier material es transparente y pueden atravesar hasta paredes de hormigón.

Y fue la radioastronomía la que nos depararía la mayor sorpresa de todas.

CAPÍTULO 15

EL ORIGEN DEL UNIVERSO: el Big Bang

El tamaño del universo siempre había sido una incógnita hasta que Hubble más o menos aclaró el asunto. Pero existía una cuestión que había intrigado aún más al ser humano desde el inicio de los tiempos: ¿de dónde viene todo?

El origen de todo lo que nos rodea y cuánto tiempo lleva ahí es una cuestión más inquietante que el propio tamaño del universo.

Las explicaciones más antiguas sobre el origen del mundo datan de los primeros años del Imperio egipcio, en el reino viejo, entre el año 2780 a.C. y el 2250 a.C. Las historias son distintas para cada región de Egipto, pero todas tenían elementos en común: en todas ellas la Tierra (o las masas de tierra, mejor dicho) emerge de entre unas aguas caóticas y sin vida. Los mitos contienen también un monte en forma piramidal que es lo primero en surgir de entre las aguas y a lo que llamaban *benben*, y que aparecía representado en sus construcciones como la piedra con la que remataban la cima de las pirámides.

Por supuesto, estos mitos no se ajustaban a la realidad y es probable que estuvieran inspirados por la crecida del río Nilo, que, al volver a su cauce habitual, dejaba porciones del suelo al descubierto de nuevo.

Para los griegos, el universo era un vacío rodeado por una corriente de agua interminable en el que vivía la diosa Eurínome. Mientras bailaba sobre el agua, la diosa fue creando las masas de Tierra y llenándolas de criaturas.

La teoría más aceptada actualmente no tiene elementos humanos de por medio... Y es muchísimo más violenta.

En realidad, la tecnología necesaria para desvelar el misterio del origen del universo no estaría disponible hasta el siglo XX, así que hasta entonces poco podía hacer un astrónomo para acercarse a la respuesta correcta.

Pero habíamos avanzado bastante en la dirección correcta hasta entonces: se había descubierto que se podía calcular la velocidad a la que las estrellas se acercan o se alejan de nosotros analizando cómo se mueven las líneas de su espectro electromagnético hacia el rojo o el violeta y, con la mejora de los telescopios durante el siglo XX, se pudo analizar el espectro de la luz de objetos cada vez más lejanos. Y, ahora que Hubble había descubierto que esas nebulosas eran en realidad galaxias como la nuestra, quedaba por ver si las galaxias también daban vueltas alrededor de algo aún más grande. ¡Solo nos faltaba eso! ¡Después de ser obligados a admitir que no éramos el centro del universo, ahora teníamos que aceptar también que nuestro sistema solar tampoco es único y que existen miles de millones de galaxias ahí fuera como la nuestra, cada una con miles de millones de estrellas y planetas!

En 1912, más de una década antes de que supiéramos que esos cuerpos nebulosos eran en realidad otras galaxias, el astrónomo estadounidense Vesto Slipher (no sé qué anomalía extraña se generó con los nombres de los astrónomos a principios de siglo) estuvo midiendo el desplazamiento al rojo de la luz de las galaxias para ver a qué velocidad se movían. Descubrió que «la espiral Andrómeda tiene la excepcional velocidad de –300 kilómetros por segundo», donde ese signo negativo ante el número significa que se está acercando hacia nosotros.

¡¿En serio?!

En serio. Pero no, no te preocupes, *voz cursiva*. Aunque la galaxia de Andrómeda y la Vía Láctea están en trayectoria de colisión, están separadas por una distancia de casi 2,5 millones de años luz. O sea, que incluso acercándose a 300 km/s aún tardarán tres mil millones de años en chocar. Y el día en que las galaxias se encuentren, teniendo en cuenta que una galaxia es en su mayor parte espacio vacío, seguramente tampoco le pasará nada a nuestro sistema solar.

La cuestión es que el bueno de Vesto analizó los espectros de 15 galaxias y descubrió que 12 de ellas se estaban alejando de nosotros. Pero, claro, por aquel entonces no sabía ni el tamaño de estos objetos ni si se encontraban dentro o fuera de la Vía Láctea, así que el asunto quedó un poco en el aire como una curiosidad sin importancia hasta que Hubble retomó el trabajo en 1929 y realizó el descubrimiento que ya te avancé antes que iba a cambiar la visión del universo.

Hubble localizó algunas estrellas variables en otras galaxias, y observando sus períodos de luminosidad pudo calcular tanto la distancia a la que se encontraban como el ritmo al que se estaban alejando de nosotros. A estas observaciones añadió los datos sobre galaxias obtenidos por Vesto, así como los de Milton Lasell Humason.

Al analizar los datos de un total de 46 galaxias, Hubble se dio cuenta de que existía un patrón en su movimiento: las galaxias que se encontraban más lejos se alejaban de nosotros mucho más deprisa que las que se encontraban más cerca.[1] Es decir, que había algún tipo de fuerza que estaba acelerándolas a un ritmo que, según los cálculos de Hubble, era de unos 160 km/s por cada millón de años luz que las separa de nosotros.

Oye, pero ¿no habías dicho que hay galaxias que se acercan a nosotros?

Tienes razón; aquí falta una cosa por matizar.

DATO CURIOSO

Milton era un tipo especialmente curioso, porque, sin estudios más allá de los catorce años, empezó como conserje en el observatorio del monte Wilson (Estados Unidos). Pero, debido a su profundo interés por la astronomía y todo lo que aprendió echando una mano a los astrónomos durante sus observaciones, al final terminó siendo contratado en un puesto reservado para doctorados. Y así terminó observando los espectros luminosos de las galaxias, que utilizaría Hubble para hacer uno de los descubrimientos astronómicos más importantes de la historia.

La Vía Láctea forma parte del llamado Grupo Local, que no es una banda de música de barrio (perdonad los chistes malos, es que estos temas no dan pie a un humor mucho más complejo), sino un conjunto de 54 galaxias que se atraen gravitacionalmente y cuyo centro de gravedad común está en algún punto entre la Vía Láctea y Andrómeda, las dos galaxias más grandes del sistema. El propio Hubble reconoció este grupo en 1936 y, por supuesto, debido a su cercanía entre sí estas galaxias son atraídas gravitacionalmente hacia el centro de masas del sistema.

A su vez, el Grupo Local se encuentra dentro del Cúmulo de Virgo, una agrupación de unas 1.300 galaxias unidas gravitacionalmente, algunas de las cuales se están acercando entre sí a velocidades de hasta 1.600 km/s.

Las galaxias que se alejan de nosotros a velocidades mayores cuanto más lejos se encuentran son las que están *fuera* de este grupo al que estamos gravitacionalmente anclados.

Y aquí la gran pregunta que atormentaría a los astrónomos después de este descubrimiento: en el espacio, una vez que un objeto tiene cierta velocidad, va a seguir moviéndose a esa velocidad a menos que actúe una fuerza sobre él. Así que ¿cómo podían estar las galaxias lejanas alejándose a un ritmo mayor? ¿Qué fuerza las estaba acelerando?

Curiosamente, este fenómeno ya había sido calculado una década antes por el matemático y meteorólogo ruso Alexander Friedman en 1922, que había descubierto que la teoría de Einstein predecía que el universo podía estar expandiéndose a un ratio predecible mediante las ecuaciones de la relatividad. A esta misma conclusión llegó el astrónomo belga Georges Lemaître en 1927. Pero sus descubrimientos tenían un matiz muy importante que desafiaba, una vez más, a la lógica: las galaxias se alejan entre sí porque *el propio espacio que las separa se estaría expandiendo*.

O sea, que el motivo por el que la luz de las galaxias estaba siendo desplazada hacia el rojo (y, por tanto, se alejaban) no era el efecto Doppler, como ocurre con las estrellas. El espacio expandiéndose podía explicar perfectamente esta observación, ya que a medida que el espacio se expande entre dos puntos, una onda que esté recorriéndolo será estirada y su longitud de onda aumentará, produciendo un color más rojizo.

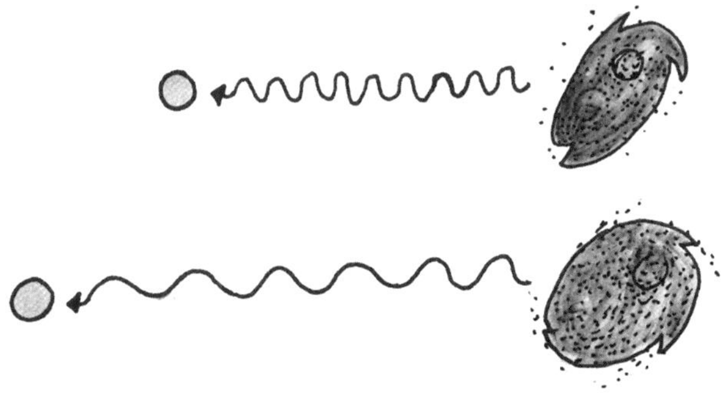

Este resultado explicaba por qué, además, el desplazamiento hacia el rojo era mayor para objetos lejanos. Como el espacio parece expandirse a una mayor velocidad cuanto más lejos se encuentran, la luz proveniente de esos lugares estaría mucho más estirada que la generada por las estrellas de las galaxias más cercanas.

La consecuencia directa de todo esto era bastante lógica: si el universo se está expandiendo y, en un instante cualquiera es un poco mayor que en el instante anterior, significa que el universo era más pequeño en el pasado. Y, si nos remontáramos los años suficientes en el pasado, llegaría un punto en el que el espacio debió de estar comprimido en un solo punto. O sea, que algo tuvo que pasar para que ese punto, de repente, reventara y creara todo el universo.

Y así nació la teoría del *Big Bang*.

UN CONCEPTO ERRÓNEO SOBRE EL BIG BANG

De alguna manera, parece que la idea del Big Bang que tiene el público en general es que toda la materia estaba compactada en el mismo sitio en el momento anterior a la creación del universo y que una explosión la lanzó «volando por los aires» en todas direcciones. Luego ya se unirían los pedazos entre sí para dar lugar a estrellas, galaxias, planetas, a nosotros y un largo etcétera.

Pero esto no es así. Como hemos visto, Einstein había predicho que la masa y la energía están estrechamente relacionadas, una relación que aparece representada en su famosa fórmula $E = mc^2$. Igual que aprovechamos esta ley para producir grandes cantidades de energía a partir de pequeñas masas (de ahí la eficiencia de la tecnología nuclear), es posible crear masa si se acumula suficiente energía en un mismo punto… Y eso es lo que habría ocurrido durante el Big Bang que básicamente fue la liberación repentina de una cantidad ingente de energía.

Al juntar mucha energía en el vacío empiezan a formarse pares de partículas y antipartículas, que son lo mismo que las partículas a las que estamos acostumbrados (protones, neutrones y electrones) pero con la carga opuesta. Los antiprotones, archienemigos de los protones, tienen carga negativa y los positrones, el equivalente a los electrones, tienen carga positiva. A este tipo de materia con carga contraria se le llama *antimateria* y probablemente habréis oído hablar de ella en películas de ciencia ficción. Como las partículas tienen una carga igual y opuesta, la carga combinada de ambas sigue siendo nula y su creación no incumple ningún principio físico. Así de extraña es a veces la legislación que rige el universo.

Pero, en condiciones normales, cuando un par de partículas y antipartículas aparece espontáneamente de la nada, las dos se ven atraídas debido a sus cargas opuestas y se aniquilan entre sí al combinarse, liberando una gran cantidad de energía. Hummm, creo que la expresión *gran cantidad de energía* no hace justicia a este fenómeno. La aniquilación entre materia y antimateria es el proceso más energético que se conoce: el 100 % de la materia se convierte en energía, liberada en forma de luz, rayos gamma y calor.

En contraste, las reacciones de fisión nuclear que hacen estallar las bombas atómicas tienen una eficiencia, en términos de convertir masa en energía, de solo el 1 %, para que veáis lo violento que es este proceso.

El concepto de antimateria existe desde la década de 1880, aunque en aquel entonces era más un ejercicio de imaginación que un planteamiento fundamentado basado en las observaciones. En vez de una carga eléctrica opuesta, se le atribuía una fuerza gravitatoria negativa. En 1898, Arthur Schuster publicó un curioso artículo en la revista *Nature* en el que fantaseaba sobre el tema. Su nombre, de hecho, ya sugiere su poca seriedad: «Materia potencial. Un sueño de un día festivo».

En él imaginaba la posibilidad de sistemas solares enteros compuestos por una forma de *antimateria* que se viera repelida por los campos gravitatorios de la materia convencional, como de la que está hecha la Tierra.[2] En sus propias palabras:

> Mundos de este material podrían haberse formado, con elementos y compuestos que poseyeran propiedades idénticas a los nuestros, indistinguibles entre ellos hasta que fueran llevados a sus inmediaciones. Si hay electricidad negativa, por qué no oro negativo, tan amarillo y valioso como el nuestro, con el mismo punto de ebullición y líneas espectrales idénticas; diferente solo en el hecho de que al ser traído hasta nosotros despegaría hacia el espacio con una aceleración de 9.81 [m/s²].

Luego continuaba diciendo que, cuando la materia y la antimateria entraran en contacto, la atracción química podría superar la repulsión gravitatoria y los dos materiales se podrían combinar. Con esto intentaba sugerir que un cuerpo que se acercara hacia el sistema solar y estuviera compuesto por mitad materia y mitad antimateria vería su parte de antimateria repelida por el Sol y esta intentaría alejarse de él formando una prominencia en dicho cuerpo. ¿Os suena esta característica? Schuster estaba intentando usar esta idea para explicar la cola de los cometas. Por suerte, las misiones espaciales modernas que han aterrizado en los cometas para estudiar su composición han desmentido esta idea (aunque ya hacía tiempo que se sospechaba que no era correcta).

La verdad es que una sustancia con propiedades antigravitatorias es una idea bonita, pero no tiene nada que ver con la antimateria que se descubrió más tarde, que se diferencia de la materia ordinaria por tener la carga eléctrica contraria y no presentar propiedades antigravitatorias.

La existencia de la antimateria tal y como la conocemos hoy fue postulada por primera vez en 1928 por el físico Paul Dirac, en parte basándose en la teoría de la relatividad de Einstein. Y las primeras partículas de antimateria fueron detectadas en 1932 por Carl D. Anderson.

Pero, bueno, volvamos al tema que nos ocupa.

Lo importante es que las matemáticas detrás de la teoría del Big Bang no sugieren que toda la materia estaba congregada en el mismo punto en el momento del inicio del universo. De hecho, predicen que ni siquiera el tiempo y el espacio existían en ese momento y que la expansión ocurrió en todo el volumen a la vez.

¡¿Cómo?!

Esto va a ser complicado.

No tenemos ni idea de lo que había antes de que el universo empezara a expandirse. Y que conste que digo *expandirse*; no hablo de ninguna gran explosión, porque una explosión implica que hay materia por algún lado interviniendo en el proceso explosivo, y en el momento del nacimiento del universo no existía la materia.

Como la dimensión temporal se creó durante el Big Bang, en el momento en el que el universo empezó a expandirse nos encontramos en el momento *cero* del espacio y el tiempo. Preguntarse qué ocurría *antes* no tiene sentido. Sé que suena difícil de asimilar... Y no seréis los primeros en reaccionar con escepticismo ante esta idea.

Si alguna vez habéis trabajado con ecuaciones matemáticas sabréis lo molestos que pueden ser los *ceros* en física, porque los resultados se llenan de absurdidades matemáticas. O sea, que las leyes de la física fallan en el momento preciso del origen del universo, así que lo único que podemos hacer es acercarnos a valores muy cercanos al *cero* para ver qué pasa.

Lo máximo que podemos acercarnos al origen del Big Bang es *diez septillones* de segundo por encima del momento inicial o, lo que es lo mismo, 0,0000000000000000000000000000000000000000001 segundos. Hay 43 ceros, por si ibais a contarlos.

Y ahora preparaos para ver números igual de inimaginables.

Cuando las cosas se contraen, se calientan, así que Hubble logró calcular que la temperatura del universo en ese momento inicial era del orden de *un quintillón* de grados (un 1 seguido de 32 ceros) y tenía un tamaño de 10^{-35} metros. Durante su primer segundo de expansión se enfrió lo suficiente como para que se formara materia y antimateria (protones, neutrones y sus correspondientes antipartículas). Las fuerzas fundamentales de la naturaleza (la gravedad, el electromagnetismo y las dos fuerzas nucleares que mantienen los núcleos atómicos pegados) también aparecieron en ese momento... Lo que tiene bastante sentido porque, si no hay materia, las fuerzas que la gobiernan tampoco existen.

Tres minutos después del inicio de la expansión se formaron los electrones y su contrapartida de antimateria, los positrones, que empezaron a aniquilarse entre sí liberando fotones (las partículas que componen la luz y el resto de la radiación electromagnética), que, al colisionar contra otras partículas, crearon más electrones y positrones.

Oye, pero si la materia y la antimateria tienden a aniquilarse entre sí nada más formarse..., ¿por qué no se desintegraron todas las partículas con sus antipartículas? Según esta lógica no debería existir materia en el universo porque cada partícula habría sido aniquilada por su antipartícula, ¿no?

Tienes razón, *voz cursiva*, este es un misterio que aún está pendiente de resolver. Pero tenemos unas cuantas explicaciones que podrían ayudarnos.

Podría ser que en realidad sí que se hubieran creado montones iguales de materia y antimateria, pero que no hubieran tenido tiempo de aniquilarse entre sí porque la rápida expansión del espacio las hubiera separado enseguida. En este caso, existirían regiones del universo compuestas únicamente por antimateria.

Estas regiones resultarían totalmente indistinguibles de las regiones formadas por materia ordinaria porque emitirían radiación de la misma manera, así que, sin viajar ahí y tocarla con algo para ver si revienta, no podríamos decir si es antimateria o no. Pero deberían existir zonas donde la materia y la antimateria están suficientemente cerca como para interaccionar y aniquilarse entre sí, lo que produciría una gran cantidad de *rayos cósmicos* que no es radiación electromagnética, sino núcleos atómicos que salen despedidos a una fracción considerable de la velocidad de la luz durante algún fenómeno especialmente violento, como una supernova o los núcleos de las galaxias que contienen agujeros negros supermasivos especialmente activos...,[3] y algunos terminan impactando contra la atmósfera terrestre. Aunque podemos detectar estos rayos cósmicos con facilidad, no tenemos indicios de que estén viniendo de zonas del universo donde materia y antimateria se estén aniquilando.

En la actualidad hay proyectos destinados a buscar señales de que, en algún lugar, haya galaxias hechas de antimateria.[4]

Luego está la posibilidad de que, en realidad, durante el proceso de formación de materia y antimateria, exista algún tipo de mecanismo que aún no conocemos y que descomponga la antimateria en otras partículas después de su formación. Podría ser que las partículas de antimateria tendieran a descomponerse en otros elementos que no son exactamente contrarios a los de las partículas, por ejemplo, aunque no se ha encontrado evidencia al respecto.

Pero bueno.

Tres minutos después del Big Bang, la temperatura del universo bajó hasta unos refrescantes *mil millones de grados*, lo que significaba que estaba suficientemente frío como para que los protones y los neutrones pudieran unirse para formar los primeros núcleos atómicos de otra cosa que no fuera hidrógeno, que, como recordaremos, son simplemente un protón suelto. La temperatura era suficientemente alta como para permitir la fusión nuclear del hidrógeno en helio (2 protones en el núcleo) y pequeñas cantidades de litio (3 protones). A los veinte minutos, las reacciones de fusión se detuvieron porque la temperatura había bajado demasiado como para que los átomos pudieran fusionarse en medio del espacio.

A partir de este momento y hasta unos 300.000 años después, el universo estuvo lleno de un *plasma* (que no es más que gas al que le faltan electrones, por lo que tiene carga eléctrica) tan denso que no permitía el paso de la luz. Pero, al final de esta época, la temperatura del universo bajó hasta alcanzar una temperatura similar a la de la superficie del Sol y los electrones pudieron ser capturados por los núcleos atómicos, formando los primeros átomos con carga eléctrica neutra y permitiendo que los fotones pudieran viajar por el espacio sin ser absorbidos por ningún otro átomo.

Este es un acontecimiento muy importante porque, por primera vez, *los fotones podían viajar libremente por el espacio*. El universo se volvió transparente al paso de la luz.

Y a partir de aquí todo va sobre ruedas: el hidrógeno y el helio empiezan a acumularse en grandes nubes que se ven atraídas por su propia fuerza gravitatoria, formando estrellas que en su interior empiezan a fusionar el helio y el hidrógeno en elementos más pesados que luego esparcen por todo el universo al reventar en forma de supernovas. Y esos elementos son los que nos forman a nosotros y que nos permiten estar aquí, tranquilamente leyendo sobre nuestro propio origen.

La verdad es que esta teoría explica muy bien cómo se formó la materia y por qué observamos el universo en su estado actual. Pero ¿hay alguna evidencia de todo esto? Quiero decir, me parece un buen razonamiento pensar que si todo se está separando, en algún momento tuvo que estar todo junto... Pero ¿hay alguna señal de que el universo empezara expandiéndose con una temperatura inicial de no sé cuántos quintillones de grados?

Muy buena pregunta, *voz cursiva*. Como tantas otras cosas que han resultado ser importantes, la evidencia más fuerte a favor de la teoría del Big Bang fue encontrada por accidente.

RADIOASTRONOMÍA

En 1964, Arno Penzias y Robert Wilson estaban probando una antena de 6 metros de diámetro muy sensible con el fin de detectar las señales de radio de los satélites que iban a formar parte del primer experimento con sistemas de comunicación por satélite del mundo.

Escanearon el cielo en busca de las ondas de radio del satélite, conscientes de que encontrarían datos que no encajarían porque la atmósfera está llena de ondas de radio emitidas por los repetidores de televisión y radio que interferirían con la señal. Pero, después de rastrear el cielo con la antena y analizar los datos obtenidos, se dieron cuenta de que habían medido un ruido de fondo 100 veces mayor de lo que habían estimado y que este estaba repartido de manera uniforme por todo el cielo. Además, se podía percibir de manera constante tanto de día como de noche.

Los dos científicos hicieron lo que haría cualquier buen investigador en su situación: quitaron algunos nidos de paloma que habían tomado residencia en el plato de la antena y limpiaron las heces de pájaro con entusiasmo. Luego comprobaron que los sistemas eléctricos funcionaban correctamente, repitieron el experimento y descubrieron que el ruido seguía ahí. La conclusión era obvia: las palomas no emiten ondas de radio.

No, no, es broma. El hecho de que el sonido fuera constante tanto de día como de noche y que estuviera repartido de una manera tan uniforme por el cielo significaba que no podía venir de la Tierra, del Sol o de cualquier otra fuente puntual de radiación que se encontrara dentro de nuestra galaxia. O sea, que la radiación tenía que venir de fuera de la galaxia, aunque tampoco se conociera ninguna fuente de radio omnipresente que pudiera explicarla.

Al mismo tiempo y de manera independiente, Robert H. Dicke, Jim Peebles y David Wilkinson, de la Universidad de Princeton, que se encontraba solo a 60 kilómetros del radiotelescopio de Penzias y Wilson, habían llegado a la conclusión de que, si el Big Bang realmente hubiera ocurrido, habría producido una cantidad tremenda de radiación electromagnética de alta energía que, con el tiempo, habría sido estirada por la expansión del propio espacio hasta convertirla en una radiación con una longitud de onda más larga (microondas, en concreto) que podría ser detectable.

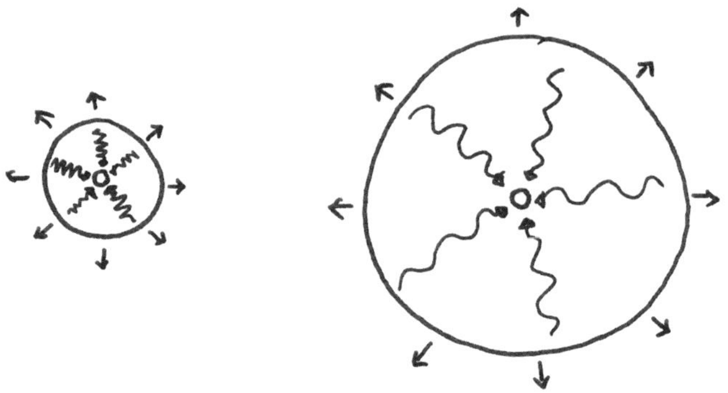

Un amigo de Penzias pudo ver el informe inicial en el que se explicaba esta teoría y se lo comentó a su colega. Penzias comprendió que la señal que habían descubierto él y Wilson por accidente se ajustaba a la idea presentada en esta nueva teoría y se puso en contacto con la universidad, desde donde le mandaron una copia del borrador y, efectivamente, vio que lo que había observado concordaba perfectamente con la predicción. Incluso invitó a Dicke a los laboratorios Bell para que pudiera medir el ruido él mismo a través de la antena.

Ya no quedaba ninguna duda: esta radiación tan uniforme que habían detectado era la huella de ese período, 300.000 años posterior al Big Bang, en el que el universo se volvió transparente a la radiación electromagnética. Los cinco presentaron la tesis juntos y Penzias y Wilson recibieron el premio Nobel por su descubrimiento en 1978.

Vale, pero hay una cosa que no tengo clara. Si hoy en día han pasado 13.700 millones de años desde el Big Bang, ¿cómo puede ser que veamos radiación que se emitió 300.000 años después de que ocurriera?

Aquí viene lo interesante.

El Big Bang ocurrió por *todo* el volumen del universo. Pero, por supuesto, *todo* el universo era mucho más pequeño por aquel entonces y se ha ido expandiendo hasta nuestros días.

Recordemos que Hubble descubrió que las galaxias se alejan de nosotros a velocidades mayores cuanto más lejos están. Por este motivo, llegará un punto en el que la distancia que nos separa de algunas de ellas será tan grande que se alejarán de nosotros a velocidades superiores a las de la luz y, por tanto, la luz emitida por ellas nunca podrá alcanzarnos porque la luz está viajando a través de un espacio que se está estirando más deprisa de lo que ella puede viajar a través de él.

Este es el concepto del *volumen de Hubble*,[5] la esfera que se extiende a nuestro alrededor y en cuyo interior están las cosas que se alejan de nosotros a velocidades menores a las de la luz (y por tanto la luz que emiten es capaz de viajar hacia nosotros desde el momento de su emisión). Luego existe una «barrera», la frontera de la esfera en la que las galaxias se alejan de nosotros a la velocidad de la luz y, por tanto, esta intenta acercarse a nosotros al mismo tiempo que el espacio la aleja. Más allá están los objetos que se desplazan más rápido que la luz respecto a nosotros y cuya luz no solo no se puede acercar hacia la Tierra sino que, de hecho, se aleja.

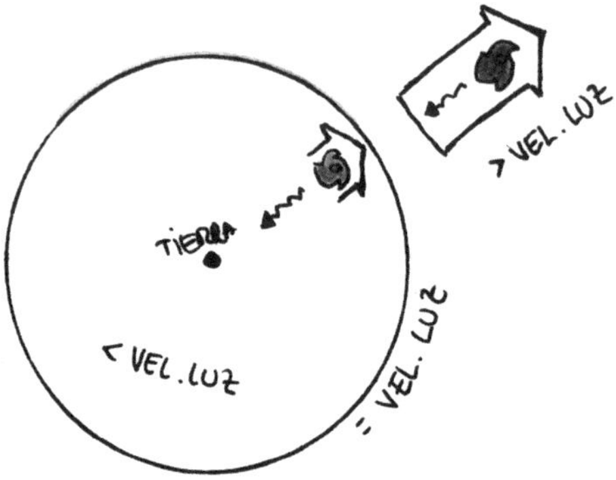

O sea que, a primera vista, nunca podríamos ver objetos que se encuentren fuera de esta esfera que se extiende a nuestro alrededor... Pero en realidad no es así: podemos ver más allá del volumen de Hubble.

El espacio se está expandiendo a un ritmo cada vez mayor, así que, mientras las cosas se alejan cada vez más de nosotros, nuestra esfera de Hubble se está expandiendo también. Y aunque existan objetos fuera de la esfera de Hubble que se estén alejando de nosotros a una velocidad superior a la de la luz, la luz que emiten hacia nosotros se aleja a un ritmo menor, precisamente porque intenta acercarse hacia la frontera de Hubble a la velocidad de la luz.

Y llega un punto en el que la frontera de Hubble se expande lo suficientemente deprisa como para que esta luz pueda entrar en su interior y llegar hasta nuestros ojos.

Espera un momento... Esto significaría que en el momento que veamos la luz de una de estas galaxias increíblemente lejanas, en realidad se encontrará mucho más lejos de nosotros de lo que percibimos, ¿no?

¡Exacto!

De hecho, de ahí viene el concepto de *universo observable*: la esfera de espacio que nos rodea y dentro de la cual la luz de las estrellas y galaxias lejanas ha tenido tiempo de llegar hasta nosotros. Esta esfera tendría un diámetro, centrado en nosotros, de unos 93.000 millones de años luz.

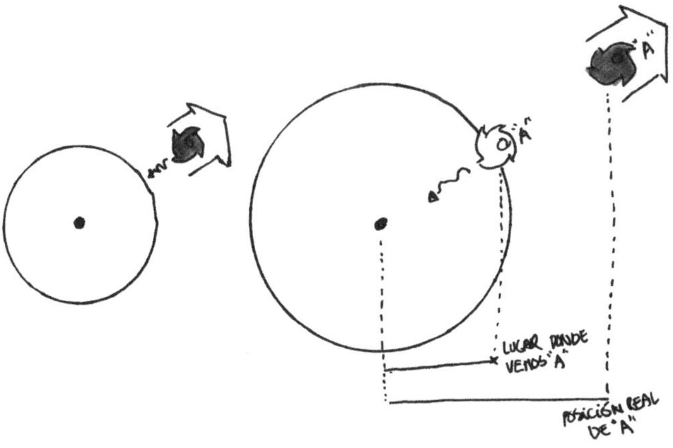

Pero grabemos esto en nuestras cabezas: el universo tiene 13.700 millones de años, así que la luz solo ha tenido tiempo de recorrer 13.700 millones de años luz desde el Big Bang. O sea que, aunque el universo observable mida 93.000 millones de años luz de diámetro (el tamaño del universo puede ser mayor de lo que su edad sugiere porque, recordemos, hay puntos que se alejan entre sí a velocidades superiores a la de la luz), esto no significa que podamos *observar* las cosas que están a esa distancia, sino cómo eran en el pasado.

Uf, 93.000 millones de años luz es una barbaridad... Pero ¿es ese el tamaño del universo, o existen cosas más allá del universo observable?

Claro. De hecho, el universo observable es un concepto que depende totalmente de nuestro punto de vista. En este sentido, somos como un barco en medio del océano: solo podemos ver el mar hasta ahí donde alcanza el horizonte, pero habrá barcos que estén un poco más alejados de nosotros que tengan una perspectiva diferente del horizonte. O incluso barcos que no compartan el horizonte con ninguno de los demás.

Sin embargo, como he comentado antes, todas estas galaxias que están más allá de nuestra frontera de observación no van a ser invisibles para siempre. A medida que el universo se expanda, la frontera del universo observable irá aumentando.

Y precisamente por este motivo podemos detectar la radiación reminiscente del Big Bang, el momento en el que el universo se volvió transparente. La radiación emitida en estas zonas tan alejadas de nosotros se ha alejado a velocidades superiores a las de la luz durante todo este tiempo, llevándose consigo toda esa luz emitida 240.000 años después del Big Bang. A medida que nuestro universo observable ha crecido, y la luz emitida en estas zonas ha dejado de alejarse de nosotros a velocidades superlumínicas, su radiación ha tenido la oportunidad de alcanzarnos.

Así es como podemos «mirar al pasado» para conocer el Big Bang, y lo que observamos es la radiación de fondo de microondas en todas las direcciones del espacio, que es algo parecido a esto:

En el fondo, este no es más que un mapa que nos dice cuál es la temperatura en cada punto del universo. Estudiando la distribución de la temperatura en ese instante en el que la luz brilló por primera vez, podemos hacernos una idea de cómo estaba distribuida la masa en el universo 300.000 años después del Big Bang.

Y el hecho de que se hubiera podido hacer una predicción teórica de esta radiación y luego fuese observada es una de las grandes evidencias a favor de la teoría del Big Bang.

¿Y ya está? ¿Esto demuestra que hemos descubierto cómo empezó el universo?

No, querida *voz cursiva*. El Big Bang es la mejor herramienta que tenemos de momento para responder al misterio de cómo empezó todo. Y aunque es capaz de dar explicación a una enorme cantidad de fenómenos que somos capaces de ver hoy en día, ha habido que incluir cambios para que se ajuste mejor a ciertas observaciones que no tenían mucho sentido.

Las diferencias de temperatura en el mapa de radiación de fondo de microondas son mínimas, del orden de unas

4 milésimas de grado. Teniendo en cuenta que para obtener estas imágenes hay que separar esta radiación del resto de la radiación que nos llega de las estrellas y galaxias que nos rodean, no resulta raro saber que no se ha podido estudiar en detalle hasta que han aparecido herramientas capaces de proporcionar la resolución suficiente en las últimas décadas.

Es precisamente esta temperatura tan regular que vemos por todo el cielo la que no encajaba con otras predicciones hechas por muchos astrofísicos: no encaja que el universo presente una temperatura tan uniforme y unas propiedades tan parecidas en todas las direcciones, incluso en zonas que ni siquiera han podido intercambiar información (con información me refiero a radiación y calor, por ejemplo) porque se alejan entre sí a velocidades superiores a las de la luz.

Es como cuando echamos leche en una taza de té caliente: la leche fría baja la temperatura del té, pero no lo hace de manera instantánea por todo su volumen, sino que se forma una «nube» de leche de distinta densidad que la del té que tarda un poco en esparcirse por el líquido hasta mezclarse completamente con él e igualar la temperatura de todo el té.

Pero, claro, el té está quieto mientras la leche ocupa todo ese volumen e iguala la temperatura. Si todo el tinglado se estuviera expandiendo, partes de la nube de leche y del volumen de té se separarían sin llegar nunca a interactuar entre sí y, por tanto, se formarían acumulaciones de té muy caliente o de leche muy fría dentro de nuestra taza en expansión.

Eso es, precisamente, lo que no encajaba: deberíamos observar diferencias bastante mayores entre las zonas más calientes y las más frías del universo, dado el «poco» tiempo que este ha tenido para expandirse desde que se produjo el Big Bang.

Por otro lado está el problema de la *planitud del universo*, que tiene que ver con la geometría del propio espacio. Cuando se habla de la geometría del espacio no se hace referencia a que el universo tenga una forma geométrica concreta como un cubo o una esfera. Se trata más bien de la curvatura que presenta el espacio debido al efecto de la gravedad producida por la masa que contiene.

Si el universo contiene suficiente masa como para detener el proceso de expansión, entonces se dice que vivimos en un universo cerrado, representado generalmente por una esfera. En este escenario, la expansión del universo no solo terminaría por detenerse, sino que se invertiría y toda la materia del universo empezaría a atraerse entre sí para condensarse de nuevo en una singularidad igual a la que le dio origen.

Si el universo no tiene la masa suficiente para detener su expansión, llegará un punto en el que esta se estabilizará y entonces simplemente el universo seguirá expandiéndose para siempre a un ritmo constante. Se suele representar la geometría de este universo como una especie de silla de montar (lo comento para que si algún día lo veis por ahí, estéis familiarizados con el tema, porque realmente es lo de menos).

Asimismo existe un tercer caso en el que el universo tiene la masa justa para no invertir la dirección de la expansión ni quedarse estancado expandiéndose a un ritmo constante para toda la eternidad. En este escenario, la expansión del universo se ralentizaría con el tiempo hasta que, tras un período de tiempo infinito, se detendría por completo. Y ahí se quedaría, estático. Durante el proceso, las estrellas dejarían de brillar, los agujeros negros se evaporarían y solo quedaría un espacio vacío con algunas partículas flotando por ahí.

Es un escenario deprimente pero, dada la cantidad de masa observada en el universo, parece ser que es el caso en el que nos encontramos.[6]

Pero, claro, aquí hay otro problema: si el universo hubiera empezado con una geometría ligeramente cerrada, esta característica se habría visto magnificada a medida que el universo se expande y, según los cálculos de los astrofísicos, hace tiempo que el universo debería haber llegado a su fin en cualquiera de los dos escenarios posibles.

Estos dos problemas se pueden solucionar añadiendo un breve período de *inflación* justo después del Big Bang: un intervalo de tiempo que duró entre 10^{-36} y 10^{-33} o 10^{-32} segundos tras la «gran explosión». Aunque es un período de tiempo extremadamente corto, habría sido suficiente para que el universo se hubiese expandido a un ritmo muchísimo mayor que el que presenta ahora.

Esta inflación repentina habría estirado bruscamente cualquier pequeña diferencia en el diminuto universo recién formado y la habría esparcido por un volumen muchísimo mayor. Esto explicaría por qué la radiación de fondo de microondas es tan uniforme. Por otro lado, durante este período podría haber existido una concentración de energía distinta en el universo a la que hay hoy en día, así que podría haber estado curvado durante un breve período de tiempo sin llegar a colapsarse sobre sí mismo, y luego, tras bajar el ritmo de expansión, seguir expandiéndose con la concentración actual de materia y energía respecto a su volumen.

Aun así, nos falta información para saber si este período de *inflación* ocurrió porque..., bueno, básicamente porque no nos puede llegar información en forma de radiación electromagnética de la época previa a que el universo se volviera transparente. Pero se están desarrollando nuevos métodos que permitan observar fenómenos a los que les diera igual si el universo era una bola opaca de plasma y que pudieran haberse propagado por el espacio hasta nuestros días como, por ejemplo, la presencia de ondas gravitacionales que pudieran haber sido generadas durante aquella época.

Aunque sospechamos que el modelo actual del Big Bang va en la buena dirección, no podremos asegurar que es correcto hasta que encontremos pruebas de la inflación o sepamos dónde está toda esa antimateria que parece faltar.

EPÍLOGO

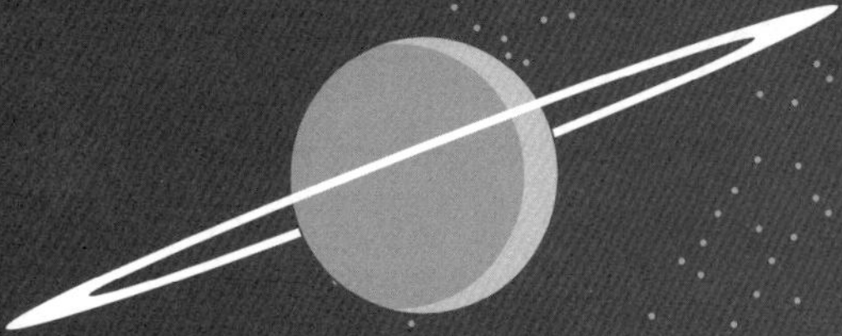

NO LO SABEMOS TODO…, AÚN

¿Y aquí acaba la astronomía? ¿Ya hemos desentrañado todos los misterios del espacio?

Por supuesto que no, *voz cursiva*.

La astronomía es la ciencia más accesible para cualquiera en su nivel más básico, pero, como hemos visto, más allá de la simple observación con nuestros propios ojos también es uno de los campos más difíciles de estudiar.

Nuestra comprensión de la naturaleza ha avanzado muchísimo desde el momento en el que los griegos plantearon que, para encontrar las leyes que gobiernan nuestro entorno, deberíamos estudiar la realidad por lo que realmente es y no lo que queremos que sea. En el fondo, en la actualidad seguimos haciendo lo mismo que esos primeros *filósofos naturales* de la Antigüedad para desentrañar los misterios del mundo que nos rodea: construir modelos que se ajusten a nuestras observaciones y que, en última instancia, nos permitan descubrir si realmente son esas las explicaciones que describen correctamente la realidad. Por supuesto, por el camino plantearemos muchos modelos erróneos. De hecho, es probable que la mayoría de ellos sean erróneos, ya que el universo acostumbra a estar regido por una única verdad.

No hay duda de que, durante el último siglo, hemos encontrado respuestas a una gran cantidad de preguntas sobre la naturaleza del cosmos… Pero resulta que, por suerte o por desgracia, *con cada respuesta aparecen nuevas preguntas*.

Por ejemplo, hemos descubierto que el universo se está expandiendo, lo que nos dice algo sobre su origen. Y, aun así, toda la materia que podemos observar en el universo a través de nuestros telescopios representa solo un 5 % de la materia necesaria para que este se esté expandiendo de la manera en la que lo hace. ¿Dónde está el 95 % de la materia restante?

Hasta que encontremos la materia que falta, se le ha puesto el nombre provisional de *materia oscura*, llamada así porque es invisible, no porque sea un tipo nuevo de materia. Hay varias explicaciones que atribuyen esta masa que no somos capaces de ver a objetos demasiado fríos y lejanos como para que podamos distinguirlos desde la Tierra, ya no solo con luz visible, sino con otras longitudes de onda, como estrellas enanas marrones, planetas, gas intergaláctico o enanas blancas. La masa que falta también podría provenir de partículas que prácticamente no interaccionan con la materia debido a lo ligeras que son, como los *neutrinos*. Ahora mismo, alrededor de un billón de neutrinos están pasando a través de tu mano cada segundo. Pese a su masa despreciable, una partícula tan abundante podría explicar parte de la discrepancia entre la masa que debería existir y la observada.

Otro ejemplo es el descubrimiento de que las estrellas muy masivas pueden terminar sus vidas explotando y dejando tras de sí un agujero negro. Pero ¿qué ocurre en el interior de uno de estos objetos extremadamente densos y compactos? ¿De qué están compuestos? De momento no tenemos ni idea.

En cualquier caso, lo que cuenta es que estamos intentando comprender estos fenómenos y, al final, incluso nuestros errores nos llevarán en la dirección adecuada, como llevan haciendo durante decenas de miles de años.

Pero, bueno, pese a que aún nos quede mucho por aprender, vale la pena echar la vista atrás y ver cuánto hemos avanzado. Nuestra existencia empezó mientras nos quedábamos ensimismados ante tres tipos de luces que pasaban por encima de nuestras cabezas a diario: las pequeñas, la grande y el disco blanco.

Hoy en día conocemos la naturaleza de estos objetos. La mayoría de esas luces son estrellas, parecidas a la otra luz grande que vemos en el cielo, aunque mucho más lejanas. Un puñado de esas luces son otros mundos, rocosos o gaseosos, que dan vueltas junto a nosotros alrededor de nuestra estrella particular. Otras esconden cometas y asteroides que vagan por nuestro vecindario en órbitas un poco más caóticas que los planetas.

Lo más impactante es que incluso hemos colocado en el espacio algunas de esas luces nosotros mismos al poner satélites en órbita alrededor de la Tierra. Si las condiciones son correctas, podemos verlos atravesar el cielo por la noche mientras reflejan la luz del Sol. Algunas de nuestras naves han llegado hasta otros planetas, y una de ellas está escapando hoy en día de los límites del sistema solar. Hemos conseguido que algunas de esas naves aterricen en otros cuerpos del sistema solar para analizarlos más de cerca y, de paso, dejar una pequeña parte de nuestro ingenio en su superficie.

Pero el avance de la astronomía no solo nos ha ayudado a comprender qué ocurre más allá de nuestro planeta. También ha influido en la visión que tenemos sobre nosotros mismos y nuestra propia existencia.

El lugar que creemos ocupar en el universo ha cambiado drásticamente durante todo este tiempo. Ya no vivimos en una superficie plana rodeada por la cúpula celeste ni el firmamento da vueltas a nuestro alrededor. El cielo ha demostrado tener unas proporciones inimaginables, las necesarias para albergar en su interior nuestra galaxia…, bueno, y los otros 350.000 millones de galaxias de un tamaño parecido. Ah, y alrededor de 7 billones de galaxias enanas. En total, todas estas galaxias contienen alrededor de 30 millones de billones de estrellas. 30 millones de billones. Es un número difícil de asimilar. Visualiza mil estrellas. Ahora imagina mil veces esa cantidad y tendrías un millón. Multiplícala por mil otra vez y alcanzarás los mil millones. Repite el proceso otra vez. Y otra vez. Y otra vez. Y ahora imagina 30 veces esa cantidad.

El tamaño descomunal del universo nos ha dado una lección de humildad que no hubiera sentado muy bien hace unos cuantos siglos, cuando se consideraba que el ser humano era el centro de la creación y todo estaba hecho a nuestra medida. De momento se han descubierto casi 2.000 planetas orbitando alrededor de otras estrellas, de los cuales unos 30 tienen el potencial de ser habitables... Y esto teniendo en cuenta que la tecnología de detección está aún en pañales y que estamos estudiando estrellas que están relativamente cerca de nosotros dentro de nuestra propia galaxia. ¿Cuántos planetas potencialmente habitables podría haber ahí fuera? Solo podemos hacer estimaciones, pero se habla de decenas de miles de millones.

El estudio del cielo nos ha permitido incluso empezar a responder a preguntas que, hasta no hace mucho tiempo, eran meramente filosóficas. A medida que la astronomía ha avanzado y hemos encontrado los principios que gobiernan el universo, la necesidad de recurrir a explicaciones sobrenaturales para describir el mundo se ha ido reduciendo. Como resultado, las deidades se han ido refugiando tras los fenómenos para los que aún no hay explicación... Y cada vez les quedan menos sitios donde esconderse.

¿Quién le iba a decir a ese primer humano prehistórico que salió de su cueva y levantó la vista al cielo, intentando adivinar qué estaba pasando, que esa recién adquirida curiosidad por el juego de luces que tenía lugar por encima de su cabeza iba a convertirse en algo tan complejo?

En fin, todavía nos quedan muchas preguntas por responder, pero eso es precisamente lo emocionante. Y, más aún, en una época en la que cualquiera tiene a su disposición más información sobre el cielo en su móvil o su ordenador que cualquiera de los astrónomos que han desentrañado los misterios del universo a lo largo de la historia.

NOTAS

1. Primer contacto con el cielo

1. Paul G. Bahn y Jean Vertut, *Journey through the Ice Age*, University of California Press, 1997, pág. 31.

2. Dr. David Whitehouse, «Oldest star chart found», *BBC News*, 21 de enero de 2003, <http://news.bbc.co.uk>.

3. Anthony F. Aveni, *Empires of time: calendars, clocks and cultures*, University Press of Colorado, 2002, pág. 67.

4. Dr. Jérôme Magail, «Measuring instruments for solar time at Mount Bego, Vallée des Merveilles sector», publicación en línea, disponible en <http://art-rupestre.chez-alice.fr>.

5. Natalie Wolchover, «What if there were no seasons?», *Live Science*, 9 de marzo de 2012, <https://www.livescience.com/18972-earth-seasons-tilt.html>.

2. Estrellas convertidas en dioses

1. Ans Hekkenberg, «Ancient Egyptians transported pyramid stones over wet sand», *Phys.org*, 30 de abril de 2014, <https://phys.org/news/2014-04-ancient-egyptians-pyramid-stones-sand.html>.

2. Dr. Mary Ghobrial, «River Nile, History, Present and Future Prosperity», National Institute of Oceanography & Fisheries, 1998, <http://deltas.usgs.gov/presentations/Ghobrial,%20Mary.pdf>.

3. R. H. Wilkinson, *The Complete Gods and Goddesses of Ancient Egypt*, Thames & Hudson, 2003, págs. 167-168, 211.

4. Juan Antonio Belmonte, Magdi Fekri, Yasser A. Abdel-Hadi y A. César González García, «On the orientation of ancient egyptian temples: (5) testing the theory in Middle Egypt and Sudan», *Journal for the History of Astronomy*, vol. 41, n. 142, 2010, págs. 65-93, <http://digital.csic.es>.

5. Tim Radford, «Pyramids seen as stairways to heaven», *The Guardian*, 14 de mayo de 2001, <https://www.theguardian.com/world/2001/may/14/humanities.highereducation>.

6. The StarChild Team, «Why is Polaris the north star?», *NASA*, publicación en línea, <https://starchild.gsfc.nasa.gov/docs/StarChild/questions/question64.html>.

7. «Alignment of the pyramid to the true north», Universidad Nacional de Singapur, Facultad de Ciencias, Departamento de Matemáticas, <http://www.math.nus.edu.sg/aslaksen/gem-projects/hm/0102-1-pyramids/page1002.htm>.

8. Hazel Muir, «Pyramid precision», *New Scientist*, 15 de noviembre de 2000, <https://www.newscientist.com/article/dn174-pyramid-precision/>.

3. Estudiar a los dioses

1. Jona Lendering, «Kidinnu and Babylonian Astronomy», Universidad de Arizona, <http://ircamera.as.arizona.edu/NatSci102/NatSci102/text/babylonian.htm/>.

2. Pedro Braganca, «Astrology: why your zodiac sign and horoscope are wrong», *Live Science*, 23 de octubre de 2007, <https://www.livescience.com/4667-astrological-sign.html>.

3. Otto Neugebauer, «Studies in Ancient Astronomy. VIII. The Water Clock in Babylonian Astronomy», *Isis*, vol. 37, n.os 1-2, 1947, págs. 39-40.

4. La búsqueda de nuestro lugar en el universo

1. James Dye, «Explaining Pythagorean abstinence from beans», Universidad del Norte de Illinois, 1999, <https://www.niu.edu/~jdye/Beans.html>.

2. John Louis Emil Dreyer, *History of the planetary systems. From Thales to Kepler*, Cambridge University Press, 1906, pág. 42, <https://archive.org/details/historyofplaneta00dreyuoft/page/42/mode/2up?view=theater>.

3. «The Pythagoreans,» Universidad de California, Departamento de Física y Astronomía, <http://physics.ucr.edu/~wudka/Physics7/Notes_www/node32.html>.

4. George Bosworth Burch, «The Counter-Earth», *Osiris*, vol. 11, 1954, pp. 267-294.

5. Luke Mastin, «Greek Mathematics – Pythagoras», publicación en línea, 2010, <http://www.storyofmathematics.com/greek_pythagoras.html>.

6. Jeanna Bryner, «The storied history of the word "Planet"», *Space.com*, 19 de agosto de 2008, <http://www.space.com/5743-storied-history-word-planet.html>.

7. «The universe of Aristotle and Ptolemy», Universidad de Texas, Departamento de Astronomía, <http://csep10.phys.utk.edu/astr161/lect/retrograde/aristotle.html>.

8. Shulamit V. Kogan y Ruth V. Sharon, «Aristarchus», The Immanuel Velikovsky Archive, <https://www.varchive.org/ce/orbit/arisam.htm>.

9. Ibidem.

10. Duane W. Roller, *Eratosthenes' Geography. Fragments collected and translated, with commentary and additional material*, Princeton University Press, 2010.

5. El Sol, por fin, en su sitio

1. Jerzy Dobrzycki y Leszek Hadjukiewicz (1969), *Polski słownik biograficzny [Diccionario biográfico polaco]*, tomo XIV, Academia Polaca de Ciencias, 1969, pág. 11.

2. Nicholas Copérnico, «Letter of Nicholas Schönberg», en *Six Books on the Revolutions of the Heavenly Spheres*, Nuremberg, 1943, <https://www.geo.utexas.edu/courses/302d/Fall_2011/Full%20text%20-%20Nicholas%20Copernicus,%20_De%20Revolutionibus%20(On%20the%20Revolutions),_%201.pdf>.

3. Nicholas Copérnico, «Foreword by Andreas Osiander», en *Six Books on the Revolutions of the Heavenly Spheres*, Nuremberg, 1943, <https://www.geo.utexas.edu/courses/302d/Fall_2011/Full%20text%20-%20Nicholas%20Copernicus,%20_De%20Revolutionibus%20(On%20the%20Revolutions),_%201.pdf>.

4. Marc Mancini, «Tycho Brahe, The astronomer with a drunken moose», *Mental Floss*, 9 de mayo de 2013, <https://www.mentalfloss.com/article/50409/tycho-brahe-astronomer-drunken-moose>.

5. M. S. Longair, *Theoretical Concepts in Physics: an alternative view of theoretical reasoning in Physics*, Cambridge University Press, 1984, pág. 23.

6. Peter Jenniskens, Christophe O. Laux, Michael A. Wilson y Emily L. Schaller, «The Mass and Speed Dependence of Meteor Air Plasma Temperatures», *Astrobiology*, vol. 4, n.º 1, 2004, <https://leonid.arc.nasa.gov/AST119.pdf>.

7. «Meteorite Myths», Meteorites Australia, <http://www.meteorites.com.au/odds&ends/myths.html>.

8. George W. Hart, «Johannes Kepler's Polyhedra», recurso en línea, <http://www.georgehart.com/virtual-polyhedra/kepler.html>.

9. Dr. John P. Millis, «The Death of Tycho Brahe. Uncovering the Mistery», <http://space.about.com/od/astronomerbiographies/a/The-Death-Of-Tycho-Brahe.html>.

10. Megan Gannon, «Tycho Brahe died from pee, not poison», *Live Science*, 16 de noviembre de 2012, <https://www.livescience.com/24835-astronomer-tycho-brahe-death.html>.

11. Michael Fowler, «Johannes Kepler», Universidad de Virginia, Departamento de Física, <http://galileoandeinstein.physics.virginia.edu/1995/lectures/kepler.html>.

6. Acercando el cielo a nuestros ojos

1. Isaac Asimov, *Asimov's Biographical Encyclopedia of Science and Technology*, Doubleday, Nueva York, 1964.

2. Al Van Helden, «The Telescope», The Galileo Project, <http://galileo.rice.edu/sci/instruments/telescope.html>.

3. Edward Rosen, «The Title of Galileo's Sidereus nuncius», *Isis*, vol. 41, n.ºs 3-4, 1950, págs. 287-289.

4. Sandi Hassinger, «The question of nebulae: Galileo's examination of Orion and the Pleiades», The Galileo Project, <http://galileo.rice.edu/lib/student_work/astronomy95/orionpleiades.html>.

5. Chuck Wood, «Real and Ideal Moons», *LPOD*, <https://www.lpod.org/wiki/June_8,_2013>.

6. Andrea Sacchi, *Allegoria della Divina Sapienza,* Gallerie Nazionali Barberini Corsini, <https://barberinicorsini.org/opera/allegoria-della-divina-sapienza/>.

7. The Space Telescope Science Institute, «How thick are Saturn's rings?», NASA, <http://hubblesite.org/reference_desk/faq/answer.php.id=11&cat=solarsystem>.

8. Dr. Paul Mahaffy, «Huygens Probe», Nasa, <http://attic.gsfc.nasa.gov/huygensgcms/Shistory.htm>.

9. David M. Harland, *Cassini at Saturn: Huygens Results*, Springer, 2007, pág. 3.

10. David Zax, «Galileo's Revolutionary Vision Helped Usher in Modern Astronomy», *Smithsonian Magazine*, agosto de 2009, <https://www.smithsonianmag.com/science-nature/Galileos-Revolutionary-Vision-Helped-Usher-In-Modern-Astronomy-34545274/>.

11. John Heilbron, *Biography of Galileo*, Oxford University Press, 2010, pág. 218.

12. Rossella Gigli, «Galileo's Theory of the Tides», The Galileo Project, <http://galileo.rice.edu/sci/observations/tides.html>.

7. Encontrando la causa del movimiento

1. Heather Cabrera, *Isaac Newton 62 Success Facts- Everything you need to know about Isaac Newton*, Emereo Publishing, 2014.

2. Stephen D. Snobelen, «Statement on the date 2060», publicación en línea, <https://isaac-newton.org/statement-on-the-date-2060/>. «Sir Isaac Newton's Daniel and the Apocalypse (1733)», *The Public Domain Review*, 21 de diciembre de 2012, <https://publicdomainreview.org/collection/sir-isaac-newton-s-daniel-and-the-apocalypse-1733/>.

3. Cambridge University Library-Newton Exhibition, «A private scholar & public servant», en Footprints of the Lion: Isaac Newton at Work, <https://wwwe.lib.cam.ac.uk/CUL/exhibitions/Footprints_of_the_Lion/scholar.pdf>.

4. V. Frederick Rickey, «Isaac Newton: Man, Myth, and Mathematics», *The College Mathematics Journal*, vol. 18, n.° 5, 1987.

5. Amanda Gefter, «Newton's Apple: The real story», *New Scientist*, 18 de enero de 2010, <https://www.newscientist.com/article/2170052-newtons-apple-the-real-story/>.

6. Stephen Hawking, *A hombros de gigantes*, Crítica, 2003, pág. 199.

7. Richard Moore, «Handgun Ballistics», recurso en línea, <http://waterguy.us/handgun.htm>.

8. Paul D. Jose, «The Sun's Orbital Motion», *Popular Astronomy*, vol. 44, 1936, pág. 542, <https://adsabs.harvard.edu/full/1936PA.....44..542J>.

9. Isaac Newton, «Of colours», The Newton Project, <http://www.newtonproject.sussex.ac.uk/view/texts/normalized/NATP00004>.

10. Peter Broughton, «The Predicted Return of Comet Halley», *Journal for the History of Astronomy*, vol. 16, n.° 22, 1985, pág. 123, <https://adsabs.harvard.edu/full/1985JHA....16..123B>.

8. Encontrando las piezas que faltan en el sistema solar

1. William Herschel, *The Scientific Papers of Sir William Herschel, volume 1*, John Louis Emil Dreyer (comp.), Royal Astronomical Society, 1912, pág. 100.

2. William Herschel, «An account of the discovery of two satellites revolving round the Georgian Planet», *Philosophical Transactions of the Royal Society of London*, vol. 77, 1787, págs. 125-129, <https://www.jstor.org/stable/106717>.

3. V. M. Slipher, «Detection of the rotation of Uranus», *Lowell Observatory Bulletin*, vol. 2, 1912, págs. 19-20, <https://articles.adsabs.harvard.edu//full/1912LowOB...2...19S/0000020.000.html>.

9. La dimensión del sistema solar

1. Prof. Richard Pogge, «Lecture 26: How far is the sun? The Venus transits of 1761 and 1769», Astronomy 161: An Introduction to Solar System Astronomy, Universidad de Ohio State, 9 de mayo de 2011, <https://www.astronomy.ohio-state.edu/pogge.1/Ast161/Unit4/venussun.html>.

2. «How do scientists know the distance between the planets?», NASA Space Place, <http://spaceplace.nasa.gov/review/dr-marc-solar-system/planet-distances.html>.

3. Elizabeth Howell, «How far are the planets from the sun?», *Universe Today*, 21 de abril de 2014, <https://www.universetoday.com/15462/how-far-are-the-planets-from-the-sunm>.

4. B. J. Guillot, «A history of parallax and brief introduction to standard candles», BGFAX, <http://www.bgfax.com/school/distance_history.pdf>.

5. J. J. O'Connor and E. F. Robertson, «The Size of the Universe», MacTutor, septiembre de 2025, <https://mathshistory.st-andrews.ac.uk/HistTopics/Size_Universe/>.

10. La velocidad de la luz y la composición de las estrellas

1. Michael Fowler, «The Speed of Light», Universidad de Virginia, Departamento de Física, <http://galileoandeinstein.physics.virginia.edu/lectures/spedlite.html>.

2. Glenn Elert, «Speed of Nerve Impulses», *The Physics Factbook*, <https://hypertextbook.com/facts/2002/DavidParizh.shtml>.

3. «Roemer's Hypothesis», Math Pages, <https://www.mathpages.com/home/kmath203/kmath203.htm>.

4. Andrea Sella, «Kirchhoff's Spectroscope», Royal Society of Chemistry, septiembre de 2013, <http://www.rsc.org/chemistryworld/2013/09/kirchhoff-spectroscopy-fraunhofer-lines-solar-spectrum>.

5. A. W. Steward, *Recent Advances in Physical and Inorganic Chemistry*, BiblioBazaar, 2008, pág. 201.

6. Sam B. Jayakumar, «Splendor of the Spectrum», Universidad de Minessota, <https://www1.umn.edu/ships/modules/chem/spectroscope.pdf>.

7. Auguste Comte, *The Positive Philosophy, volum II*, Hacket Classics, 1842.

11. El Sol tampoco es el centro del universo... y las estrellas no están tan quietas como pensamos

1. James Clerk Maxwell, «A Dynamical Theory of the Electromagnetic Field», Philosophical Transactions of the Royal Society of London, 1865, <http://upload.wikimedia.org/wikipedia/commons/1/19/A_Dynamical_Theory_of_the_Electromagnetic_Field.pdf>.

2. J. J. O'Connor and E. F. Robertson, «James Clerk Maxwell», <http://web.archive.org/web/20110128034939/http://www-groups.dcs.st-and.ac.uk/~history/Biographies/Maxwell.html>.

3. «The Hubble Law», Universidad de Washington, Departamento de Astronomía, <http://www.astro.washington.edu/courses/labs/clearinghouse/labs/HubbleLaw/measurements.html>.

4. T. C. Ryan, «The Solar Apex», *Popular Astronomy*, vol. 15, 1907, págs. 205-210, <http://adsabs.harvard.edu/full/1907PA.....15..205R>.

5. William Herschel, «On the proper motion of the Sun and Solar System; with an account of several changes that have happened among the fixed stars», *Philosophical Transactions of the Royal Society of London*, vol. 73, 1783, págs. 247-283, <https://archive.org/stream/philtrans06614922/06614922#page/n3/mode/2up>.

12. Vivimos en una galaxia... Una, entre miles de millones

1. Mathy A. Miles y Charles F. Peters, «Along the Milky Way», 2002, <http://starryskies.com/Artshtml/dln/10-02/along-the-milky-way.html>.

2. Thomas Wright, *An Original Theory or New Hypothesis of the Universe*, Chapelle, 1750, pág. 48.

3. Jeremy Bernstein, «Review: George Johnson's Miss Leavitt's Stars», *Los Angeles Times*, 17 de julio de 2005, <http://www.latimes.com/books/la-bk-johnson071705-story.html>.

4. Genevieve Shattow y Abraham Loeb. «Implications of recent measurements of the Milky Way rotation for the orbit of the Large Magellanic Cloud», *Monthly Notices of the Royal Astronomical Society: Letters*, vol. 392, n.º 1, enero de 2009, págs. L21-L25, <http://adsabs.harvard.edu/abs/2009MNRAS.392L..21S>.

13. Redescubriendo la gravedad

1. Andrew Zimmerman Jones, «Physics Myth Month: Einstein Failed Mathematics?», About.com, 19 de septiembre de 2007, <http://web.archive.org/web/20140412011826/http://physics.about.com/b/2007/09/19/physics-myth-month-einstein-failed-mathematics.htm>.

2. Ronald C. Lasky. «How does relativity solve the Twin Paradox?», *Scientific American*, 17 de marzo de 2003, <http://www.scientificamerican.com/article/how-does-relativity-theor/>.

3. Richard W. Pogge, «Real-World Relativity: The GPS Navigation System», Astronomy 162: Introduction to Stars, Galaxies, & the Universe Winter Quarter 2006, Universidad de Ohio State, 17 de marzo de 2006, <http://www.astronomy.ohio-state.edu/~pogge/Ast162/Unit5/gps.html>.

4. Diana Cooksey, «Understanding the Global Positioning System (GPS)», Universidad de Montana, 9 de febrero de 2014, <http://www.montana.edu/gps/understd.html#Calculating_a_Position>.

14. Observando lo invisible

1. «Herschel Discovers Infrared Light», Cool Cosmos, <http://coolcosmos.ipac.caltech.edu/cosmic_classroom/classroom_activities/herschel_bio.html>.

2. Dr. Alberto Buzzi, «El descubrimiento de los rayos X», Sociedad Argentina de Radiología, <http://www.sar.org.ar/web/docs/dayrad/hisotria_radiologia.pdf>.

3. Tom Chester, «Reconcilling the Herschel experiment», Thomas Jay Chester's Website, 21 de julio de 1999, <http://home.znet.com/schester/calculations/herschel/index.html>.

4. E. Schatzman, *White Dwarfs*, North-Holland, 1958.

5. «12 billion year old white dwarf stars only 100 light years away», Space Daily, 16 de abril de 2012, <http://www.spacedaily.com/reports/12_Billion_Year_Old_White_Dwarf_Stars_Only_100_Light_Years_Away_999.html>.

6. Laboratorio de investigación Naval, «Space Research: The Past», Armada de los Estados Unidos, 30 de septiembre de 1996, <https://web.archive.org/web/20120224192219/http://wwwsolar.nrl.navy.mil/sl2_pub.html#chap2>.

7. I. S. Shklovsky, «On the Nature of the Source of X-Ray Emission of SCO XR-1», *Astrophysical Journal*, vol. 148, 1967, pág. L1.

8. A. S. Eddington, «The Internal Constitution of the Stars», *The Observatory*, vol. 43, 1920, págs. 341-358 <http://articles.adsabs.harvard.edu/full/1920Obs....43..341E>.

9. Sandro Mereghetti, «X-ray Emissions from Isolated Neutron Stars», Universidad Cornell, 17 de agosto de 2010, <http://arxiv.org/abs/1008.2891>.

15. El origen del universo

1. Edwin Hubble, «A Relation Between Distance and Radial Velocity Among Extra-Galactic Nebulae», *Proceedings of the National Academy of Sciences of the United States of America*, vol. 15, n.º 3, 1929, págs. 168-173, <http://www.pnas.org/content/15/3/168.full.pdf+html>.

2. Arthur Schuster, «Potential Matter: A Holiday Dream», *Nature*, 18 de agosto de 1898, pág. 367, <http://upload.wikimedia.org/wikipedia/en/a/a5/Schuster_potential_matter_1.png>.

3. Ginger Pinhoister, «Evidence Shows that Cosmic Rays Come from Exploding Stars», American Association for the Advancement of

Science, 13 de febrero de 2013, <http://www.aaas.org/news/science-evidence-shows-cosmic-rays-come-exploding-stars>.

4. Ann Arbor, «Theoretical Breakthrough: Generating Matter and Antimatter from the Vacuum», *Michigan News*, Universidad de Michigan, 8 de diciembre de 2010, https://news.umich.edu/theoretical-breakthrough-generating-matter-and-antimatter-from-the-vacuum/>.

5. «The Hunt for Antihelium: Finding a Single Antimatter Nucleus Could Revolutionize Cosmology», *The Free Library*, 2014, <https://www.sciencenews.org/article/hunt-antihelium>.

6. C. R. Nave, «Density Parameter», Georgia State University, Departamento de Física y Astronomía, recurso en línea, <http://hyperphysics.phy-astr.gsu.edu/hbase/Astro/denpar.html>.